„Empathie war schon immer ein wesentliches Thema für Marie Miyashiro. Jetzt hat sie sehr gekonnt diese in menschlichen Beziehungen wertvolle Qualität in ein kraftvolles Kommunikationsinstrument für die Geschäftswelt umgewandelt. Der Faktor Empathie wird fürsorglichen Geschäftsleuten dabei helfen, den substanzielleren Beziehungen am Arbeitsplatz – bei Mitarbeitern und bei Kunden – mehr Gewicht zu geben. Zwischen diesen zwei Buchdeckeln finden sich bahnbrechende Gedanken, die dem Diskurs guttun und die ihre Wirkung nicht verfehlen werden." – James B. Hayes, ehemaliger Verleger des Magazins FORTUNE

„Auch Organisationen haben Bedürfnisse, genauso wie die Menschen in diesen Organisationen – was für eine erstaunliche und erfrischende Sichtweise. Wie Empathie dazu beitragen kann, die Arbeitswelt menschlicher zu machen und die Welt zu verbessern, das hat Marie wunderbar beschrieben." – Sylvia Haskvitz, zertifizierte GFK-Trainerin (CNVC) und Beraterin; Autorin des Buches: Ins Gleichgewicht kommen: Essen nach Wahl und nicht aus Gewohnheit (Junfermann)

„Der Faktor Empathie ist ein gut lesbares Buch; gleichwohl haben seine Inhalte weitreichende Konsequenzen. Auf jeder Seite, gefüllt mit Tipps und Beispielen aus dem wirklichen Leben, wirbt Marie dafür, dass Empathie – die Kernkompetenz für Unternehmen, um ihre Mission zu erfüllen – sich ganz und gar erlernen lässt. Ein Bedürfnis-Bewusstsein ist weit mehr als eine ‚nette Nebensache', denn nur alle Beteiligten bekommen nur einen Blick für das, was wirklich wichtig ist, wenn sie ein Bewusstsein für Bedürfnisse als Quelle für Konzentration und Effizienz erkennen und dafür, dass sie ihre wirtschaftlichen und persönlichen Ziele erreichen. Jedem, der nach einer Handhabe dafür sucht, Organisationen fit für die sich rasch wandelnden Anforderungen unserer Zeit zu machen, empfehle ich dieses Buch." – Miki Kashtan, Ph. D., Mitbegründerin von Bay Area Nonviolent Communication

Ausführliche Informationen zu jedem unserer lieferbaren und geplanten Bücher finden Sie im Internet unter ↗ http://www.junfermann.de. Dort können Sie unseren Newsletter abonnieren und sicherstellen, dass Sie alles Wissenswerte über das Junfermann-Programm regelmäßig und aktuell erfahren. – Und wenn Sie an Geschichten aus dem Verlagsalltag und rund um unser Buch-Programm interessiert sind, besuchen Sie auch unseren Blog: ↗ http://blogweise.junfermann.de.

MARIE R. MIYASHIRO

DER FAKTOR EMPATHIE

EIN WETTBEWERBSVORTEIL FÜR TEAMS UND ORGANISATIONEN

Aus dem Amerikanischen
von Ursula Pesch

Junfermann Verlag
Paderborn
2013

Copyright	© der deutschen Ausgabe: Junfermann Verlag GmbH, Paderborn 2013
Copyright	© der Originalausgabe: 2011 PuddleDancer Press
Übersetzung	Ursula Pesch
Fachliche Begleitung der Übersetzung	Jürgen Engel
Coverbild	© Andrii Muzyka – Fotolia.com
Covergestaltung / Reihenentwurf	Christian Tschepp

Translated from the book **The Empathy Factor, ISBN 13/10: 9781892005250 / 1892005255** by **Marie R. Miyashiro**, Copyright © **Fall 2011** PuddleDancer Press, published by PuddleDancer Press. All rights reserved. Used with permission. For further information about Nonviolent Communication (TM) please visit the Center for Nonviolent Communication on the Web at: www.cnvc.org

Satz	JUNFERMANN Druck & Service, Paderborn

Bibliografische Information der Deutschen Bibliothek	Die Deutsche Bibliothek verzeichnet diese Publikation in der Deutschen Nationalbibliografie; detaillierte bibliografische Daten sind im Internet über http://dnb.ddb.de abrufbar.

ISBN 978-3-87387-888-4
Dieses Buch erscheint parallel als E-Book (ISBN 978-3-87387-936-2).

Inhalt

Widmung

Für meine Eltern, Chico und Frances, die vom Tag meiner Geburt an mein Bedürfnis nach Liebe und Stabilität erfüllten.

Für meine Schwester Laura, die mich stets unterstützt und ermutigt hat, und meinen Schwager Bob, eine beständige Quelle der Weisheit und des Humors.

Für meine Großmutter Kame, die mich lehrte, in beiden Welten der Wahrheit zu leben – der Welt des Sichtbaren und des Unsichtbaren.

Für Beverly, die mir half, authentischer, verletzlicher und stärker zu werden.

Für meinen Sohn Alex, der mir zeigte, was Familie, Liebe und Spaß bedeuten.

Für meine Klienten, die mich alles lehrten.

Danksagung

Als Erstes möchte ich meinen Klienten danken für ihre Neugier und ihren Mut, sich eine, wie ich denke, wirkungsvolle Methode des Kommunizierens, Führens und Arbeitens zu eigen zu machen. Wir gehen diesen Weg gemeinsam, und ich weiß ihre Gesellschaft und ihren Dank dafür zu schätzen, wie dieser Prozess ihr Berufs- und Privatleben bereichert hat.

Ich bin dankbar dafür, dass ich bei Dr. Marshall Rosenberg studieren durfte; dass ich seine Studentin war und auch als Koautorin mit ihm zusammen ein Kapitel zu einem Buch beitragen konnte, das die Anwendung der Gewaltfreien Kommunikation™ (GFK) und ihres organisationsbezogenen Pendants, Integrated Clarity®, in der Arbeitswelt aufzeigte: *The Change Handbook*. Marshalls Lehren inspirieren nach wie vor meine Arbeit und mein Bestreben, der Empathie noch mehr Raum in meinem Leben zu geben. Dieses Buchprojekt entwickelte sich dank Marshalls Verlag PuddleDancer Press, der mir die Möglichkeit gab, die Sinnhaftigkeit meiner Arbeit darzulegen und zu erklären, wie sie die Unternehmenswelt bereichern kann.

Unendlich dankbar bin ich Neill Gibson, der sich bei meinem Verlag für dieses Buchprojekt eingesetzt hat. Der Prozess zog sich über mehrere Jahre hin und währenddessen war es Neills Glaube an diese Arbeit, der meinen eigenen Glauben wachhielt und mir die nötige Energie verlieh. Ich danke Meiji Stewart, dem Verleger, dass er Mittel bereitstellte, eine weitere Publikation über die empathische Verbindung in der GFK herauszubringen; für das erste Buch dieser Art, das sich an ein breites businessorientiertes Publikum wendet.

Ich danke Jerry Colonna für sein Vorwort, seine Ermutigung und seinen Glauben an die Rolle, die diese Arbeit in der New Economy spielen kann. Ich hoffe, dass seine unterstützenden Worte viele Wirtschafts- und Unternehmensführer, Arbeitnehmer und Interessengruppen neugierig auf diese Seiten machen werden.

Meine Freundin und Kollegin Sylvia Haskvitz, eine der ersten durch das *Center for Nonviolent Communication* zertifizierten Trainerinnen für Gewaltfreie Kommunikation, hat mich beim Erlernen und bei der Anwendung der GFK vom ersten Moment an unterstützt und mir diesen Prozess vorgelebt. Von ihr habe ich gelernt, was die GFK, Freundschaft, Mitgefühl, Liebe und gesundes Essen bedeuten. Sylvias Erfahrung mit Organisationen und Unternehmen hat stets unseren gemeinsamen Glauben genährt, dass Unternehmensbedürfnisse eine wertvolle Brücke sein können, um individuelle Bedürfnisse am Arbeitsplatz und auf dem Markt zu erfüllen. Sylvia hat dieses Buch auch auf seine Übereinstimmung mit der Sprache und den

Prinzipien der GFK überprüft und hilfreiche Vorschläge gemacht. Sie ist wichtig, sowohl für mich persönlich als auch für meine Firma, Elucity Network, Inc., und sie war es, die dieses Buchprojekt PuddleDancer Press vorschlug.

Tiffany Meyer hat maßgeblich dazu beigetragen, dass Ergebnisse meiner Arbeit erstmals veröffentlicht wurden, indem sie mir vorschlug, ein Kapitel für *The Change Handbook* zu schreiben. Sie spielte auch eine wichtige Rolle bei der Organisation einer Reihe von Workshops, die ich in den prägenden Jahren für diese Arbeit für das *Oregon Network for Compassionate Communication* durchführte. Auch die Vermarktung dieses Buches trägt ihre Handschrift.

Dieses Buch existiert, weil meine Lektorin Peggy Henrikson die Fäden in der Hand hielt – mit einer ausgewogenen Mischung aus Freude und Strenge, die ich als mitreißend und produktiv empfand. Angesichts eines anspruchsvollen Zeitplans hielt sie mich und andere an der Veröffentlichung Beteiligte ständig auf dem Laufenden und erwies sich als Meisterin des Redigierens und der Manuskriptentwicklung. Inspiriert von den auf diesen Seiten vorgestellten Konzepten, begann sie während unserer gemeinsamen Arbeit an einzelnen Kapiteln, die Ideen in ihren Alltag zu integrieren und sich mit mir auf die im Buch beschriebene empathische Weise zu verbinden. Peggy spielte die Rolle der Lektorin, Forscherin und Projektmanagerin und überprüfte manchmal Mediendateien meiner Online-Schulungen, die mir halfen, mit einem ersten Entwurf eines Kapitels zu beginnen. Sie verstand bereits, auf welche Weise es möglich war, mitfühlend zu leben und zu arbeiten. Dieses Projekt half ihr einfach, hierfür eine neue Sprache und einen neuen Rahmen zu finden. Ich schätze mich glücklich, Peggy gefunden zu haben.

In den Anfangsstadien dieses Buchprojekts wurde ich von Jan Henrikson betreut. Sie überarbeitete mein erstes Kapitel, führte Interviews, deren Transkripte später als Quellen genutzt wurden. Ich danke ihr für die Zeit, die sie aufwendete, dieses Projekt auf den Weg zu bringen.

Auch Jan Knight von Bankcroft Information Services recherchierte viele Quellen – Bücher, Artikel und andere Publikationen –, deren Ergebnisse in diesem Buch vorgestellt werden.

Ich bin Palma Odano, Shannon Bodie und den übrigen Mitgliedern des Verlagsteams dankbar für ihre Professionalität und ihr Engagement für dieses Projekt.

Peggy Holman, der Mitherausgeberin der zweiten Auflage von *The Change Handbook*, möchte ich für ihre Feststellung danken, dass die Kombination von Gewaltfreier Kommunikation und Integrated Clarity einen wichtigen Beitrag zum Thema Organisationswandel darstellt. Sie gab mir auch wertvolles Feedback zu meinen ersten Schriften, die diesen Prozess beschreiben.

Jan Gordley, Jennifer La Hue-Smith, Cindy Klinge und das gesamte Team der Gordley Design Group halfen beim Umsetzen der Illustrationen. Sie sind über die Jahre hinweg meine Klienten und Partner gewesen und haben mich alle auf ihre Weise inspiriert. Das Gordley-Team hat auch das Marketing dieses Buches unterstützt. Ich bin dankbar für ihre Partnerschaft und dafür, dass wir den IC-Prozess auf so viele Arten in die Geschäftswelt hineintragen konnten.

Für ihren Mut und ihren Enthusiasmus, bedürfnisorientierte Programme zum Einsatz der Empathie in zuvor unerforschten Arbeitsgebieten zu verbreiten, danke ich meinen Klienten Laurel Parker, AECOM; Bruce Dusenberry, Präsident von Horizon Moving Systems; Anita Seyer von GTE; Maurice Sevigny, ehemaliger Dekan des University of Arizona College of Fine Arts; Ron Jones, ehemaliger Präsident des *International Council of Fine Arts Deans* und Präsident des *Memphis College of Arts*; Raymond Tymas-Jones, Dekan des *University of Utah College of Fine Arts*; Teresa Welborn, Vizedirektorin des *Arizona Department of Transportation Communication and Community Partnerships*; und Brian Arthur, ehemaliger stellvertretender Direktor der *Gruppe Applied Behavioral Health Policy.*

Catherine Brooker verdanke ich das ursprüngliche Konzept des Buches, um die Rolle der Gewaltfreien Kommunikation beim Empathietraining darzulegen. Frank Cole war der erste Leser und half dabei, die Präsentation der wichtigsten Konzepte festzulegen. James B. Hayes, Peggy Milford, Bill Moore, Paul Weber, Laura und Bob Jessee, Jan Knight, Joelle Lien, Brent Schneider, Christine Peringer und die Unternehmensgruppe Kindred Spirits warteten mit Ermutigung und konstruktiven Vorschlägen zu frühen Entwürfen oder Konzepten auf. Ich danke ihnen, dass sie großzügig so viel Herz und Zeit in dieses Projekt investiert haben.

Ein großes Dankeschön an Jim Collins, William Bridges, Kimball Fisher, Jerry Porras, Marshall Thurber und Judith Orloff Faulk für ihre bahnbrechende Arbeit, die meine eigene inspiriert hat. Danke auch allen, die zur Fertigstellung dieses Buches beigetragen haben, möglicherweise hier jedoch nicht erwähnt werden.

Meiner Mediationslehrerin G. C. bin ich unendlich dankbar dafür, dass sie mich gelehrt hat, mich im Dienste des Lebens und im Dienste anderer mit meinem tiefsten Inneren zu verbinden. Dieser Ort der Stille hat mir geholfen, dieses Buch fertigzustellen und mir einen Traum zu erfüllen.

Danksagung zur deutschen Ausgabe

Die Zeit ist reif für die Erkenntnis, dass Streben nach Gewinn, Produktivität und die Belange von Menschen sich auf eine Weise verbinden lassen, die zu mehr Zusammenarbeit führt, dem Leben dienlich ist und Arbeitsplätze so gestaltet, dass alle Bedürfnisse gleich viel gelten. Ich bin begeistert, dass mein Buch *Der Faktor Empathie* nun in deutscher Übersetzung vorliegt, und ich hoffe, dass seine auf den folgenden Seiten dargelegten Inhalte aufgrund dieser Übersetzung noch mehr Teams und Unternehmen von Nutzen sein werden.

Besonders dankbar bin ich dem GFK-Trainer Jürgen Engel, dem Gründer des in Frankfurt beheimateten Instituts *Engeltraining.* Schon bei Erscheinen der Originalausgabe hat er Kontakt zu mir aufgenommen. Als er mir erzählte, dass er Menschen im Businesskontext mein Buch empfohlen habe und dass sie aus der Umsetzung der dargelegten Ideen Nutzen gezogen hätten, fühlte ich mich darin bestätigt, dass diese Ideen universell gültig sind und überall an Arbeitsplätzen umgesetzt werden können. Diese deutsche Übersetzung ist nur eine von vielen Übersetzungen weltweit, die gerade im Entstehen begriffen sind.

Ich danke auch meinem Kollegen Gregg Kendrick, einem zertifizierten GFK-Trainer aus den USA, der bereits seit vielen Jahren im Rahmen seiner *„Creating Workplaces Where People Thrive"-Seminare* meine Konzepte in Deutschland verbreitet. Gregg und ich arbeiten zusammen, um Integrated Clarity® – eine Anwendung, die ich entwickelt habe, damit die Bedürfnisse einzelner Mitarbeiter und Teams am Arbeitsplatz besser erfüllt werden – in die Unternehmen zu bringen.

Ich danke auch allen Mitarbeiterinnen und Mitarbeitern des Junfermann Verlages, die dazu beigetragen haben, diese Übersetzung auf den Weg zu bringen und zu verbreiten. Ursula Pesch danke ich für die Übersetzung ins Deutsche und Jürgen Engel dafür, dass er den deutschen Text daraufhin durchgesehen hat, dass er kongruent mit den Prinzipien der Gewaltfreien Kommunikation ist.

Danken möchte ich auch Iris Bawidamann und Jürgen Engel, die freundschaftlich-unterstützend meine Reise im April / Mai 2013 nach Deutschland organisiert haben.

Es ist mein aufrichtiger Wunsch, dass die im Buch präsentierten Ideen und Tools dazu beitragen mögen, dass es an vielen Arbeitsplätzen in Deutschland bei Mitarbeitern und Führungskräften zu einer Leistungssteigerung kommt, aber auch, dass viele Menschen persönlich mehr aus ihrer Arbeit ziehen werden.

Marie R. Miyashiro
November 2012

Vorwort

Von Jerry Colonna

Im Lauf der Jahre ist mir immer deutlicher geworden, welches Potenzial es gibt, eine größere Produktivität am Arbeitsplatz zu erreichen und durch Arbeit einen tieferen Lebenssinn zu erfahren. Ich begann, die Geschäftswelt genauer zu studieren, zunächst als Journalist, der darüber berichtete, wie neue und etablierte Firmen zu kämpfen hatten. Später half ich als Risikogeldgeber beim Aufbau erfolgreicher neuer Unternehmen, rief zwei angesehene Firmen ins Leben und schloss mich schließlich JP Morgan Partners, einer Private-Equity-Gesellschaft der Gruppe JP Morgan Chase an. Ich gehörte deshalb mehr als hundert Boards of Directors an und arbeitete sowohl für gewinnorientierte als auch für gemeinnützige Organisationen. Ich habe miterlebt, wie Unternehmen aus der Taufe gehoben und zu großen Erfolgsgeschichten wurden, aber auch, wie große Unternehmen ins Straucheln gerieten und Chancen verpassten. Ich habe beobachtet, wie sich kleine gemeinnützige Organisationen –manche erfolgreich, andere nicht – durch ihre Reifungsprozesse kämpften. Jede dieser Organisationen und auch jeder der beteiligten Menschen hätten in ihrem Ringen und Bestreben, etwas von dauerhaftem Wert zu schaffen, von dem profitieren können, was in *Der Faktor Empathie: Ihr Wettbewerbsvorteil für den individuellen, den Team- und den Organisationserfolg* dargelegt wird.

Seit einiger Zeit biete ich Coachings für Teams und Einzelklienten an. Wenn meine Klienten das erfahren, was Miyashiro eine „emphatische Verbindung herstellen" nennt, erlebe ich hautnah die transformative Kraft der Empathie. Dieses Buch plädiert dafür, die zweidimensionale Kultur des Denkens und Handelns, die in unserer Arbeitswelt vorherrscht, durch die dreidimensionale Kultur des Verbindens, Denkens und Handelns zu ersetzen und an erster Stelle in unserem Menschsein miteinander in Beziehung zu treten, bevor wir an die Arbeit gehen.

Dieses innovative Buch macht auf etwas aufmerksam, das Gegenstand von Untersuchungen ist: Praktizierte Empathie ist ein wichtiger Wettbewerbsvorteil. Vor allem aber legt es ausführlich eine bewährte und nachvollziehbare Methode dar, Empathie als Technik für den Arbeitsalltag zu entwickeln und zu praktizieren. Der methodische Hintergrund, die Gewaltfreie Kommunikation (GFK), hat eine der größten Empathie praktizierenden Gemeinschaften der Welt entstehen lassen. Diesem weitgehend interpersonalen Modell fügt Miyashiro einen Bezugsrahmen für Teams und Organisationen hinzu, den sie Integrated Clarity® nennt, weil er es Einzelnen, Teams und größeren Unternehmen ermöglicht, stärker als ein geschlossenes Ganzes zusammenzuarbeiten.

Sie schreibt:

> Unsere Arbeitswelt ist zweidimensional, denn der Prozess der empathischen Verbindung erfordert, dass wir über zwei menschliche Qualitäten verfügen, die in der Welt, die uns umgibt, systematisch abgewertet und missverstanden werden. Unsere Unternehmen sind Kinder desselben Geistes und übertragen einfach diesen Zustand der Welt auf den Arbeitsplatz. Die beiden missverstandenen Qualitäten sind: 1) unsere Fähigkeit, uns problemlos unserer Gefühle bewusst zu sein, ohne sie zu bewerten, und 2) unsere Fähigkeit, diese Gefühle dann mit den entsprechenden menschlichen Bedürfnissen in Verbindung zu bringen, die entweder erfüllt werden oder unerfüllt bleiben.

Miyashiro liefert zwingende Gründe für eine tiefere Kenntnis und eine vielfältigere Nutzung der wichtigsten GFK-Techniken – nicht nur in Situationen, in denen die Gewalttätigkeit unserer Interaktionen offensichtlich ist, sondern auch an Orten, an denen wir nicht unbedingt wahrnehmen, dass Gewalt mit im Spiel ist.

Der Faktor Empathie ist ein Aufruf dazu, dieser subtilen, anhaltenden und entsetzlichen Gewalt, die wir unserem Selbst Tag für Tag im Namen des Profits und der Produktivität antun, ein Ende zu setzen. Das Buch ruft jedoch nicht nur zum Handeln auf, sondern liefert Beweise dafür, dass die Entwicklung eines mitfühlenderen, empathischeren Arbeitsumfeldes – ironischerweise – der Weg zu größerer Produktivität und damit auch zu höheren Gewinnen ist.

In seinem Kern ist *Der Faktor Empathie* nämlich in jeder Hinsicht ein Businessbuch. Und nicht nur das: Es macht Spaß, dieses Buch zu lesen. Auf den ersten Blick mag es nicht gelehrt genug erscheinen, was aber nicht stimmt. Es ist leicht lesbar und bietet Beispiele aus der realen Welt. Das Buch basiert auf Miyashiros mehr als 28-jähriger Erfahrung als Beraterin einer Vielzahl von gewinnorientierten und gemeinnützigen Organisationen und auf ihrer umfassenden Forschung und Analyse.

Ich fühle mich geehrt, dieses Vorwort schreiben zu dürfen. Die im Buch vorgestellten Konzepte sind brillant und die oberste Prämisse – dass Empathie die Produktivität und Zusammenarbeit im Arbeitsalltag entscheidend fördert – ist überzeugend. Ich bin vor allem begeistert, die Konzepte tagtäglich in der Arbeit mit meinen Klienten in die Praxis umsetzen zu können.

Miyashiro zeigt, wie die Manager von heute Organisationen aufbauen können – mithilfe der Empathie als Hauptantriebsmotor ihres Erfolgs. Die Leser dieses Buches werden nicht nur erfahren, welche Kraft in dem Konzept Verbinden-Denken-Handeln steckt, sondern auch das noch mächtigere Konzept Verbinden-Denken-Führen verstehen.

Jerry Colonna hat zusammen mit Fred Wilson *Flatiron Partners* gegründet, das zu einem der erfolgreichsten Investmentprogramme in den USA wurde. Er wurde auch Partner von JP Morgan Partners, der Private-Equity-Gesellschaft von JP Morgan Chase, und ist heute Direktor, Treuhänder oder Berater einer Reihe von gewinnorientierten und gemeinnützigen Organisationen. Das *Upside Magazine* setzte ihn auf die Liste der 100 einflussreichsten Persönlichkeiten der New Economy, *Forbes ASAP* auf die Liste der besten Venture-Capitalists des Landes und das *Worth Magazine* auf die der 25 großzügigsten jungen Amerikaner.

Teil I

Zum Verständnis von Empathie und bedürfnisorientiertem Bewusstsein

1. Die dritte Dimension und Integrated Clarity®

„Gier ist out. Empathie ist in."

Frans de Waal, *Das Prinzip Empathie. Was wir von der Natur für eine bessere Gesellschaft lernen können*

Die Menschheit entwickelt sich immer weiter, und auch wir müssen ständig unsere Sichtweise erweitern – von uns selbst und von der Welt. Das führt zu enormen Veränderungen in unserer Arbeitswelt und den sozialen Beziehungen am Arbeitsplatz. Doch es fällt uns oft schwer, die jeweils nächste Dimension unserer Entwicklung zu verstehen.

In diesem Buch wird aufgezeigt, wie das Prinzip Empathie am Arbeitsplatz eingeführt und dadurch mehr Harmonie, Produktivität und Erfolg für Einzelne und Organisationen erzielt werden kann. Als ich im Herbst 2004 im Rahmen der Einführungsveranstaltung des College of Fine Arts der University of Arizona dieses neue Paradigma vorstellte, erzählte ich die folgende Geschichte über „Flächenland und Raumland". Mein Vortrag bildete den Auftakt zu einem auf 13 Monate angelegten Projekt im Bereich strategische Planung und Dialog, das ich mit der Leitung und dem Lehrkörper des Colleges durchführen sollte. Die Beteiligten lernten schon bald eine neue Dimension kennen: eben die Dimension, mit der auch Sie – genauso andere Manager, Angestellte und Unternehmer – Erfahrung sammeln werden, wenn Sie umsetzen, was Sie in diesem Buch lesen.

Auf dem Weg von Flächenland nach Raumland

Am Tag vor der Eröffnungsveranstaltung fragte mich der Dekan Maurice Sevigny, worum es in meinem Vortrag gehen werde. Er las stets die neueste Literatur im Bereich Management und Organisationsentwicklung, weil das ökonomische Umfeld es immer schwieriger machte, Mittel zur Finanzierung einer Kunsthochschule aufzutreiben. Ich denke, meine Antwort überraschte ihn.

Ich fragte ihn, ob er ein Buch namens *Flächenland*[1] kenne.

„Nein", antwortete er, „das habe ich nicht gelesen. Wann ist es denn erschienen?"

„1884", sagte ich.

„1884!" Der Dekan lachte, aber ihm war deutlich anzusehen, dass er gern mehr wissen wollte. Und so erklärte ich ihm kurz mein Vorhaben.

Am nächsten Tag eröffnete ich meinen Vortrag mit der Geschichte von *Flächenland*, einem Märchen des Engländers Edwin Abbot. Es erzählt von einer zweidimensionalen Welt, deren Bewohner nur Länge und Breite wahrnehmen können. Sie heißen Flächenländer. Die Hauptfigur ist ein Rechtwinkliger, der mit einer Geraden verheiratet ist und vier fünfeckige Söhne sowie zwei Enkel hat, die beide Sechsecke sind.

In einer dunklen Nacht bekommt der Rechtwinklige Besuch von einer Kugel, und die ist dreidimensional. Aber die Flächenländer können weder die Tiefe noch die Gesamtheit eines dreidimensionalen, kugelförmigen Objekts erkennen, wenn es ihre Welt durchquert.

Der Kugelförmige erklärt, dass er aus Raumland komme, „aus dem Land der Drei Dimensionen".[2] Doch der Rechtwinklige versteht ihn nicht.

„Würden Euer Ehren mir zeigen oder erklären, in welche Richtung die mir unbekannte Dritte Dimension weist?", bittet er.

„Dort komme ich her. Sie liegt oberhalb und unterhalb von uns."

„Mein Herr meint anscheinend, dass sie ‚in Richtung Norden' und ‚in Richtung Süden' liegt", erwidert der Rechtwinklige.[3]

Sie sehen, wie schwierig es ist, eine dritte Dimension mit Worten zu erklären.

Für den Rechtwinkligen wird die Sache immer verwirrender. Er hat nichts Konkretes, was ihm die Vorstellung einer dritten Dimension ermöglichen würde, und er beginnt, sich zu fürchten.

Die einzige Möglichkeit, die dritte Dimension kennenzulernen, ist letztendlich die, sie körperlich zu erfahren, und nicht, sie intellektuell zu erfassen. Der Kugelförmige nimmt ihn also mit nach Raumland. Doch als der Rechtwinklige in die dreidimensionale Wirklichkeit Raumlands reist, nimmt seine Verwirrung nur noch zu. Es kann sein begrenztes Verständnis der gewohnten Weltordnung nicht mit dem in Einklang bringen, was er als seltsame neue Wahrheit erfährt.

Glücklicherweise begreift er am Ende doch noch voller Aufregung die neue Welt von Raumland. Aber leider gelingt es ihm nicht, diese Realität irgendeinem anderen Einwohner von Flächenland zu vermitteln.

Immerhin bleibt ihm die Hoffnung, dass die Möglichkeiten von Raumland eines Tages in irgendeiner Weise „ihren Weg in die Köpfe der Menschheit in irgendeiner Dimension finden mögen und ein Geschlecht der Rebellen erwecken, welche sich dagegen wehren mögen, in einer beschränkten Dimensionalität eingeengt zu sein".[4]

Der Rechtwinklige führt uns vor Augen, wie wir alle uns verhalten, wenn wir uns Veränderungen gegenübersehen und mit etwas Neuem konfrontiert werden, das wir nicht verstehen. Zunächst verschließt er sich der Realität. Dann folgen Verwirrung, Neugier und schließlich Wut. An einem bestimmten Punkt beschleicht ihn Angst. Er will die Dinge nicht aus einer neuen Perspektive sehen oder mehr in die Tiefe gehen; vielleicht glaubt er auch, dazu nicht fähig zu sein. Nachdem er jedoch konkrete Erfahrungen mit der neuen Dimension gemacht hat, akzeptiert er sie und ist von ihr begeistert.

Dieses Buch ruft nach einem „neuen Geschlecht von Rebellen", die bereit sind, eine Daseinsweise zu erkunden, die durch mehr Weite, Tiefe und Fülle und vor allem auch mehr Effektivität gekennzeichnet ist als unsere derzeitigen Welten – egal, ob im Privat- oder im Geschäftsleben.

Die hier vorgestellten Konzepte entsprechen dem, was man weithin als innovativ und revolutionär bezeichnet – sowohl im übertragenen Sinn, weil sie eine neue Art der Unternehmensführung repräsentieren, als auch im wörtlichen Sinn, weil sie die Art von Innovation hervorbringen können, die mit einschneidenden, positiven Veränderungen einhergeht.

1.1 Denken und Handeln am Arbeitsplatz – ein zweidimensionaler Ansatz in einer dreidimensionalen Welt

Die ersten acht Jahre meiner 29-jährigen Tätigkeit als Beraterin im Bereich Kommunikation und Organisationsentwicklung verbrachte ich in meinem persönlichen Flächenland. Ich war eine zweidimensionale Beraterin und arbeitete in den zweidimensionalen Welten, die ich in den Firmen, gemeinnützigen Organisationen und Behörden, die meine Klienten waren, vorfand. Die zwei Dimensionen dieser Welten waren *Denken* und *Handeln*. Ich identifizierte Probleme und löste sie, nur um festzustellen, dass dieselben Probleme später erneut auftauchten. In Flächenland gibt es einen ständigen Bedarf an Beratern, weil diese nur die Symptome, aber nicht die Ursachen behandeln.

Bis zu einem gewissen Grad arbeiten wir alle in Flächenland. In der zweidimensionalen Welt des Denkens und Handelns läuft der organisationsinterne Dialog häufig nach folgendem Muster ab: „Wenn wir nur intensiv genug über unsere Probleme oder unsere Ziele nachdenken, werden wir auch einen Plan entwickeln können, wie wir genau das ‚Richtige' tun, um erfolgreich zu sein." In unserer traditionellen Arbeitskultur kommt dem Intellekt, den Daten, dem Ergreifen von Maßnahmen und der dauerhaften Beschäftigung mit der Umsetzung „des Plans" eine enorme Bedeutung zu. Diese Kultur misst unseren Wert und unseren Erfolg daran, welches Pensum an Denken und Handeln wir an einem Tag bewältigen können. Und tatsächlich werden Arbeitnehmer und Manager, die mehr als die übliche Tagesleistung schaffen, in hohem Maße belohnt. In der zweidimensionalen Arbeitswelt reduziert sich der Wert des Menschen letztlich darauf, dass er die jeweilige Aufgabe erledigt – unabhängig von seinen Charaktereigenschaften oder den Werten, die er vertritt. Manche Organisationen sind sogar nur *ein*dimensional: „Denken Sie nicht nach. Tun Sie einfach, was ich Ihnen sage." Hier zählen Leistung und Profit mehr als die Menschen –

angefangen bei den Mitarbeitern bis hin zur Gemeinschaft in ihrer Gesamtheit, also allen Arten von Interessengruppen –, manchmal sogar auf Kosten des Verbrauchers.

Manchmal ist dieses Missverhältnis klar zu erkennen, doch meistens bleibt es unter der Oberfläche verborgen. Es hinterlässt bei uns ein diffuses Unbehagen, das wir nur schwer in Worte fassen können, aber dennoch deutlich spüren. Slogans, gut gemeinte Aktionen zur Verbesserung des Betriebsklimas und eine Unternehmenskommunikation, die genau das Gegenteil behauptet, können uns vielleicht etwas vorgaukeln. Werden wir ausnahmsweise jedoch einmal für einen kurzen Moment als ganzer Mensch wahrgenommen – und nicht nur unsere Fähigkeit zu denken und zu handeln –, wird uns nur allzu deutlich bewusst, wie sehr wir uns hiernach gesehnt haben. Wenn wir in einer Organisation Menschen begegnen, die wirklich verstehen, was uns als einzigartige Persönlichkeit ausmacht, wird uns vor Augen geführt, was im positiven Sinne möglich ist, aber meistens fehlt.

Ein Blick auf die Schlagzeilen der vergangenen Jahre oder auch auf unsere eigene Geschichte dürfte genügen, um weitere Belege für menschenunwürdige Erfahrungen am Arbeitsplatz zu finden. Die globale Wirtschaftskrise, von der wir uns gerade wieder erholen, war eine Krise der Werte und der Moral, keine Krise des Dollars, des Euros oder des Yen. Im Vorwort zum Bericht des Weltwirtschaftsforums 2010 schrieben Klaus Schwab und John J. DeGioia: „Die derzeitige Wirtschaftskrise sollte uns eine Warnung sein, die Entwicklung des ethischen Rahmens und der Steuerungsmechanismen unserer Wirtschaft, unseres politischen Handelns und unserer weltweiten Vernetzung von Grund auf neu zu überdenken."[5] Im Dezember 2009 hatte das Forum über Facebook eine sehr ungewöhnliche, neuartige Meinungsumfrage durchgeführt. Die Teilnehmer – die meisten waren jünger als 30 Jahre – wurden dazu befragt, wie sie die Bedeutung von Werten in der heutigen Wirtschaft beurteilen. Von den mehr als 130.000 Umfrageteilnehmern – aus Frankreich, Deutschland, Indien, Indonesien, Israel, Mexiko, Saudi-Arabien, Südafrika, der Türkei und den Vereinigten Staaten – glaubten erstaunlicherweise mehr als zwei Drittel, dass die derzeitige Wirtschaftskrise gleichzeitig auch eine Krise der Ethik und der Werte sei.

Nur in einer zweidimensionalen Welt ist es möglich, dass so viele Menschen finanziell und emotional bankrott gehen, während gleichzeitig einige wenige auf deren Kosten unerhörte Profite machen. Die Ursache dieses Problems ist nicht allein im System zu suchen. Auch die Art und Weise, wie wir an diesem System mitwirken, ist grundlegend aus dem Gleichgewicht geraten. Leider halten wir damit unabsichtlich Bedingungen aufrecht, die nicht nur dafür sorgen, dass uns das Geld aus der Tasche gezogen wird, sondern auch, dass wir emotional vor die Hunde gehen.

1.2 Auf Brillanz bauen

Ich wäre wahrscheinlich weiterhin so wie der Rechtwinklige umhergeirrt, hätten mich nicht diejenigen, die Raumland – den Ort, an dem die Antworten zu finden sind – bereits entdeckt hatten, mit der dritten Dimension bekannt gemacht.

In den 1980er-Jahren studierte ich bei Marshall Thurber und seiner Kollegin Judith Orloff Faulk, deren Lehren und Philosophie mein Denken radikal veränderten. Thurber wiederum war der einzige Protegé von zwei der größten Denker der Neuzeit – von Dr. W. Edwards Deming, dem Vater der Qualitätsmanagement-Bewegung, und R. Buckminster Fuller, dem Erfinder, Architekten, Ingenieur, Mathematiker, Dichter und Kosmologen. Mit zum Wichtigsten, was ich aus dieser Zeit mitnahm, gehörte die grundlegende Erkenntnis, dass bei der überwiegenden Mehrheit interpersoneller Konflikte innerhalb von Organisationen das Problem nicht der Mensch, sondern das System ist. Wenn man die zwischenmenschlichen Probleme angeht, bevor man sich damit befasst, inwiefern das gesamte System oder das Team diese Beziehungen beeinflusst, dann ist das so, als versuche man, ein Samenkorn in Sand statt in Muttererde zum Sprießen zu bringen. Doch nur die Kombination von gutem Boden und gesundem Samen bringt einen Baum hervor. Das weiß ich aus eigener Erfahrung. Finden sich zum Beispiel Menschen, die im Prinzip gut miteinander auskommen, in einem System mit begrenzten Ressourcen wieder, kommt es zu einem unbeabsichtigten Wettbewerb um diese Ressourcen. Und raten Sie mal, was noch passiert: Die Leute kommen nicht mehr so gut miteinander aus. Steckt man hingegen Menschen, die wenig miteinander gemein haben und die sich wahrscheinlich bei einer Dinnerparty nicht sonderlich gut verstehen würden, in ein sorgfältig durchstrukturiertes Organisationsumfeld oder Team, werden sie Erfolg haben – sowohl im interpersonellen Bereich als auch in Bezug auf die Produktivität des Teams. Der Schlüssel liegt folglich darin, eine Umgebung zu schaffen, die der Realität der ganzen Gruppe gerecht wird und es all ihren Mitgliedern ermöglicht, die gemeinsamen Ziele mühelos zu erkennen.

Erstklassige Beispiele hierfür sind erfolgreiche Wahlkampagnen. Man betritt das Wahlkampfbüro und sieht sofort und überall an den Wänden, wie das Team alle Kräfte für die Ziele der Kampagne und gegen seine politischen Kontrahenten mobilisiert. Alle kennen die „Ziellinie“ und den entsprechenden Zeitrahmen. Die wichtigsten Ressourcen sind allen zugänglich; niemand muss einen großen Aufwand betreiben, um sie zu finden oder groß um sie bitten. Und sobald ein Team erkennt, dass ein Wahlbezirk nicht zu gewinnen ist, setzt es sein Personal und seine Ressourcen dort ein, wo seine Anstrengungen noch etwas bewirken können, statt stur das eigene Territorium zu verteidigen. Informationen und Ressourcen werden in hohem Maße geteilt. Die Beteiligten sind sich weitgehend im Klaren darüber, wofür sie verantwortlich sind und welche Befugnisse sie haben.

Menschen, die sich für politische Kampagnen engagieren, repräsentieren oft einen ungewöhnlichen Querschnitt durch die Bevölkerung, denn „Politik führt zu seltsamen Allianzen“, wie ein Sprichwort sagt. Doch sie kommen miteinander aus, weil sie sich alle auf dieselbe Aufgabe und auf gemeinsame Ziele konzentrieren. Das System unterstützt dies und entsprechend fühlen sich auch die Menschen unterstützt.

Bei der überwiegenden Mehrheit interpersonaler Konflikte innerhalb von Organisationen ist nicht der Mensch das Problem, sondern das System.

Während der Jahrzehnte meiner Tätigkeit im Bereich Unternehmenskommunikation hatte ich reichlich Gelegenheit, Identitätskrisen von Organisationen, Leid, Unzufriedenheit und Missverständnisse zu beobachten und was geschieht, wenn Produktivität und Moral daniederliegen. Nach meinem Studium der interpersonalen Kommunikation und der Unternehmenskommunikation an der Northwestern University arbeitete ich für zwei der weltweit größten Kommunikationsagenturen, für *Time, Inc.*, und für *Hill and Knowlton*. Ich begegnete Tausenden von Menschen – Angestellten, Führungskräften, Mitgliedern, Freiwilligen – in Hunderten von Organisationen. Und bei vielen Gelegenheiten wurde ich verzweifelt gefragt: „Was sollen wir als Nächstes tun? Was können wir tun?“

Da die Geschwindigkeit, mit der sich die Welt verändert, exponentiell zunimmt, nehmen auch Anzahl und Intensität dieser Sorgen zu. Vor rund fünftausend Jahren gab es, wie Buckminster Fuller in den 1960er-Jahren schätzte, etwa alle 200 Jahre eine Erfindung oder eine Innovation, die „den Weg der Menschheit entscheidend“ veränderte.[6]

Der Weg der Menschheit und die Beschaffenheit der Welt und des Business verändern sich exponentiell.

Ab dem Jahr eins nach Christus verkürzte sich dieser Zeitraum auf alle fünfzig Jahre, ab dem Jahr 1000 auf alle 30 Jahre. Und mit der Renaissance tauchte alle drei Jahre eine neue Erfindung auf, die die Beschaffenheit der Welt veränderte. Mit dem Beginn der industriellen Revolution verkürzte sich diese Zeitspanne auf sechs Monate. In den 1920er-Jahren waren es schließlich, wie Fuller schätzte, nur drei Monate. Er nannte dies die „beschleunigende Beschleunigung“. Laut dem Physiker Peter Russell ist diese Zeitspanne mittlerweile auf Tage, wenn nicht gar Stunden zusammengeschmolzen.[7]

1.3 Mit dem rasenden Tempo der Veränderung umgehen

Wie also kommt es, dass sich erfolgreiche Veränderungen in Organisationen normalerweise im Schneckentempo vollziehen? Von allen Organisationen, die irgendeine Management-Strategie verfolgen, um mit Veränderungen im inneren oder äußeren Umfeld umzugehen, tun dies Schätzungen zufolge nur 25 bis 30 Prozent mit Erfolg. Die anderen schlagen sich irgendwie durch.

Meinen eigenen Beobachtungen zufolge ist der Hauptgrund für das Scheitern von Organisationen beim Veränderungsmanagement folgender: Sie neigen dazu, menschliche Systeme als mechanische Prozesse zu betrachten, eine Sichtweise, von der z. B. die häufig in strategischen Planungssitzungen gestellte Frage zeugt: „Was sollen wir als Nächstes tun?" Von einer menschlichen Perspektive aus betrachtet, ist es viel entscheidender, zunächst einmal Werte zu erkunden, insbesondere jene, in denen die Identität der Organisation oder des Teams zum Ausdruck kommt. In diesem Zusammenhang lautet die Frage nicht: „Was sollen wir als Nächstes tun?", sondern: „Was macht uns als Organisation aus?" Bei dieser Frage geht es um das Sein, nicht das Handeln.

Den Fokus auf Werte zu legen ist nichts Neues, der hier vorgestellte Ansatz schon, denn er definiert die Identität der Organisation oder des Teams als ein „grundlegendes Bedürfnis". Dieses Bedürfnis wird angesprochen im Rahmen eines interpersonellen und organisationsbezogenen „Bedürfnisbewusstseins", das die Grundlage für nachhaltigen Wandel und Erfolg am Arbeitsplatz bildet.

Zukunftsangst

> Neu an diesem Modell ist, dass es interpersonelle und organisationsbezogene Bedürfnisse im Rahmen eines „Bedürfnisbewusstseins" betrachtet, das die Grundlage für nachhaltigen Wandel und Erfolg am Arbeitsplatz bildet.

Zu der Unsicherheit, die einen verrückt macht, gesellt sich auch Angst. Nehmen Sie bei sich und bei Ihren Kollegen Angst vor der Zukunft wahr? Was geschieht, wenn die Menschen in Organisationen durch Angst motiviert werden? Sie setzen ungewollt einen Kreislauf schrumpfender Chancen, Ressourcen und Energien in Gang. In seinem Buch *So machen Sie Ihr Glück* präsentiert Richard Wiseman, Professor für Psychologie an der University of Hertfordshire in England, die Ergebnisse einer achtjährigen Glücksstudie. Die Forscher fanden heraus, dass Glückspilze im Gegensatz zu Pechvögeln bestimmte psychologische Merkmale aufwiesen. In erster Linie war ihr Handeln nicht durch Angst, sondern durch die Erwartung von Glück motiviert.[8] Und genau das ist auch bei erfolgreichen Organisationen der Fall. Sie operieren auf der Grundlage einer Vision von ihrer zukünftigen Bedeutsamkeit. Und um dies tun zu können, überwinden sie althergebrachte Denkmuster.

Meine ersten Lehrer, Vertreter der Schule von Marshall Thurber und Buckminster Fuller, sprachen oft von einer „glänzenden Zukunft", eine Formulierung, die mir stets im Gedächtnis geblieben ist. Die Aufgabe einer Organisation besteht darin, sich auf diese glänzende Zukunft zu konzentrieren und darauf zu achten, dass andere dies ebenfalls tun – ohne jedoch das Leid zu ignorieren.

1.4 Ins Raumland katapultiert

Erfolgreiche Unternehmen konzentrieren sich auf eine Vision ihrer zukünftigen Bedeutsamkeit.

Ich war bereits 22 Jahre lang als Beraterin für Organisationsentwicklung tätig, als ich 2004 Marshall Rosenberg kennenlernte, dessen Lehren mein Leben und meine Arbeit maßgeblich verändern sollten. Rosenberg hatte mit verfeindeten Straßengangs und sich bekriegenden afrikanischen Stämmen gearbeitet und versucht, sie zu befrieden. Deswegen überraschte es mich nicht, ihn 2005 sagen zu hören, amerikanische Firmen würden zu den gewalttätigsten Orten der Welt zählen.[9]

Als ich mich mit seinem Modell der Gewaltfreien Kommunikation (GFK) auseinandersetzte, verstand ich, was er damit meinte. Ich nahm jetzt die unbewusste und ungewollte Missachtung der Gefühle und Bedürfnisse von Menschen wahr, sowohl in alltäglichen Beziehungen als auch in der Welt der Unternehmen, der gemeinnützigen Organisationen, Universitäten und Behörden, mit denen ich arbeitete. Ich stellte fest, dass es in unserer Arbeitswelt ein hohes Maß an stillem Leiden gibt, wie ich es nenne. Ich sage den Gruppen, mit denen ich arbeite, immer gern, dass meiner Schätzung nach 30 bis 50 Prozent von dem, was in Besprechungen geäußert wird, nicht so ankommt, wie es gemeint ist. Einmal merkte eine Frau an: „Liegt der Prozentsatz nicht höher?" Meistens jedoch ernte ich nur ein stummes Nicken.

Schätzungsweise 30 bis 50 Prozent dessen, was in Besprechungen am Arbeitsplatz geäußert wird, kommt nicht so an, wie es gemeint ist.

Schon nach wenigen Monaten meines Studiums der GFK wurde mir klar, wie wunderbar sich mit ihrer Hilfe die Bedürfnisse von Menschen erfüllen und produktivere Arbeitsbeziehungen schaffen lassen. Ich stellte fest, dass die Mitglieder eines Teams einander auf neue Weise zuhörten – intensiver und mit mehr Achtsamkeit. *Ihr Zuhören war geprägt von Empathie – der Fähigkeit, wahrzunehmen, zu spüren, nachzuempfinden, was jemand anders gerade durchlebte.* In der folgenden Situation rief ich mit einer simplen, aus Neugier gestellten Frage ein tieferes Verständnis hervor.

Eine Mitarbeiterin machte ihrer Frustration darüber Luft, dass andere einem bestimmten Arbeitsablauf, für dessen Entwicklung sie verantwortlich war, nicht folgten. Ihre Kollegen machten Vorschläge, wie man dieses Problem lösen könne, doch sie war so stark darauf konzentriert, ihren Kummer zum Ausdruck zu bringen, dass sie diese gar nicht aufnehmen konnte. Als ich sie schließlich fragte, ob sie mit irgendeinem der Vorschläge etwas anfangen könne, antwortete sie: „Mit welchen Vorschlägen?" War sie deshalb frustriert, fragte ich dann, weil ihr Respekt sehr wichtig sei und sie es als Respektbekundung betrachte, wenn man sich an den Arbeitsablauf halte?

„Ja ... ja, genau das ist es", antwortete sie. „Ich wünsche mir Respekt. Ich arbeite hart daran, diese Abläufe zu organisieren. Und ich möchte, dass auch andere diesen Prozess respektieren." Jetzt, wo sie gerade die Erfahrung gemacht hatte, dass ihr jemand auf dieser neuen Ebene ihrer Bedürfnisse zuhörte, hielt sie inne, holte tief Luft, hob mit einem breiten Lächeln die Arme und sagte: „Jetzt bin ich offen für Vorschläge!"

Ihr unerfülltes Bedürfnis nach Respekt war anerkannt worden. Von dem Wunsch, verstanden zu werden, konnte sie dazu übergehen, die Strategien und Vorschläge anderer zu hören. Durch diese einfache Form der Anerkennung wurde der Prozess für alle viel effektiver.

In der GFK gibt es einen Lernprozess, um die Anwendung von Empathie für sich zu entwickeln und zu vertiefen. Dafür müssen wir Kontakt mit unseren eigenen Gefühlen und Bedürfnissen sowie den Gefühlen und Bedürfnissen anderer aufnehmen, um in jeder Hinsicht ein größeres Verständnis zu fördern. Die Forschungsliteratur wie auch meine eigene Beratungspraxis haben mich davon überzeugt, dass sich dieses Konzept auch für Teams und Organisationen erweitern lässt und dort genauso gut funktioniert wie für Einzelpersonen.

Bei meiner Arbeit mit Organisationen – zuerst als Spezialistin für Unternehmenskommunikation, nun als Organisationsberaterin – war mir von Anfang an klar, dass auch sie Bedürfnisse haben. Diese stehen in Verbindung mit den Bedürfnissen der Menschen, die dort tätig sind, unterscheiden sich aber von ihnen. Der Unterschied zwischen Organisationen und Menschen besteht darin, dass Erstere aus sich heraus kein Existenzrecht besitzen; sie existieren nur, um menschliche Bedürfnisse zu befriedigen. Doch das Ausmaß, in dem den Bedürfnissen der Organisation selbst entsprochen wird oder nicht, kann ausschlaggebend für deren Erfolg oder gar Überleben sein.

Ich sprach einmal mit Rosenberg darüber, wie man die GFK in Unternehmen einsetzen könnte. Mit der Welt von Firmen und Organisationen war ich bestens vertraut, und so machte ich mich daran, die GFK mit einem Prozess zu kombinieren, der den Bedürfnissen von Organisationen und Teams gerecht werden sollte. Ich wollte den Faktor Empathie in alle Bereiche des Geschäftslebens einbringen, um auf diese Weise den gesamten Betriebsablauf zu verbessern und im Ergebnis nicht nur eine bessere

Arbeitsatmosphäre, sondern auch mehr Produktivität und höhere Gewinne zu erreichen.

Integrated Clarity zeigt einen praxisorientierten Prozess der Empathie auf, mit dessen Hilfe den Bedürfnissen von Einzelpersonen und Organisationen entsprochen werden kann. Eine bessere Arbeitsatmosphäre, mehr Produktivität und Gewinn sind das Ergebnis.

Heureka! Das war die Geburtsstunde von Integrated Clarity („Integrierte Klarheit").

Dank Marshall Rosenberg und Trainern am Center for Nonviolent Communication wie Sylvia Haskvitz, Miki Kashtan und anderen schließt meine Arbeit nun diese neue Dimension mit ein: die Kraft der Empathie durch Gewaltfreie Kommunikation (auch unter der Bezeichnung Mitfühlende Kommunikation bekannt). Dieses Modell wurde für mich zur Zentripetalkraft, die alles, was ich zuvor über Menschen und Organisationen gelernt hatte, zu einem integrierten Ganzen zusammenfügte.

Wenn ich heute in eine Organisation komme, ist mir zwar bewusst, dass es dort einen Leidensdruck gibt, doch ich brauche nicht mehr auf ihn zu fokussieren. Der Prozess der Integrated Clarity (IC) ermöglicht beides: dass Heilung geschieht, aber auch, dass glänzende Zukunftsaussichten entstehen können. Das zu würdigen, was bereits da ist, und auf der Stärke von Teams und deren Mitgliedern aufzubauen: Das sind die die Grundlagen eines erfolgreichen Wandels.

1.5 Es geht um Verbindung

Dieses Buch soll Ihnen helfen, mehr Entscheidungsspielraum, mehr Kraft und eine größere Produktivität für sich selbst wie auch für die Teams und Organisationen zu gewinnen, für die Sie tätig sind. Wie das gehen soll? Indem Sie jene lebenswichtige, aber oft übersehene dritte Dimension zutage fördern und aktivieren – die menschliche Dimension einer auf Empathie basierenden Verbundenheit.

In der Arbeitswelt sind ständig drei unterschiedliche Ebenen empathischer Verbindung im Spiel: die Verbindung mit unserem eigenen inneren Zustand, die Verbindung mit anderen – von Kollegen bis hin zu den Endverbrauchern – und die Verbindung mit dem gesamten Team oder der gesamten Organisation. In vielen – wenn nicht sogar in den meisten – Situationen werden aufgrund der Beschaffenheit dieser Verbindungen entscheidende menschliche Bedürfnisse wie Vertrauen, Respekt, Eigenverantwortung, Verständnis und Sinnhaftigkeit jedoch nicht erfüllt. Und weil Menschen für Organisationen von größter Wichtigkeit sind, leiden darunter auch die Produktivität, der Service und der Gewinn.

Gefühle und Bedürfnisse

> Die Verbindungen am Arbeitsplatz erfüllen wichtige menschliche Bedürfnisse oft nicht. In der Folge leiden nicht nur die Menschen, sondern auch Produktivität, Service und Gewinn.

Unsere Arbeitswelt ist zweidimensional, denn der Prozess der empathischen Verbindung erfordert, dass wir mit zwei menschlichen Qualitäten sicher und entspannt umgehen können, die in der Welt, die uns umgibt, systematisch abgewertet und missverstanden werden. Unsere Organisationen sind Kinder desselben Geistes und übertragen einfach diesen Zustand der Welt auf den Arbeitsplatz. Die beiden missverstandenen Qualitäten sind:

1. unsere Fähigkeit, uns problemlos unserer Gefühle bewusst zu sein, ohne sie zu bewerten, und
2. unsere Fähigkeit, diese Gefühle dann mit den entsprechenden menschlichen Bedürfnissen in Verbindung zu bringen, die entweder erfüllt werden oder unerfüllt bleiben.

In der Arbeitswelt kommt erschwerend hinzu, dass es systembedingt tagtägliche Dringlichkeiten gibt und dass eine große Zahl zwischenmenschlicher Verbindungen gleichzeitig zum Zuge kommt. So werden Gefühle und Bedürfnisse leicht unterdrückt, was unsere Fähigkeit, nicht auf den ersten Blick erkennbare Gefühle und Bedürfnisse wahrzunehmen, weiter verkümmern lässt – auch außerhalb der komplexen Umgebung des Arbeitsplatzes.

1983 gelang dem amerikanischen Entwicklungspsychologen Howard Gardner mit seiner Theorie der multiplen Intelligenzen ein Durchbruch bezüglich unseres Verständnisses dieser Fähigkeiten. Dieser Theorie zufolge besitzen Menschen eine ganze Reihe von Fähigkeiten oder Fertigkeiten, die sich nicht mit IQ-Tests messen lassen. Zu den neun Intelligenzen, die Gardner derzeit unterscheidet, gehören die intrapersonelle und die interpersonale Intelligenz; mit beiden werden wir uns im Verlauf dieses Buches intensiv auseinandersetzen, und zwar im Hinblick auf die Frage, wie wir empathische Verbindung zu uns selbst und zu anderen aufnehmen können.

Aufbauend auf Gardners Theorie veröffentlichte der Psychologe Daniel Goleman 1995 seinen Bestseller *Emotionale Intelligenz* und erforscht und propagiert auch weiterhin, dass emotionale Intelligenz Anteil an der Arbeitseffektivität hat. Mit Golemans Ansichten über Empathie und Führung werden wir uns in Kapitel 2 auseinandersetzen.

Angesichts dieser und anderer gesicherter Forschungsergebnisse stellt sich die Frage: Warum haben sich die Überlegungen zum Faktor Empathie in der Arbeitswelt nicht viel schneller durchgesetzt? Der Grund scheint eine tief verwurzelte Konditionierung zu sein, am Arbeitsplatz auf Angst, Schuld, Scham und Zorn als Motivatoren zu setzen und nicht auf die Fähigkeit, Verbindung mit unseren eigenen Gefühlen und Bedürfnissen sowie den Gefühlen und Bedürfnissen anderer aufnehmen zu können. Innerhalb der zweidimensionalen Welt sind die genannten negativen Emotionen die Triebfedern der Produktivität. In der dreidimensionalen Welt stellen sie jedoch Hindernisse dar.

Es ist nicht so leicht, „Gefühle“ und „Bedürfnisse“ zu definieren, wie es auf den ersten Blick erscheinen mag. Seit Tausenden von Jahren sind diese Begriffe Teil unseres kollektiven Bewusstseins und werden verwischt und missverstanden. Unsere Annahmen und selbst wissenschaftliche Erkenntnisse über Gefühle und Bedürfnisse sind widersprüchlich. Und unsere Sprache macht die Sache nur noch komplizierter, weil z. B. „Gefühle“, „Emotionen“, „Bedürfnisse“, „Sehnsüchte“ und „Wünsche“ oft als austauschbare Begriffe, jedoch mit sehr unterschiedlicher Bedeutung, verwendet werden.

Wenn es aber darum geht, eine sinnvolle, effektive und reproduzierbare Praxis für den Einsatz von Empathie am Arbeitsplatz zu erlernen, ist ein Verständnis von Gefühlen und Bedürfnissen dafür eine Voraussetzung. Spricht man über Empathie, ohne die spezifische Rolle von Gefühlen und Bedürfnissen zu kennen, dann ist das so, als würde man versuchen, ein Auto zu bauen, ohne zu wissen, wie der Motor funktioniert. Entscheidend für das Verständnis des Konzepts und das Praktizieren von Empathie ist vor allem das Verständnis von Bedürfnissen, wie sie in diesem Buch definiert werden. Gefühle liefern uns wertvolle Informationen; sie sind innere Daten über Bedürfnisse. Gefühle für sich genommen erlangen erst Bedeutung, wenn wir ihnen Bedeutung beimessen. Wenn wir darum wissen, können wir sie als Leitfaden für konstruktives Handeln nutzen.

Wenn wir aus diesen menschlichen Komponenten Nutzen ziehen, statt sie abzutun, sie nur zu tolerieren oder sie „managen“ zu wollen, feiern wir unsere Menschlichkeit und erweitern gleichzeitig unsere Möglichkeiten sowie die der Organisation, für die wir tätig sind. Wir können eine Welt erschaffen, in der Bedürfnisse eine Rolle spielen, indem wir Grundlagen schaffen für eine ethische Wirtschaft, die einen Beitrag leistet für die Welt und für die Menschen. Diese gefühlsfokussierte Herangehensweise endet nicht bei den Gefühlen, sondern führt uns weiter zu einem größeren Bewusstsein für Bedürfnisse und schließlich zu deren besserer Erfüllung. Letztlich liefern Gefühle uns wertvolle Informationen für unsere zukünftigen Entscheidungen. Solange wir uns unserer Gefühle und der mit ihnen verbundenen Bedürfnisse nicht bewusst sind, werden wir auch weiterhin Entscheidungen treffen, durch die unsere Bedürfnisse in einem geringeren Maße erfüllt werden, als wir uns dies wünschen.

1.6 Zwei innovative Roadmaps

Wenn wir unsere Gefühle und Bedürfnisse verstehen und sie in den Dienst unserer Menschlichkeit stellen, können wir anstelle von Angst, Schuld, Scham und Zorn die Grundlagen für eine ethische Wirtschaft erschaffen.

Es gibt viele Bücher und auch viele Modelle, in denen es darum geht, erfolgreichere Geschäftsbeziehungen zu entwickeln, unsere berufliche Kommunikation zu verbessern und Konflikte zu lösen. Im vorliegenden Buch werden jedoch erstmals die genannten Themen mithilfe zweier effektiver und innovativer Prozesse untersucht: Gewaltfreie Kommunikation (GFK) und ihr Äquivalent in der Arbeitswelt, Integrated Clarity (IC). Ich habe die IC-Konzepte und das dazugehörige Grundgerüst entwickelt, um auch anderen Menschen zu ermöglichen, genau die Begeisterung und Ehrfurcht zu erleben, die ich empfand, als ich die GFK zum ersten Mal mit meinen Geschäftskunden anwandte.

In der Geschäftswelt ist die GFK zwar weniger bekannt als in anderen Zusammenhängen, genießt jedoch international Anerkennung als Kommunikationsprozess und als Möglichkeit, einen Frieden stiftenden Weg zu beschreiten. Über 240 zertifizierte Trainer arbeiten auf fünf Kontinenten in mehr als 75 Ländern, besonders aktiv in Europa. Jedes Jahr werden weltweit über eine halbe Million Menschen in der GFK ausgebildet.[10] Die Grundlagen der GFK werden in diesem Buch innerhalb des Rahmens der IC vorgestellt. Ausführlichere Erklärungen finden sich in Rosenbergs Buch *Gewaltfreie Kommunikation. Eine Sprache des Lebens.*

Was Integrated Clarity angeht, so hat Marshall Rosenberg sie einmal als das „fehlende Bindeglied" zur effektiven Anwendung der GFK in Organisationen bezeichnet. Ich war begeistert, als ich gemeinsam mit ihm eins der 19 Kapitel für die zweite Auflage von *The Change Handbook* schreiben durfte. Es ist das „maßgebliche aktuelle Nachschlagewerk zu den besten Methoden, wie Systeme als Ganzes in die Transformation eines Geschäfts einbezogen werden können",[11] das von führenden Beratern und Hochschullehrern im Bereich Organisationsmanagement herausgegeben wurde. Unser Kapitel „Integrated Clarity – Energizing How We Talk and What We Talk About in Organizations" wurde in weiten Kreisen aufmerksam wahrgenommen – von einem global operierenden, in Europa ansässigen Finanzunternehmen über eine internationale gemeinnützige Organisation in Indien bis hin zu Universitäten, Unternehmen und gemeinnützigen Organisationen in den Vereinigten Staaten.

Der Faktor Empathie bietet konkrete praxisnahe Strategien, um völlig neuartige und äußerst funktionsfähige menschlicher Verbindungen zu entwickeln und aufrechtzuerhalten. Das ist es, was jene Teams und Organisationen antreibt, die von der Organisationsforschung als die erfolgreichsten ausgemacht werden. Erst in den vergangenen zehn Jahren sind Arbeitswissenschaftler und Führungskräfte auf die

Empathie als lohnendes Forschungsgebiet und als wertvolle Strategie zur Verbesserung der Produktivität in Organisationen aufmerksam geworden.

Im wirtschaftlichen Kontext wird der Begriff Empathie jedoch meistens anders verstanden und oft auch verwechselt, etwa mit Sympathie. Eine auf Sympathie gegründete Verbindung entsteht, wenn Menschen Gefühle und Gedanken, von denen andere ihnen berichten, mit Momenten in Beziehung setzen, in denen sie selbst diese Gefühle und Gedanken erlebt haben. Auch *Sym*pathie kann eine Verbindung zwischen Menschen herstellen, doch diese unterscheidet sich von einer empathischen Verbindung, bei der die Aufmerksamkeit allein dem anderen Menschen gilt.

In Kapitel 2 werde ich darlegen, dass ich die *Empathie* als eine der wichtigsten Fertigkeiten betrachte, die wir uns für den Erfolg am Arbeitsplatz und im Team aneignen können. Für die Zusammenarbeit im Team, den Aufbau von Kundenbeziehungen und überhaupt für die Erledigung unserer Arbeit ist es von entscheidender Bedeutung, dass wir den Standpunkt des anderen verstehen können. Hierzu müssen wir jedoch unsere eigenen Gefühle und Bedürfnisse verstehen. Das heißt, dass die Denker und Macher weiterhin denken und handeln können; sie fügen dem Prozess, der den Erfolg mehrt, einfach nur eine weitere Dimension der Verbindung hinzu. Verbinden–Denken–Handeln ist nicht nur effektiver als Denken–Handeln, es bereichert uns auch in höherem Maße und verleiht uns mehr Energie.

> Empathie gehört zu den wichtigsten Fertigkeiten, die wir uns für den Erfolg am Arbeitsplatz und im Team aneignen können.

Wenn wir an den inneren Erfahrungen eines anderen Menschen teilhaben, dann sind wir beide mit unserem gemeinsamen Menschsein verbunden. Diese Verbindung kommt jedoch nicht unbedingt automatisch zustande – oft kommt sie gar nicht zustande. Tatsächlich versteht derjenige, der die Gefühle *hat*, sie oft selbst nicht. Und genau hier zeigt sich der Wert eines Kommunikations- und Bewusstseinsmodells, das allen Beteiligten hilft, Verständnis füreinander zu entwickeln, indem sie Gefühle mit Bedürfnissen verbinden. Gleichzeitig beleuchtet der Prozess, wie man für die Erfüllung dieser Bedürfnisse Verantwortung übernehmen kann. Diese Ebene des persönlichen und interpersonalen Verständnisses setzt ein hohes Maß an Energie frei und führt gleichzeitig zu einer interessanten und aktiven Form von Zusammenarbeit, die einen nachhaltig positiven Einfluss auf die Atmosphäre am Arbeitsplatz hat. Wenn Sie die Verbesserung der persönlichen Kommunikation mit dem IC-Prozess kombinieren, um die Bedürfnisse des Teams oder der Organisation wie auch die der Kunden zu klären und zu erfüllen, werden Sie – wie die Beispiele in diesem Buch verdeutlichen – einen enormen Wachstumsanstieg erleben, der sich sowohl in Zahlen als auch in sozialen Dimensionen zeigen wird.

Im Verlauf dieses Buches wird dieser Prozess ausführlich definiert und analysiert, und Sie werden darin unterstützt, sich die für den Aufbau hochgradig funktionsfähiger Verbindungen notwendigen Fertigkeiten anzueignen. Ich nenne das Ihre „persönliche Verbindungs-Power". Über einen Schritt-für-Schritt-Ablauf eines Arbeitsprozesses auf der Grundlage von Empathie erfahren Sie, wie Sie auf den drei zuvor beschriebenen Ebenen Verbindungen eingehen können: intrapersonal (mit sich selbst), interpersonal (mit anderen) und organisationsbezogen (mit der gesamten Organisation oder dem gesamten Team).

Das folgende Schaubild verdeutlicht das Modell der Integrated Clarity.

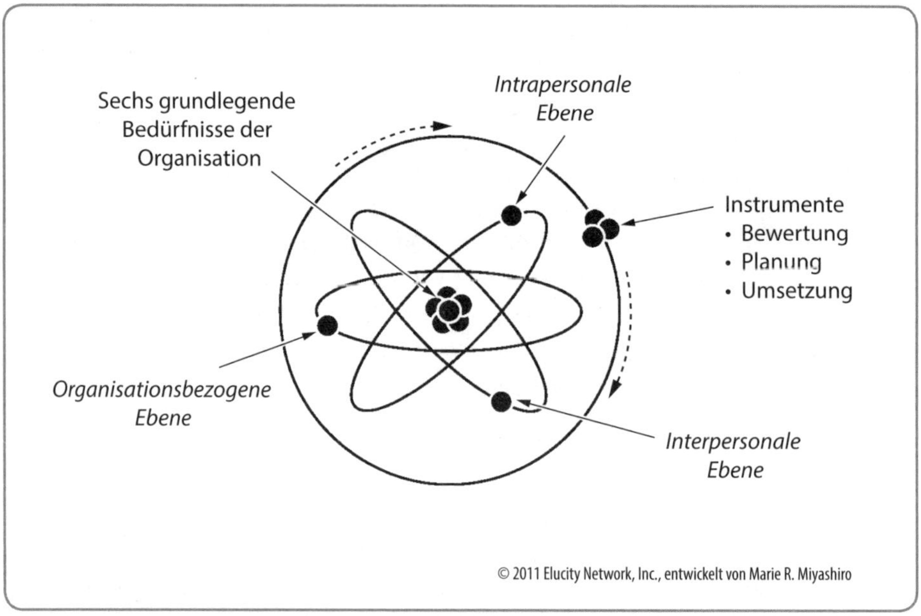

Abbildung 1: Das Bezugssystem der Integrated Clarity®

1.7 Verbindung versus Manipulation

Die spezielle Form der empathischen Verbindung, die hier vorgestellt wird, bringt eine natürliche Form der Macht hervor, die Rosenberg Macht *mit* Menschen, nicht Macht über Menschen nennt. Mit dieser Verbindung geht auch ein natürlicher Gewinn einher – Gewinn *mit* Menschen, nicht Gewinn aus Menschen. Statt Techniken zu erlernen und Fertigkeiten zu entwickeln, mit denen wir andere dazu bringen, das zu tun, was wir wollen, stellen wir fest, dass die Verbindung in ihrer reinsten Form ein wertvolles Ziel an sich und kein Mittel zum Zweck ist.

Dieses neue verstärkte Gefühl, verbunden zu sein, bringt andere Menschen dazu, das, was wir von ihnen möchten, nicht aus Angst, Schuldgefühlen oder Scham heraus zu tun, sondern weil es ihnen sinnvoll erscheint und es sie mit Freude erfüllt, ein gemeinsames Ziel zu verfolgen. Genau dies ist der entscheidende Unterschied zwischen einer von zweidimensionalem Denken–und–Handeln und einer von dreidimensionalem Verbinden–Denken–und–Handeln geprägten Arbeitswelt. Wenn Empathie und Verbindung dem Denken und Handeln vorausgehen, kommt es – wie Sie in Kapitel 2 sehen werden – zu ganz erstaunlichen Ergebnissen.

Möglicherweise fragen Sie sich nun: Wie sollen Sie nur eine Organisation führen oder eine bestimmte Aufgabe erledigen, ohne die Leute dazu zu bringen, das zu tun, was Sie oder das Management wollen? Das mag Ihnen als ein Ding der Unmöglichkeit erscheinen. Und in einer zweidimensionalen Welt ist es das auch. Warum sonst dauert es so lange, bis die Forschungsergebnisse und Erfahrungsberichte, die den Wert der Empathie bestätigen, in der Arbeitswelt anerkannt werden und der Empathie neben dem Denken und Handeln eine Daseinsberechtigung eingeräumt wird?

> Denken und Handeln ist out. Verbinden, Denken und Handeln ist in.

So wie der Rechtwinklige in Flächenland können wir das, was seinem Wesen nach ein Aspekt einer erweiterten, aber weniger sichtbaren Dimension ist, nicht allein mit dem Verstand erfassen. Und wir werden keinen einzigen Beweis anerkennen, solange wir keine eigenen Erfahrungen mit der dritten Dimension gemacht haben, und dann über ein Mittel verfügen, diese Erfahrungen bewusst in Sprache zu fassen.

Auf den folgenden Seiten werden Sie die dritte Dimension, d.h. die Empathie, mithilfe der Prinzipien von GFK und IC erkunden. Sie werden sie nicht nur mit dem Verstand erfassen, sondern auch körperlich erfahren. Und indem Sie sie erfahren, wird sich in Ihnen eine neue natürliche Kraft entfalten, die Sie beliebig zugunsten der Menschen in Ihrem Umfeld, an Ihrem Arbeitsplatz oder in jeder anderen Organisation und jedem anderen Team einsetzen können. Sie werden feststellen, dass Sie in Ihrem Arbeitsleben viel häufiger das erreichen, was Sie sich persönlich wünschen, als das, was andere für Sie wollen. Gleichzeitig werden Sie wahrscheinlich in zunehmendem Maße mit anderen zusammenarbeiten, die Bedürfnisse Ihrer Kunden erfüllen und zu einem größeren gesellschaftlichen Wohl beitragen.

Sowohl GFK als auch IC lassen sich leicht erlernen. In ihrer Grundform sind sie geradezu simpel. Sie können beide sofort anwenden – ohne Managementerfahrung oder ein Wirtschaftsstudium. Und ich bin zuversichtlich, dass zumindest eine der großen oder auch viele der kleinen Ideen, die in diesem Buch vorgestellt werden, bei Ihnen Widerhall finden und Sie zu einem Handeln bewegen, das Sie ins Raumland der erweiterten Möglichkeiten katapultiert.

Lesen Sie weiter. Kapitel 2 liefert bereits einen Vorgeschmack darauf, wie diese Möglichkeiten für Sie, Ihr Team und Ihre Organisation aussehen könnten.

2. Aus der menschlichen Komponente Nutzen ziehen

„Bei den erfolgreichsten Unternehmen der Gegenwart spielen Liebe, Freude, Authentizität, Empathie und Innerlichkeit eine Rolle. Sie schaffen Werte emotionaler, erfahrungsbezogener und sozialer Natur – nicht nur Gewinne."

Wharton School of Business[12]

Buckminster Fuller sprach oft vom Prinzip des Trimmruders.[13] Beim Trimmruder handelt es sich um eine kleine Klappe am großen Ruderblatt eines Schiffes. Wozu es dient? Wenn man mit einem Schiff einen anderen Kurs einschlagen möchte, muss die Ruderstellung verändert werden. Ein Ruderblatt ist jedoch eine große ebene Fläche, die, sobald sie bewegt wird, auf den enormen Widerstand des umgebenden Wassers trifft. Das Ruder kann sogar brechen, wenn es zu schnell zu stark in eine andere Richtung bewegt wird. Das Trimmruder ist hingegen nur ein kurzes Endstück und lässt sich aufgrund seiner Größe im Vergleich zum großen Ruder leicht drehen. Sobald seine Stellung nur ein wenig verändert wird, bricht es die große Fläche des Ruderblattes auf und erzeugt so einen Unterdruck, in den hinein das große Ruder nun leicht bewegt werden kann. Der entscheidende Punkt ist: Ein großes Schiff kann mit einer verhältnismäßig kleinen Veränderung in eine neue Richtung gelenkt werden, wozu sonst ein enorm großer Kraftaufwand nötig gewesen wäre.

Wenn wir uns eine Organisation oder ein Team als Ozeandampfer vorstellen und die beteiligten Personen als Ruder, das die Richtung vorgibt, so wird die empathische Verbindung zum Trimmruder. Der Faktor Empathie kann zur treibenden Kraft der Strategie, der Teamproduktivität, des Marketings, der Produkt- und Programmentwicklung, des Vertriebs und schließlich des Gewinns und des Erfolgs werden. Wie? Empathie ist verbunden mit Zusammenarbeit, Innovation und dem Umgang mit Veränderungen am Markt und am Arbeitsplatz.

Ähnlich wie ein Trimmruder kann Empathie die interpersonale Zusammenarbeit und die Einbindung von Einzelpersonen in unternehmensweite Aktivitäten erleichtern, sodass es problemloser zu Innovation, Wachstum und Veränderung kommt. Empathie ist der Katalysator für eine Zukunft, die wir gern realisiert sehen möchten.

Im Oktober 2010 hielt John Chambers, Chairman und CEO des Technologieriesen Cisco, bei einer Veranstaltung der *Association for Federal Information Resources Management* einen Vortrag zum Thema Zusammenarbeit. Dabei sagte er u. a., dass die

Zusammenarbeit von Menschen durch die nächsten Generationen der Virtualisierungstechnik für immer gekoppelt sei an eine verbesserte Portabilität, Handhabbarkeit und Kompatibilität von Technologieanwendungen am Arbeitsplatz. Es fällt nicht schwer, Technologie als etwas Unpersönliches anzusehen und sich unsere Arbeitsplätze als voneinander getrennte „Silos" vorzustellen. Dennoch wird mit dem Aufkommen neuer virtueller Technologien (wie Cloud-Computing, Google Docs und andere internetbasierte Dienste zur gemeinsamen Nutzung von Ressourcen, die eine Zusammenarbeit unterstützen) denjenigen, die in hohem Maße zur Kooperation bereit sind, am Arbeitsplatz schon bald die größte Wertschätzung entgegengebracht werden. Empathiefähigkeit ist ein entscheidendes Element der Zusammenarbeit, vor allem auch deswegen, weil sie ein Verständnis der Bedürfnisse umfasst. Und die Erfüllung von Bedürfnissen ist ausschlaggebend für den Erfolg einer Organisation.

Untersuchungen zum Thema Organisation haben einen entscheidenden gemeinsamen Nenner: die Verbindung mit den Bedürfnissen auf verschiedenen Ebenen innerhalb einer Organisation und mit denen der wichtigsten Zielgruppen oder Kunden. Ist ein Bewusstsein für Bedürfnisse vorhanden, ist dieser gemeinsame Nenner deutlich zu erkennen. Ohne dieses Bewusstsein erscheint die Organisationsforschung wie eine Reihe zusammenhangloser Einzelergebnisse. Ich bin davon überzeugt, dass das Erlernen von Empathie als berufliche Fertigkeit und deren Förderung als *best practice* der entscheidende Motor in der Arbeitswelt sind – angefangen bei Produktivität und Gewinn bis hin zu Ethik und Sinnhaftigkeit.

Empathie ist der entscheidende Motor in der Arbeitswelt – angefangen bei Produktivität und Gewinn bis hin zu Ethik und Sinnhaftigkeit.

Bevor wir uns in den folgenden Kapiteln damit beschäftigen wollen, wie sich empathische Verbindungen im Arbeitsalltag herstellen lassen, möchte ich Ihnen noch einige Forschungsergebnisse vorstellen, die meine Überzeugung untermauern, dass Empathie einen ausschlaggebenden Faktor für den Erfolg von Organisationen darstellt. Seit vielen Jahren begeistert mich das Buch von Kimball Fisher: *Leading Self-Directed Work Teams: A Guide to Developing New Team Leadership Skills.* In vielen Arbeitsgruppen gilt es als Standardwerk für das Empowerment-Training. Fisher präsentiert die Ergebnisse von Studien mit mehr als 7000 Arbeitsgruppen und Betrieben, Fallstudien zu einzelnen Organisationen und quantitative Daten. Die Forschungsergebnisse weisen darauf hin, dass auf die erfolgreichsten Arbeitsgruppen und Arbeitsumgebungen durchgängig drei Merkmale zutreffen. Ihre Führungskräfte

1. sind fähig, dafür zu sorgen, dass Mitarbeiter und Führungskraft einander großen Respekt entgegenbringen,
2. stellen sicher, dass Aufgaben erledigt werden,
3. zeigen Führungsqualität im Hinblick auf Problemlösungen.[14]

Als ich diese Liste zum ersten Mal las, empfand ich Erleichterung und Genugtuung. Das Element „Verbindung“ steht dort an erster Stelle, das Handeln an zweiter. Tatsächlich war dies hier auf so klare und direkte Weise belegt und dokumentiert, wie ich es bislang noch nicht gesehen hatte.

In den folgenden zehn Jahren gab es immer mehr Forschungsberichte, die die Wirksamkeit von Verbindungsqualitäten wie Vertrauen, Respekt, Mitgefühl und Empathie am Arbeitsplatz bestätigten.

2.1 Emotionale Intelligenz, Empathie-Faktor und Vertrauen

Das Konzept der emotionalen Intelligenz wurde erstmals im Jahr 1990 von den Psychologen Peter Salovey und John D. Mayer vorgestellt.[15] 1995 publizierte dann Daniel Goleman sein Buch *Emotionale Intelligenz* und verschaffte dem Thema damit breite Aufmerksamkeit. 1998 verfasste er einen Artikel für die Zeitschrift *Harvard Business Review* mit dem Titel „Emotionale Intelligenz – zum Führen unerlässlich“. In diesem Artikel bezeichnet Goleman die emotionale Intelligenz als „conditio sine qua non“ (eine unerlässliche Bedingung) für Führung und listet Empathie als eine ihrer fünf Komponenten auf. Er definiert Empathie als „die Fähigkeit, sich in die Gefühlswelt anderer Menschen hineinzuversetzen; das Geschick, Leute mit Rücksicht auf deren Gefühle zu behandeln“[16], und gibt drei Gründe für ihre große Bedeutung an: den wachsenden Einsatz von Teams (in denen „die Gefühle wie in einem Kessel hochkochen“), das hohe Globalisierungstempo und die damit verbundenen möglichen Verstimmungen und Missverständnisse im Dialog zwischen den Kulturen sowie die Notwendigkeit, fähige Mitarbeiter an das Unternehmen zu binden.[17]

Bestätigt wird der Nutzen der Empathie auch durch den Artikel „What's Empathy Got to Do With It?“ („Was hat Empathie damit zu tun?“) von Bruna Martinuzzi, der Gründerin von *Clarion Enterprises Ltd.*, einer Firma, die sich auf emotionale Intelligenz im Führungsbereich spezialisiert hat: „Empathie ist in der Tat eine Währung von hohem Wert. Sie ermöglicht es uns, ein Band des Vertrauens zu knüpfen. Sie gewährt uns einen Einblick in die Gefühle und Gedanken anderer. Sie hilft uns zu verstehen, warum andere in bestimmten Situationen auf bestimmte Art und Weise reagieren. Sie schärft unseren ‚Blick für Menschen‘ und prägt unsere Entscheidungen.“[18]

In einer Gallup-Studie aus dem Jahr 2008 wurden Mitarbeiter dazu befragt, welche Eigenschaften sie sich von ihren Führungskräften am meisten wünschen würden. Die erwarteten Attribute – Weitblick, Zielgerichtetheit, Tatkraft, Ehrgeiz, Klugheit – fehlten fast gänzlich. Vielmehr wünschen die Menschen sich von ihren Führungskräften vor allem Vertrauen, Mitgefühl, Stabilität und Hoffnung, Ehrlichkeit, Integrität und Respekt.[19]

Neueren Forschungsergebnissen zufolge führt ein hohes Maß an Vertrauen in der Regel zu einer hohen Mitarbeiterbindung, was einer Organisation Zeit und Geld erspart.[20] Die entsprechende Studie wurde vom *Center for Creative Leadership* (CCL®) durchgeführt, einem internationalen Bildungszentrum für Führungskräftetraining. Zusätzlich organisierte das Zentrum im Jahr 2002 folgende Umfrage: Man bat Manager darum, zu beurteilen, welche Maßnahmen am besten funktionierten, um Organisationen durch schwierige Phasen, z. B. gekennzeichnet durch Rückgang und Abbau, zu bringen. Kerry Bunker, ein Senior Program Associate für Führungskräfteentwicklung am CCL®, gelangt zu dem Schluss: „Fähigen Führungskräften scheint es besser zu gelingen, die Soft Skills im Führungsbereich – Vertrauen, Empathie und echte Kommunikation – mit den Hard Skills zu verbinden, die man braucht, um eine Organisation in schwierigen Zeiten am Leben zu erhalten.“ Die Umfrageergebnisse zeigten, dass diejenigen Führungskräfte, die ihre Organisation am besten durch Zeiten der Veränderung führten, in „ehrlicher, proaktiver Kommunikation“ geübt waren. Sie „hörten gut zu, zeigten Einfühlungsvermögen und waren bereit, die Gründe für und die Notwendigkeit zur Veränderung klar anzusprechen, auch wenn diese Veränderungen möglicherweise schmerzliche Folgen hatten“.[21]

Empathie bringt Vertrauen, Einsicht und Verständnis hervor – wichtige Voraussetzungen für die interne wie die kulturübergreifende Kommunikation.

Empathie erweist sich also als wertvoll, um Vertrauensverhältnisse herzustellen, die in jeder Hinsicht von Vorteil sind, wenn es darum geht, effektiv zu führen.

2.2 Empathie, Sinnhaftigkeit und Kundenzufriedenheit

In seinem Buch *Wired to Care: How Companies Prosper When They Create Widespread Empathy* beschreibt Dev Patnaik, wie eine auf Empathie gegründete Unternehmenskultur eine Firma florieren lässt, weil die empathische Verbindung mit Kunden zum Motor der Produktentwicklung und Innovation wird. Und nicht nur das, sie erzeugt auch etwas, was sich in der Arbeitswelt nur schwer kultivieren lässt – ein Gefühl für die Sinnhaftigkeit der verrichteten Arbeit. Die empathische Verbindung zum Kunden liefert den Angestellten einen Grund dafür, morgens aufzustehen und zur Arbeit zu gehen – um sich nämlich ihr eigenes Bedürfnis nach einem Beitrag zur Bereicherung des Lebens und nach Sinnhaftigkeit zu erfüllen. Patnaik und Pete Mortensen führen eine ganze Reihe von Fallstudien zu Nike, IBM, Microsoft Xbox, Harley-Davidson und weiteren Firmen ins Feld, um zu verdeutlichen, welch positive

Folgen empathische Verbindungen haben können: bessere Produkte, ein größeres Engagement der Mitarbeiter, ein wertvolleres Kunden-Feedback und höhere Umsätze.

Empathie ist jedoch für Endverbraucher im sozialen Sektor (z. B. in Behörden, gemeinnützigen Organisationen und Universitäten) genauso bedeutend wie für Kunden von Industrieunternehmen. Folgendes Beispiel führt uns vor Augen, welche Kraft einer empathischen Verbindung mit dem Markt, den wir bedienen, innewohnt.

> In den 1990er-Jahren arbeitete ich für einen der größten Verbände öffentlicher Bediensteter in den Vereinigten Staaten, dem damals 43.000 Mitglieder angehörten. Dieser Verband richtete für seine Mitglieder über einen Zeitraum von mehreren Wochen landesweit einige Dutzend Meetings an unterschiedlichen Orten aus, in denen wichtige Entscheidungen getroffen werden sollten. Der Vorstand war besorgt, denn in der Vergangenheit war die Teilnahme geringer ausgefallen, als man sich gewünscht hätte.
>
> Welcher Mitarbeiter würde an welchen Sitzungen teilnehmen und sie koordinieren? Das Vorstandsteam erstellte dafür eine Liste der Meetings in chronologischer Reihenfolge, weil ihm dies für die personelle Besetzung am sinnvollsten erschien. Im Rahmen einer Reihe von informellen Gruppentreffen fiel mir auf, wie verwirrt die Mitglieder wirkten und wie viel Mühe sie die Entscheidung kostete, an welchem Meeting sie teilnehmen sollten. Sie gingen die Listen von oben nach unten und dann noch einmal von links nach rechts durch. Dabei interessierten sie sich gar nicht so sehr für das Datum, sondern für sie war viel wichtiger, an welchem Ort die jeweiligen Meetings stattfanden. Doch um diese Information zu erhalten, mussten sie die ganze Liste mit mehr als drei Dutzend nach Datum geordneten Meetings durchgehen. Deswegen schlug ich dem Vorstand vor, die Liste nach Veranstaltungsorten neu zu ordnen. So führte man zum Beispiel die drei Veranstaltungen in der Region A unter einer gut erkennbaren Überschrift auf und so weiter. Verbunden mit einer verstärkten Kommunikation darüber, welche Bedürfnisse der Mitglieder durch eine Teilnahme erfüllt wurden, führte diese Änderung zur höchsten Teilnehmerquote in der fünfzigjährigen Geschichte des Verbandes – ein Anstieg um das Drei- bis Vierfache. Bei einem der Meetings mussten sogar Stühle aus anderen Räumen geholt werden, um alle unterzubringen. Auch in anderen Meetings wurde eine ähnlich exponentielle Zunahme der Teilnehmerzahl beobachtet.
>
> Diese Erfahrung sorgte beim Vorstand für einen ziemlichen Aha-Effekt! Die Vorstandsmitglieder erkannten, wie wertvoll es war, die Kommunikation aus dem Blickwinkel der Mitglieder, nicht dem des Vorstands zu betrachten – und das mit einer einfachen, effektiven und empathischen Lösung, mit der beachtliche Ergebnisse erzielt wurden.

Die Berücksichtigung der Bedürfnisse anderer ist eine empathische Qualität, die wir durch die Anwendung der GFK entwickeln können. Lassen Sie uns nun einen Blick auf weitere Verhaltensweisen werfen, die uns dabei unterstützen, uns mit anderen zu verbinden und damit zu effektiveren Ergebnissen zu gelangen.

2.3 Verhaltensweisen

Jim Collins bahnbrechendes Buch *Der Weg zu den Besten. Die sieben Management-Prinzipien für dauerhaften Unternehmenserfolg* hat bei Veröffentlichung [der amerikanischen Originalausgabe] im Jahr 2001 den Blick von Führungskräften und Beratern auf Organisationen verändert. Basierend auf einer fünf Jahre umfassenden Studie von 1435 Fortune-500-Unternehmen[22] präsentiert Collins wichtige Ergebnisse nicht nur dazu, was man als Führungskraft tun, sondern wie man als Führungskraft *sein* sollte. Eines dieser wichtigen Ergebnisse ist, was Collins als „Level 5"-Führungspersönlichkeit in den Unternehmen bezeichnet, die kontinuierlich besser als ihre Konkurrenten und der Durchschnitt des Marktes waren, selbst in Industriezweigen, die mit Problemen zu kämpfen hatten. Über diesen Typus von Führungspersönlichkeit sagt Collins: „... muss hier nochmals betont werden, dass Level 5 das Ergebnis einer empirischen Studie und kein ideologisches Konstrukt ist. [...] Bescheidenheit + Durchsetzungsvermögen = Level 5. Level-5-Führungskräfte sind erstaunlich paradoxe Persönlichkeiten: bescheiden und willensstark, zurückhaltend und furchtlos."[23] Hierbei handelt es sich nicht um praktische Verhaltenstipps im Business, sondern um die Art und Weise, wie wir mit uns selbst und anderen umgehen.

Erfolgreiche Unternehmen zeichnen sich durch Führungskräfte aus, die sich ihrer selbst bewusst sind und bestimmte Eigenschaften besitzen, die es ihnen ermöglichen, sich mit anderen zu verbinden.

Wie haben sich diese Führungskräfte zu Level-5-Führungspersönlichkeiten entwickelt? Collins zufolge konnten sie unter den „richtigen Bedingungen" ihr Potenzial entfalten, zum Beispiel „durch Selbstreflexion, bewusste Weiterentwicklung der eigenen Persönlichkeit". Einige der Führungskräfte hatten, so Collins, „Erfahrungen gemacht, die sich vermutlich auslösend oder verstärkend auf ihre Persönlichkeitsentwicklung auswirkten", wie etwa eine Krebserkrankung, die Erfahrung des Zweiten Weltkriegs, ein tiefe religiöse Überzeugung oder ein Konfessionswechsel.[24] Und wieder einmal sehen wir, dass es aus Selbsterkenntnis und einer Verbindung mit sich selbst gewonnene menschliche Faktoren sind, die grundlegend für das Handeln in der Arbeitswelt sind.

2.4 Passion, Ziele und Werte

„Igel-Prinzip“ nannte Collins eine laserstrahlartige Fokussierung, die ein Nachdenken über folgende Fragen erfordert: „Was ist unsere wahre Passion? Worin können wir die Besten werden? Was ist unser wirtschaftlicher Motor?“[25]. Wieso „Igel“? Collins benannte sein Konzept genialerweise nach jenen kleinen Tieren, die nur eine Sache wirklich gut können: sich wie eine Kugel zusammenrollen und ihre schützenden Stacheln aufstellen. Igel können weder gut laufen noch besonders gut sehen, doch eines können sie zweifellos: sich wie eine Kugel zusammenrollen!

Als ich damals Collins Ausführungen über Passion las, war ich begeistert, denn nach 18 Jahren im Beruf hielt ich Ausschau nach zusätzlichen empirischen Beweisen für die Macht der Gefühle am Arbeitsplatz. Wenn ich mit einer Gruppe arbeite und die Beteiligten eine Diskussion darüber beginnen, was ihre Leidenschaft entfacht, dann scheint es in dem Moment, in dem sie die Ebene der Vernunft verlassen und sich auf ihre Passion einlassen, so, als könne ich die Energie mit Händen greifen. Viele Menschen genießen es, sich über Möglichkeiten auszutauschen, das Leben anderer mittels ihrer Arbeit zu bereichern und welchen Sinn sie daraus ziehen, denn sie haben nicht so oft die Gelegenheit dazu, wie sie es sich wünschen.

Laut Collins entsprachen weniger als ein halbes Prozent der von ihm untersuchten Unternehmen dem Kriterium „vortrefflich“. Viele waren seiner Ansicht nach sehr gute Unternehmen, doch was zeichnete die Besten der Besten aus? Sie waren wie besessen von den drei Fragen des Igel-Prinzips. Auch wenn es in den letzten Jahren in vielen der von Collins untersuchten Firmen im Zuge des globalen Wirtschaftsabschwungs zu größeren Umwälzungen gekommen ist, haben seine Ergebnisse nichts von ihrer Bedeutung für die Erforschung des Unternehmenserfolgs verloren.

Ist es nun auch großartig, in diesen Unternehmen zu arbeiten? Ja und nein, sagt Collins. Für Menschen mit denselben Wertvorstellungen sind es großartige Arbeitsplätze. Wenn Sie aber zum Beispiel als Nichtraucher bei R. J. Reynolds arbeiten, dann ist das so, als würden Sie tagtäglich das Geräusch eines Zahnarztbohrers im Ohr haben. Collins schreibt, dass Firmen, die ganz klar zum Ausdruck bringen, wer sie sind – ich nenne dieses Konzept die organisationsbezogene *Identität* –, tatsächlich Menschen abstoßen, die andere Wertvorstellungen besitzen. Sie sagen so konsequent und deutlich, wer sie sind, dass ein Arbeitnehmer auf der Suche nach einer für ihn geeigneten Stelle leicht entscheiden kann, ob er dort hineinpasst oder nicht. Natürlich ziehen solche Unternehmen Menschen an, die eher die firmeneigenen Werte teilen. Dies wiederum erhöht die Wahrscheinlichkeit, dass die Mitarbeiter ihre Passion und ihre Ziele verwirklichen können.

Überdurchschnittlich erfolgreiche Unternehmen sind „besessen“ von ihren Zielen und kommunizieren klar ihre Werte.

2.5 Engagement und Empowerment

Sowohl Collins als auch Fisher behaupten, die Vorstellung, man müsse Arbeitnehmer managen, sei passé. Wen man jemanden managen müsste, sei er für den Job nicht geeignet. Gefragt seien Menschen mit Eigenmotivation, die selbst herausfinden, um was es dem Unternehmen oder Team geht, die entscheiden, wie sie zum Erfolg des Teams beitragen können, und die dann losgehen und tun, was getan werden muss. Schon lange spricht William Bridges *(Managing Transitions: Making the Most of Change)* über das Dejobbing. Dasselbe gilt für Fisher. Vortreffliche Firmen gewähren ihren Mitarbeitern Freiheit innerhalb ihrer Rolle im Unternehmen. Arbeitnehmer, die mit der Identität, der Zielsetzung und der Leidenschaft der Firma im Einklang sind, greifen zum Ruder und rudern fröhlich los.

Die Entwicklung der *Pixar Animation Studios* ist ein herausragendes Beispiel für diese Art von Leidenschaft. Das Unternehmen zog geniale, hoch talentierte, enthusiastische Menschen an, weil es sich voll und ganz der Innovation und der höchsten Qualität im Bereich Animation verschrieben hatte. Die Erfolge stehen außer Frage – 24 Oscars, sieben Golden Globes und drei Grammys, und das ist bei Weitem nicht alles. Rechnet man noch die weltweit erzielten Gewinne von 6,3 Milliarden US-Dollar hinzu,[26] hat man das, was viele als ungeheuerlichen Erfolg bezeichnen würden – und das hauptsächlich aufgrund von Identität, Zielsetzung und Leidenschaft. Natürlich musste auch etwas für den Erfolg getan werden und es war nicht ohne Kreativität möglich, doch es waren die genannten Werte und *Seins*qualitäten, die dem Feuer Nahrung gaben.

Während der Jahre, in denen Google im großen Stil Personal einstellte, mussten die Bewerber in der Regel ein Dutzend – ja, wirklich: zwölf – Einstellungsgespräche absolvieren, um jeden kennenzulernen, mit dem sie regelmäßig zusammenarbeiten würden. Bei Starbucks kann es vorkommen, dass derjenige, der das Vorstellungsgespräch führt, den Bewerber fragt, ob er vor dem Gespräch eine Tasse Kaffee trinken möchte. Das hat nichts mit Höflichkeit zu tun. Starbucks will Leute haben, die verrückt nach Kaffee sind.

Wenn es Unternehmen gelingt, die zum Mitarbeiter-Empowerment führende empathische Verbindung in ihr Denken, Planen und Handeln zu integrieren, kann dies so weitreichende Ergebnisse zur Folge haben wie die von Collins und Fisher in ihrer Studie angeführten:

- Kostensenkung um 45 Prozent[27]
- Produktionssteigerung um 250 Prozent[28]
- 100 Prozent Steigerung von Umsatz und Gewinn[29]
- 50 Prozent weniger Unfälle, Fehlzeiten und Erkrankungszeiten[30]
- 3,42- bis 18,50-fache Steigerung der Wertpapierrendite[31]

Menschen wollen selbstbestimmt handeln können und mit Leidenschaft und einem Ziel vor Augen ihrer Arbeit nachgehen. Im Lauf meiner Arbeit mit Gruppen überall in den Vereinigten Staaten, aber auch in Indien und Japan konnte ich feststellen, dass die Frage, auf welche Weise die Menschen zur Bereicherung des Lebens beitragen wollen, zu den emotionalsten und persönlichsten Themen am Arbeitsplatz gehört. Sie möchten ganz einfach etwas bewirken, möchten morgens aufstehen und etwas von Belang tun. Dies ist ein Bedürfnis, welches Menschen sich erfüllen möchten. Wird ihnen diese Möglichkeit am Arbeitsplatz verwehrt, geraten sie in einen Teufelskreis von Frustration und werden zuweilen von Führungskräften als unmotiviert eingestuft. In Wirklichkeit handelt es sich laut Deming bei den meisten interpersonalen Problemen in einer Organisation jedoch gar nicht um persönliche, sondern um systembedingte Probleme. Nicht ihre Persönlichkeit, sondern irgendetwas innerhalb des Systems verursacht die Unzufriedenheit dieser Menschen.[32]

> Menschen wollen selbstbestimmt handeln können und mit Leidenschaft und einem Ziel vor Augen ihrer Arbeit nachgehen.

Möchte man erreichen, dass die Mitarbeiter sich aus eigenem Antrieb engagieren und einbringen, muss man sie wissen lassen, wohin die Reise der Organisation oder des Teams geht, warum sie dorthin geht und wie sie hierzu beitragen können. Je genauer eine Organisation die eigene Identität, Zielsetzung und Richtung sowie die Rolle der einzelnen Mitarbeiter bei der Verwirklichung dieser Zielsetzung definiert, desto eigenständiger werden Letztere auch agieren. Und je eigenständiger sie agieren, desto mehr wird das Unternehmen im Allgemeinen von ihrer Leidenschaft und ihrer Energie profitieren. Und je mehr Leidenschaft ein Unternehmen – in Verbindung mit anderen Schlüsselfaktoren – besitzt, desto profitabler wird es laut Collins auch sein.[33]

Was den Gewinn angeht, so wird dieser innerhalb des IC-Prozesses als eines der drei Standbeine einer Strategie im Rahmen dessen bezeichnet, was ich das Bedürfnis einer Organisation oder eines Teams nach *Energie* nenne. Peggy Holman, Organisationsberaterin und Mitherausgeberin von *The Change Handbook,* sagte mir, dass sie gerade diesen Teilaspekt unseres Prozesses für besonders interessant halte. Ihr gefiel diese neue Betrachtungsweise von Gewinn, nämlich als Mittel zum Zweck und nicht als Ziel um seiner selbst willen. Der Mensch möchte sich für ein sinnhaftes, im Ergebnis gewinnbringendes Ziel einsetzen. Und dieser Gewinn wiederum gibt ihm Antrieb bei seiner Arbeit.

Wenn Firmen sich auf das verpflichten, was Stephen Covey als „wichtige, aber nicht dringende“[34] Fragen danach bezeichnet, wer wir sein und wie wir miteinander umgehen wollen, eröffnen sich ungeahnte Möglichkeiten. Von entscheidender Bedeutung ist es, aus einem inneren Antrieb heraus zu handeln und nicht, weil Kontroll-

Selbstbestimmt mit Leidenschaft

Je genauer ein Unternehmen die organisationsbezogenen Bedürfnisse nach *Identität, lebensbejahendem Zweck* und *Ausrichtung* wie auch die Rolle jedes einzelnen Arbeitnehmers bei der Erfüllung dieser Bedürfnisse definiert, desto selbstständiger werden seine Mitarbeiter agieren.

instanzen einen dazu anhalten. Das Ziel ist ein Gleichgewicht von Autorität und Verantwortlichkeit.

Werfen wir noch einmal einen Blick auf das Beispiel Pixar. In seinem Blog für die *Harvard Business Review* analysierte Tom Davenport, auf welche Weise Organisationen ihre Fähigkeit ausbilden, solide Bewertungen vorzunehmen und vernünftige Entscheidungen zu treffen. Pixar trifft teilweise deswegen „bessere Entscheidungen", so Davenport, weil die Manager den Regisseuren ein hohes Maß an Autonomie zugestehen und diese sich wiederum Feedback vom gesamten Produktionsteam einholen. Ein weiterer Grund für den Erfolg des Unternehmens ist die Pixar University. Hier werden die Mitarbeiter von Pixar nicht nur ausgebildet, sondern direkt in die Zielsetzung und die Passion der Firma mit eingebunden.[35]

2.6 Eigenwahrnehmung und strategische Konversationen

Die erhöhte Eigenwahrnehmung des Einzelnen wie der Organisation hilft den Menschen, auf produktivere Weise mit anderen und mit der Organisation als Ganzem in Beziehung zu treten, sodass mehr Bedürfnisse erfüllt und Ziele erreicht werden. Die wichtigsten Bücher im Bereich Organisationsentwicklung empfehlen z. B. Reflexion, Selbstbesinnung, eine bewusste Entfaltung der Persönlichkeit und individuelles Coaching.

Es mag überraschen, dass die akademische Welt neben den geistigen Disziplinen auch die Berücksichtigung von Gefühlen und Bedürfnissen empfiehlt. So bot das *Harvard Business School Executive Education Program* u. a. einen Kurs mit dem Titel *Leadership in einer Zeit der Turbulenz und des Wandels* an. In der Kursbeschreibung hieß es, Veränderungen würden sich dadurch herbeiführen lassen, dass man mit Wahrheiten auf die Gefühle der Menschen Einfluss nehme und nicht durch Analysen und Daten. Ähnlich ungewöhnlich liest sich die Beschreibung eines Führungskräfte-Seminars der *Kellogg School of Management an der Northwestern University*, das der Schriftsteller, Physiker und spirituelle Lehrer Dr. Deepak Chopra dort anbietet. Darin heißt es: „*The Soul of Leadership* wird Ihnen zu einem größeren Bewusstsein Ihrer eigenen Bedürfnisse und der Bedürfnisse anderer wie auch zu einem tieferen Verständnis Ihres Führungspotenzials verhelfen und damit Ihre Art der Menschenführung grundlegend verändern."[36] Wieder einmal sehen wir, wie wichtig diese dritte Dimension ist, die dem Denken und Handeln Tiefe verleiht.

Indem sie dabei hilft, die Eigenwahrnehmung und eine gesunde Interaktion zu verbessern, hat die Appreciative Inquiry („wertschätzendes Erkunden") genannte Bewegung im Bereich der Organisationsentwicklung Fuß gefasst. Appreciative Inquiry basiert auf soziologischen Studien, die folgende menschliche Neigung deutlich machen: Wenn Sie und ich uns treffen und ich sage Ihnen all die Dinge, die Sie falsch machen, werden Sie noch mehr Fehler machen. Wenn ich Sie hingegen bitte: „Erzählen Sie mir von einer Situation, in der Sie etwas Außergewöhnliches getan haben, das dieser Sache ähnlich war", und Ihnen helfe, selbst herauszufinden, wo die Fehler liegen, werden Sie mehr Selbstvertrauen und Kompetenz gewinnen.

Gesunde Organisationen zeichnen sich nicht nur dadurch aus, dass ihre Mitglieder ein hohes Maß an Selbstbewusstheit haben; sie pflegen auch die direkte Kommunikation und den sozialen Austausch, statt sich allein auf schriftliche Unterlagen zu verlassen. Sie neigen dazu, die sokratische Methode der Erkundung zu nutzen und das gegenseitige Hinterfragen als Unterstützung und nicht als Misstrauen zu betrachten. In diesen Organisationen sind die interaktive und die strategische Konversation Teil einer strukturierten Strategieplanung. Man praktiziert dort die Mitbestimmung und bezieht das ganze System mit ein, vor allem die Ebene, wo die Mitarbeiter die Ziele praktisch umsetzen.

Effektive Führungskräfte haben meist ein hohes Maß an Selbstbewusstheit, und gesunde Organisationen pflegen den sozialen Austausch, einschließlich der interaktiven und der kollaborativen strategischen Konversation.

2.7 Integrated Clarity als Bezugsrahmen

Bei der Entwicklung des IC-Prozesses habe ich mich eingehend mit der Organisationsforschung beschäftigt. Dabei stieß ich immer wieder auf zwingende Beweise dafür, wie wichtig es ist, aus der menschlichen Komponente Nutzen zu ziehen und Gefühle und Bedürfnisse am Arbeitsplatz stärker statt weniger zu berücksichtigen, statt sie zu ignorieren, zu lenken, herunterzuspielen oder unter Intellekt oder Verstand zu subsumieren.

Sowohl die Arbeit dieser Forscher und Lehrer als auch meine eigenen Erfahrungen als Beraterin lehrten mich, dass die Effektivität und Vitalität einer Organisation einen Zustand der Selbstbewusstheit voraussetzen. Die Triebfeder für Erfolg ist nicht unser Handeln oder Verhalten, sondern vielmehr die Entscheidung, wer wir als Gruppe und als Individuen *sein wollen* und welche Art von empathischen Verbindungen wir aufbauen. Genau hierauf gründet all unser Handeln. Diese Antriebskraft einer Organisation zu ermitteln und zu verbessern ist die Grundlage der Integrated Clarity.

Aber wie erlangen wir eigentlich mehr Selbstbewusstheit?

Die GFK zeigt uns Schritt für Schritt, wie wir uns als Individuen unserer selbst bewusst werden können. Die IC zeigt, wie sich Teams oder Organisationen ihrer selbst bewusst werden können. Diese Prozesse beinhalten die Klärung und Erfüllung der individuellen Bedürfnisse wie auch der sechs grundlegenden Organisationsbedürfnisse. Hierbei dient die GFK als Werkzeug und Integrated Clarity als Bezugsrahmen.

2005 traf ich mich mit meinem ehemaligen Chef Jim Hayes zum Abendessen, um mit ihm über Integrated Clarity zu sprechen. Ich hatte Anfang der 1980er-Jahre bei *Time, Inc.*, für Hayes gearbeitet, wo er höchstes Ansehen genoss und bis heute genießt. Er gab dann die Zeitschrift *Discover* heraus und war später acht Jahre lang als Herausgeber von *Fortune* tätig, das seit Langem als eines der führenden Wirtschaftsmagazine der Welt gilt. Während wir uns in Phoenix Sushi schmecken ließen, sprachen wir über eine Grundannahme des IC-Konzepts, dass nämlich Organisationen Bedürfnisse haben – von denen ich das wichtigste *Identität* nenne.

> Die Triebfeder für den Erfolg eines Unternehmens ist nicht unser Handeln, sondern vielmehr die Entscheidung, wer wir als Gruppe und als Individuen *sein wollen* und welche Art von empathischen Verbindungen wir aufbauen.

Identität ist grundsätzlich der Kern der Organisation und beantwortet die Fragen: „Wer sind wir?" und: „Welches sind unsere Werte als Gesamtgruppe?" Im Rahmen der strategischen Konversation beginnt der IC-Prozess damit, dass die Mitglieder einer Organisation erforschen, wer sie als Organisation sind, um diese Identität dann ihren Märkten und den Verbrauchern gegenüber – den Menschen, denen sie dienen – zum Ausdruck zu bringen. Hayes überraschte mich, als er sagte, dass das Bewusstsein der eigenen Identität für die Zukunft einer Organisation von so entscheidender Bedeutung sei, dass „sich deren Klärung selbst dann lohne, wenn die Organisation ein Jahr dazu brauche". Dies von einem Vertreter des traditionellen Wirtschaftsmodells zu hören empfand ich als äußerst beruhigend. In traditionellen strategischen Planungssitzungen nimmt man sich nicht die Zeit zu fragen: „Wer sind wir?" – was eine Möglichkeit ist, sich mit der inneren Wahrnehmung der Mitarbeiter für die Identität der Organisation zu verbinden. Meistens geht es sofort zur Sache: „Was tun wir als Nächstes?" – was eine kurzsichtige Form des zweidimensionalen Denkens, Planens und Handelns in einer dreidimensionalen Welt ist.

Inwiefern ist es für uns relevant, ob eine Organisation sich über ihre Identität im Klaren ist oder nicht? Warum spielt es eine Rolle, ob eine Organisation Bedürfnisse hat? Welche Rolle und Legitimität haben Gefühle am Arbeitsplatz? Welchen Unterschied macht es, wenn wir unsere eigenen Bedürfnisse und Gefühle kennen?

Wenn wir für eine Organisation arbeiten, über deren Bedürfnisse und Werte Uneinigkeit herrscht, und wenn wir uns nicht völlig darüber im Klaren sind, welche Bedürfnisse und Werte für uns bei unserer Arbeit wichtig sind, werden aller Wahrscheinlichkeit nach unsere Produktivität und unsere Arbeitsmoral darunter leiden. Als Folge davon kommt es zu mehr interpersonalen Konflikten am Arbeitsplatz. Weil die Produktivität niedriger als gewünscht ist, wird unterschwellig die Frustration anwachsen und es wird eine wenig wünschenswert hohe Quote missglückter Kommunikation geben. Abhängig von den jeweils eigenen Wertvorstellungen wird es wahrscheinlich auch eine größere Unzufriedenheit über den Arbeitsalltag geben.

Werden die Bedürfnisse der Organisation und der Individuen jedoch durch die Arbeit erfüllt, entwickelt sich eine Art „humanistisches Unternehmen", wie sie das Buch der *Wharton School of Business der University of Pennsylvania* mit dem Titel *Firms of Endearment: How World-Class Companies Profit from Passion and Purpose* beschreibt. Darin heißt es:

„Ein Unternehmen, das wir als *humanistisch* bezeichnen, wird so geführt, dass seine Interessengruppen – Kunden, Angestellte, Lieferanten, Geschäftspartner, die Gesellschaft und viele Investoren – eine emotionale Bindung zu ihm entwickeln, einen liebevollen Respekt, vergleichbar der Bindung vieler Menschen an ihre Lieblingsmannschaft im Sport. Humanistische Unternehmen – oder *firms of endearment* (FoEs) – streben danach, ihren Wert für die Gesellschaft als Ganzes zu maximieren, nicht nur für einzelne Interessengruppen. Sie sind die ultimativen Werteschöpfer: Sie erschaffen emotionale Werte, empirische Werte, soziale Werte und natürlich finanzielle Werte. Menschen, die mit solchen Unternehmen interagieren, fühlen sich sicher und wohl bei ihren Geschäften. Sie genießen es, mit dem oder für das Unternehmen zu arbeiten, von ihm zu kaufen, in es zu investieren und es als Nachbarn zu haben."[37]

So also liest sich eine Beschreibung der Art von Verbindung mit der Außenwelt, die eine Organisation erreichen kann, wenn sie sich intern so umgestaltet, dass ein befriedigendes und erfüllendes Umfeld entsteht.

Nachdem ich die IC entwickelt hatte, empfahl ich meinen Klienten, vor strategischen Entscheidungen innezuhalten und sich türöffnende Fragen zu stellen:

- „Wer sind wir?"
- „Wie bringen wir kontinuierlich zum Ausdruck, welche grundlegenden menschlichen Bedürfnisse unserer Kunden wir mit Leidenschaft erfüllen möchten?"
- „Wie erkennen und überprüfen wir, inwieweit wir in unserem betrieblichen Alltag und bei unseren Entscheidungen in Verbindung mit unserem Ziel sind?"
- „Wir messen und überwachen wir unsere Fähigkeit, dieses Ziel im Hinblick auf die Menschen zu erfüllen, für die wir da sind, d. h. im Hinblick auf unsere Kunden?"

Im Rahmen von Integrated Clarity werden u. a. Fragen zu sechs grundlegenden organisationsbezogenen Bedürfnissen beantwortet, die ich *Identität, lebensbejahender Zweck, Ausrichtung, Struktur, Energie* und *Darstellung* nenne. Diese Bedürfnisse werden in Kapitel 4 eingehend erklärt und im Lauf dieses Buches wird immer wieder auf sie Bezug genommen. Wenn meine Klienten zunächst einmal Fragen zu den Bedürfnissen nach *Identität, lebensbejahendem Zweck* und *Ausrichtung* beantworten, erwachsen aus dieser Klarheit wie von selbst Handlungsstrategien. Aus diesem Grund sprechen wir von Ursprungsbedürfnissen (source needs)[38]. Dann werden die Gestaltbedürfnisse[39] (leverage needs) nach *Struktur, Energie* und *Darstellung* der unverwechselbaren Position der Organisation auf dem Markt und in der Welt deutlich und unterstützen diese Strategien.

Wenn wir zunächst Fragen zu den Ursprungsbedürfnissen einer Organisation, d. h. nach der *Identität*, dem *lebensbejahenden Zweck* und der *Ausrichtung*, stellen, erwachsen aus dieser Klarheit wie von selbst Handlungsstrategien.

Das Ergebnis? Die Menschen berichten von befriedigenderen Verbindungen nach innen und nach außen, von mehr Wertschätzung und natürlich auch mehr Umsatz und Wachstum. Die Mitglieder einer Organisation gewinnen ein tiefes Verständnis für die Gefühle, Bedürfnisse und Bitten ihrer Kollegen und werden damit befähigt, eine kollektive Strategie zu entwickeln. Eine Strategie, deren Umsetzung nicht durch Kontrolle und Befehle erzwungen, sondern durch eigenmotiviertes Engagement und Empowerment erreicht wird.

2.8 Die Produktivität liefert den Beweis

Die Anwendung der GFK innerhalb des Bezugsrahmens von Integrated Clarity führte zu einer für mich ganz neuen Qualität von Ergebnissen. Anders als bei herkömmlichen strategischen Planungen wandelten sich meine Klienten grundlegend durch den Prozess einer bedürfnisorientierten strategischen Konversation.

Portland, Oregon

Eine für die Stadt Portland in Oregon tätige Unternehmensberaterin wendete in ihrer Abteilung sofort die Prinzipien der IC an, nachdem sie einen halbtägigen GFK/IC-Workshop besucht hatte. Ein Jahr später berichtete sie, dass die Produktivität in ihrer Abteilung in einem noch nicht gekannten Maße gestiegen sei. Sie war dankbar für das, was sie gelernt hatte, weil sie auch persönlich einen höheren Grad von Zufriedenheit mit ihrer Arbeit verspürte.

International Council of Fine Arts Deans

Dr. Ron Jones, Leiter des *Memphis College of Art* und ehemaliger Dekan des *College of The Arts* der *University of South Florida* sowie ehemaliger Präsident des *International Council of Fine Arts Deans* berichtet, dass in dieser Organisation „die Mitgliederzahl ständig sank und es an organisatorischer Ausrichtung fehlte, bis der Vorstand und die Abteilungsleiter an einer strategischen Konversation mithilfe der Prinzipien und Praktiken der IC teilnahmen. Die Mitgliederzahlen und Einnahmen sind gestiegen und auch ansonsten hat sich Wesentliches verbessert."

Arizona Department of Transportation

GFK und IC, die hochgradig funktionierende menschliche Verbindungen fördern, bieten keine theoretischen, sondern praktisch umsetzbare Ideen. In Arizona wurden sie angewendet, um ein innovatives und äußerst erfolgreiches Dreijahresprogramm für Unternehmen zu entwickeln, und zwar als Teil eines Verkehrs-Bauvorhabens, das mit einer Investitionssumme von 220 Millionen Dollar der größte jemals vergebene Einzelauftrag des Staates auf diesem Gebiet war.

Teresa Welborn, stellvertretende Leiterin der Abteilung *Communications and Community Partnerships* des *Arizona Department of Transportation* (ADOT), erklärte: „Die Schlüsselelemente – Verbindung und Empathie – waren für die Unternehmen im Projektbereich bahnbrechend. Sie profitierten enorm von dieser Vorgehensweise und wurden zu Partnern des Projektteams und zu Verfechtern des Projekts statt zu dessen Gegnern. Das ADOT, die Öffentlichkeit und der Auftragnehmer profitierten, weil dieses öffentliche Projekt mit der Unterstützung der Unternehmen und der Gemeinde vorangetrieben wurde und sechs Monate vor der Zeit abgeschlossen werden konnte, und zwar im Rahmen des Budgets und mit einer Gruppe neuer ADOT-Unterstützer."

Haben wir einmal verstanden, dass ausgezeichnete menschliche Verbindungen die Voraussetzung für hochleistungsfähige Teams und Organisationen sind, haben wir die Grundlage für eine höhere Produktivität geschaffen. Ein Leiter der Personalabteilung eines kleinen Unternehmens mit 300 Angestellten sagte: „Einige Prozesse wie die Verbesserung der Arbeitsmoral und der Kommunikation konzentrieren sich auf Fragen, die den Menschen betreffen, andere auf die strategische Planung und auf wirtschaftliche Aspekte. Das Wunderbare an Integrated Clarity ist, dass dieses Konzept beides gleichzeitig anspricht."

Haben wir einmal verstanden, dass ausgezeichnete menschliche Verbindungen die Voraussetzung für hochleistungsfähige Teams und Organisationen sind, haben wir die Grundlage für eine höhere Produktivität geschaffen.

Wie die Forschungsergebnisse zeigen, ist dieser duale Fokus praktisch, effektiv und notwendig, damit ein Unternehmen oder Team die größtmögliche Leistungsfähigkeit erreichen kann.

2.9 Versuchen Sie dies *unbedingt* zu Hause

Seit ich die GFK / IC-Methode bei meiner Arbeit anwende, bin ich immer wieder auf angenehme Weise inspiriert und überrascht, wie viele meiner Klienten mir erzählen, dass es sich auch auf sehr befriedigende Weise auf ihre privaten Beziehungen auswirkt, wenn sie diese Konzepte am Arbeitsplatz erlernen.

So hat sich der IC-Prozess für Ken in doppelter Hinsicht als nützlich erwiesen. Er hat einen kleinen Metallverarbeitungsbetrieb und rief mich eines Tages an. Als ich ihn fragte, auf welche Weise die von uns diskutierten Prinzipien und Praktiken ihm geholfen hätten, die angestrebte bessere Verbindung zu seinen Mechanikern herzustellen, antwortete er: „Es funktioniert großartig bei der Arbeit, aber Sie sollten mal sehen, wie sich meine Beziehung zu meiner 17-jährigen Tochter verändert hat. Wir reden miteinander!“ Seiner Tochter und ihm war es endlich gelungen, miteinander einen für beide Seiten bereichernden Kontakt aufzubauen, weil Ken einige elementare Aspekte der GFK-Sprache und eines bedürfnisorientierten Bewusstseins praktizierte.

2.10 Nehmen Sie sich Zeit für Veränderungen

Abgesehen von den persönlichen Vorteilen hoffe ich, Ihnen aufgezeigt zu haben, dass Empathie am Arbeitsplatz in hohem Maße dazu beitragen kann, die Bedürfnisse der Arbeitnehmer, der Organisation und ihrer Kunden zu erfüllen. In den folgenden Kapiteln werden Ihnen noch weitere Beispiele über diesen Nutzen begegnen. Vor allem aber werden Sie Möglichkeiten entdecken, diese Fertigkeit zu entwickeln und einzusetzen. Ich will Ihnen aber auch nicht verschweigen, dass die Umsetzung des IC-Modells eine Reise ist, eine Erforschung, wie sich die GFK und bedürfnisorientierte Prinzipien am Arbeitsplatz anwenden lassen, um konkrete Ergebnisse zu erzielen. Hierfür ist es erforderlich, dass wir fortlaufend Beobachtungen anstellen, Strategien korrigieren und Verantwortung übernehmen, um unsere eigenen Bedürfnisse und die Bedürfnisse unserer Organisation oder unseres Teams zu erfüllen, während wir uns gleichzeitig auf die uns anspornenden Bedürfnisse unserer Kunden fokussieren.

Dies führt zu einem Wandel von innen nach außen, der mit einer individuellen und organisationsbezogenen Entwicklung hin zu mehr Harmonie und Erfolg einhergeht. Ein gemeinsamer roter Faden zieht sich durch die Arbeit von Integrated Clarity, die Werke von Jim Collins *(Der Weg zu den Besten)*, William Bridges *(Managing Transitions)* und Kimball Fisher *(Leading Self-Directed Work Teams)* sowie all die anderen Forschungsarbeiten, auf die hier verwiesen wird. Bei diesen Konzepten geht es nicht um Ideen, mit denen unsere Köpfe vollgestopft werden sollen, sondern um Praktiken, die es anzuwenden und in unser Leben zu integrieren gilt.

Das Konzept der Integrated Clarity lässt sich zwar leicht erlernen, doch seine Umsetzung braucht Zeit. Es ist einfach zu verstehen, aber schwierig zu leben, weil es unseren gewohnten Verhaltensweisen entgegensteht. Unsere Sprache ist durchdrungen von den Konstrukten des Tadels, der Schuld, Kontrolle, Scham und Trennung. Die GFK bietet uns die Möglichkeit, unsere Gewohnheiten am Arbeitsplatz zu verändern und uns eine Kommunikationsweise anzueignen, mit deren Hilfe die Bedürfnisse nach Respekt und Effektivität häufiger erfüllt werden können. Ich möchte betonen, wie wichtig es ist, dass Sie beim Lernen Geduld mit sich haben und sich Fehler vergeben. Niemand ist perfekt und bei uns allen können negative Empfindungen ausgelöst werden, erst recht, wenn wir unter Stress stehen oder gesundheitliche Probleme haben. Seien Sie nachsichtig mit sich selbst. Sie verändern z. T. sehr subtile eingefahrene Muster. Denken Sie daran: Wenn Sie Ihre nächste Aussage ändern, ändern Sie tatsächlich Ihre Art zu denken und die Welt zu sehen. Dieser Wandel vollzieht sich nicht von heute auf morgen, doch Ihre schöne neue Welt wird die Zeit und Mühe wert sein.

> IC und GFK in Ihre Organisation und Ihren Arbeitsalltag zu integrieren erfordert eine Veränderung Ihrer Kommunikationsgewohnheiten, indem sie empathische Verbindungen innerhalb der gesamten Organisation schaffen.

Bridges meint, Wandel sei ein äußeres Ereignis, der Übergang jedoch eine innere Erfahrung.[40] So bedeutet z. B. die Tatsache, dass ich befördert wurde und in ein anderes Büro umgezogen bin, nicht, dass ich diese neue Rolle noch am selben Tag vollständig angenommen habe. Ganz ähnlich verhält es sich, wenn wir eine neue Fertigkeit erlernen.

Um die in diesem Buch vorgestellten Konzepte in Ihrer Organisation in die Praxis umzusetzen zu können, sind die folgenden fünf Phasen des Lernens zu durchlaufen:

1. Die Konzepte lesen und verstehen,
2. sich mit den Konzepten beschäftigen und sich fragen, wo sie in Ihrem eigenen Leben, in Ihrer Organisation oder Ihrem Team bereits zum Tragen kommen,
3. die Konzepte weiterhin testen, indem Sie den Prozess selbst praktizieren,
4. notwenige Veränderungen der Strategien vornehmen, um Ihre Ergebnisse zu verbessern,
5. beobachten und würdigen, was funktioniert, es weiterentwickeln und mehr davon hervorbringen.

Es braucht zwar Zeit, unsere gewohnte Art, zu handeln und Beziehungen aufzubauen, zu verändern, doch GFK und IC sind die einfachsten, schnellsten Methoden, die ich kenne, um Empathie als berufliche Fertigkeit zu erlernen und zu praktizieren. Empathie ist uns allen angeboren, doch GFK und IC zeigen uns, wie wir die Empathie vertiefen und entwickeln und ein bedürfnisorientiertes Bewusstsein in unser Privat- wie Berufsleben integrieren können. Nehmen Sie sich hierfür Zeit und lassen Sie es zu, dass dieser Prozess sich entfalten kann. Sie werden diese Erfahrung, wie ich glaube, als befriedigend empfinden.

Ich lade Mitarbeiter und Führungskräfte gleichermaßen dazu ein, mit mir gemeinsam zu erforschen, wer sie sind, welche Werte für sie Bedeutung haben und wie sie diese Werte am Arbeitsplatz und gegenüber ihren Kunden zum Ausdruck bringen können. Diese Forschungsreise birgt das Versprechen einer aussichtsvollen Zukunft in sich, einer von mehr Vitalität und Erfolg geprägten Arbeitswelt.

In Kapitel 3 werden die Grundprinzipien und die Anwendung des GFK-Prozesses erklärt. In Kapitel 4 das Modell der Integrated Clarity vorgestellt und es wird beschrieben, wie man einem bedürfnisorientierten Bewusstsein am Arbeitsplatz zur Geltung verhilft. Zusammen können diese beiden Prozesse Sie dabei unterstützen, Ihre Empathiefähigkeit zu entwickeln, und Ihnen den Durchbruch in die dritte Dimension erleichtern. Dort werden Sie eine Welt bedeutungsvoller empathischer Verbindungen, erweiterter Möglichkeiten und befriedigenderer Resultate entdecken.

3. Die Grundprinzipien der Gewaltfreien Kommunikation

„Es zeigt sich: Wenn man die Art und Weise verändert, wie Menschen sprechen, ändert dies auch ihre Art zu denken … All diese neuen Forschungsergebnisse zeigen, dass die Sprachen, die wir sprechen, nicht nur unsere Gedanken widerspiegeln oder zum Ausdruck bringen, sondern auch eben jene Gedanken formen, die wir zum Ausdruck bringen möchten. Unsere sprachlichen Strukturen haben einen grundlegend prägenden Einfluss darauf, wie wir Realität konstruieren …“[41]

Lera Boroditsky, Professorin für Psychologie an der Stanford University und Chefredakteurin von *Frontiers in Cultural Psychology*

Forschungen dazu, wie die Wörter und die Sprache, die wir wählen, unsere Realitätserfahrung beeinflussen, zeigen eindrücklich, welche Bedeutung das Modell der Gewaltfreien Kommunikation hat. Ich bezeichne die GFK gern als die Sprache der Empathie. Sie ist auch bekannt als Sprache der Einfühlsamkeit.

Marshall Rosenberg ist für die Aussage bekannt: „Was Sie als Nächstes sagen, könnte Ihr Leben verändern.“ Ich habe seine Aussage folgendermaßen umgemünzt: „Die nächsten Wörter, die Sie aussprechen, könnten Ihr Unternehmen verändern.“ Im vorhergehenden Kapitel ging es darum, wie Empathie und Mitgefühl die Produktivität am Arbeitsplatz verbessern können. In diesem Kapitel werden Sie einen schrittweisen Prozess zum Aufbau Ihrer Empathiemuskeln entdecken. Wir beginnen damit, wie wir uns in Selbst-Empathie und Empathie gegenüber anderen üben können. Im nächsten Kapitel werden wir uns dann damit beschäftigen, wie Empathie in Teams und Organisationen eingesetzt werden kann.

3.1 Was *ist* Empathie?

In der Fachliteratur ist mir zum Thema Empathie zweierlei aufgefallen. Erstens herrscht keine Einigkeit über die Definition von Empathie und Mitgefühl. Das Hauptaugenmerk dieses Buches liegt zwar auf der Frage, wie Empathie aus Sicht der GFK definiert und praktiziert wird; darüber hinaus ziehe ich in diesem Kapitel jedoch auch andere Quellen und Definitionen heran, wenn ich der Meinung bin, dass sie uns weitere Einsichten zum Einsatz von Empathie am Arbeitsplatz liefern.

Zweitens zeigen kein Fachartikel und keines der Bücher, die ich zum Thema Empathie gelesen habe, eine konkrete Methode auf, den Prozess der Empathie zu praktizieren.

Zum Thema Empathie zeigen fand ich Tipps wie: anderen wirklich zuhören, ihnen Respekt und Interesse entgegenbringen, sich in ihre Lage versetzen und nachempfinden, was sie empfinden. Diese Ratschläge sind zwar wertvoll, zeigen aber nicht, wie man Empathie in einem nachvollziehbaren schrittweisen Prozess tatsächlich üben kann. Außerdem sprechen sie weder die tieferen Probleme an, die Konflikten und Leid zugrunde liegen, noch erklären sie, wie diese Konflikte sich durch empathische Verbindungen lösen lassen. In der Tat variiert die Definition des Begriffes Empathie von Artikel zu Artikel. Ein Autor beschreibt Empathie als „die Fähigkeit, über den eigenen Tellerrand zu schauen und sich in die Lage anderer zu versetzen, zu verstehen, woher sie kommen, zu fühlen, was sie fühlen".[42] Eine andere Definition der Empathie lautet: „... die Fähigkeit, die Situation, Gefühle und Motive anderer zu identifizieren und zu verstehen."[43] Ein Artikel des *Gallup Management Journal* mit dem Titel „What Leaders Must Do Next" gibt Führungskräften folgenden Ratschlag: „Ihre Art zu sprechen muss Empathie mit einschließen. Achten Sie darauf, Verständnis zu vermitteln für Härten, die [eine Entscheidung] für Ihre Mitarbeiter bedeuten könnte."[44]

Gibt es einen Unterschied zwischen Empathie und Mitgefühl?

Dr. Tania Singer, die Direktorin der Abteilung für Soziale Neurowissenschaften am Max-Planck-Institut für Kognitions- und Neurowissenschaften in Leipzig, beantwortet diese Frage mit Ja. In einem Interview mit dem *Center for Compassion and Altruism Research and Education,* das zur School of Medicine der Stanford University gehört, beschrieb Singer die Unterschiede zwischen „emotionaler Ansteckung", Empathie und Mitgefühl. Im Folgenden werden diese wichtigen Unterscheidungen frei wiedergegeben.

Emotionale Ansteckung: Hierbei handelt es sich um einen grundlegenden Reaktionsmechanismus: Gähnt eine Person, gähnen auch andere; schreit ein Baby in einer Kinderkrippe, beginnen auch andere Babys zu schreien. Die Forschung zeigt, dass alle Tiere und Menschen mit diesem Instinkt ausgestattet sind.

Empathie: Aus emotionaler Ansteckung kann sich Empathie entwickeln, wenn wir beginnen, zwischen den eigenen Gefühlen und den Gefühlen anderer Menschen zu unterscheiden, aber erkennen, dass wir von ihnen getrennt sind und dass ihr Schmerz nicht unser Schmerz ist.

Obwohl ich also vielleicht Ihre Traurigkeit spüre, verstehe ich, dass es Ihre Traurigkeit ist und nicht meine. Eine empathische Verbindung zu spüren heißt nicht unbedingt, dass ich motiviert bin, dem anderen zu helfen. Empathie ist vielmehr eine Vorstufe der „mitfühlenden Sorge" oder des Mitgefühls.[45]

Mitgefühl: Wenn aus einer empathischen Verbindung mitfühlende Sorge oder Mitgefühl wird, stellt sich der starke Wunsch ein, etwas zu tun, um dem anderen zu helfen. Singer hat in diesem Interview nicht erwähnt, wie sich dieser Wandel vollzieht, doch ich weiß aus eigener Erfahrung, dass er sich durch den Prozess der GFK herbeiführen lässt. Dieser Prozess ermutigt uns, die Bedürfnisse unseres Gegenübers (oder unsere eigenen) einzuschätzen und ihm (oder uns) zu helfen, eine Bitte zu formulieren, damit diese Bedürfnisse erfüllt werden.

Zuhören

Eins der wichtigsten Elemente der empathischen Verbindung ist das Zuhören, wie Stephen Covey es in seinem Buch *Die 7 Wege zur Effektivität* beschreibt: „Einfühlendes Zuhören schließt viel mehr ein, als nur die Worte zu registrieren, zu reflektieren oder sogar zu verstehen. Kommunikationsexperten gehen davon aus, dass überhaupt nur zehn Prozent unserer Kommunikation über Worte vermittelt werden. Weitere 30 Prozent machen unsere Töne aus und die anderen 60 kommen körpersprachlich zum Ausdruck. Beim einfühlenden Zuhören benutzen Sie zwar auch die Ohren, noch wichtiger ist aber, dass Sie auch mit den Augen und dem Herzen hören. Sie lauschen dem Gefühl, dem Sinn. Sie erspüren das Verhalten. Sie benutzen die rechte Gehirnhälfte ebenso wie die linke. Sie spüren, Sie erfassen, Sie fühlen.“[46]

Etwas für Menschen „zu tun“, um ihnen ihre Bedürfnisse zu erfüllen, beinhaltet manchmal, ihnen einfach nur aus einer tiefen empathischen Verbindung heraus zuzuhören und ihre Gefühle im Stillen oder auch laut einzuschätzen. Aus der frühen Zeit meiner Beschäftigung mit der GFK sind mir vor allem zwei Situationen im Gedächtnis geblieben – Beispiele für grundlegende Erfahrungen, die mich bis zum heutigen Tag in meiner Arbeit ermutigen.

Der Taxifahrer

Als ich das erste Mal den Mut aufbrachte, diese neue Sprache der Gefühle und Bedürfnisse auszuprobieren, war ich in einem Taxi auf dem Weg zum Atlanta International Airport. Ich hatte gerade an einem einwöchigen Lehrgang bei Marshall Rosenberg teilgenommen und freute mich darauf, mich in andere Menschen einzufühlen und mich vollständig auf sie zu konzentrieren, und zwar nicht nur mittels einer empathischen Verbindung, sondern auf der Grundlage einer mitfühlenden Fürsorge dafür, wer sie waren und wie ihr Leben verlief.

Mich in den Taxifahrer einzufühlen erschien mir als folgerichtiger Einstieg. Es barg für mich nur ein geringes Risiko, da ich diesen Menschen mit großer Sicherheit nie wiedersehen und unser Dialog beendet sein würde, wenn wir am Flughafen angekommen wären. Ich weiß nicht mehr, wie die Unterhaltung begann, aber ich kann mich erinnern, dass ich sofort eine Beobachtung anstellte und eine Vermutung hinsichtlich seiner möglichen Gefühle und Bedürfnisse äußerte. Ich interpretierte seine Worte und seine Geschichte als angenehme Gefühle und erfüllte Bedürfnisse oder als unangenehme Gefühle und unerfüllte Bedürfnisse: „Als ich Sie über Ihre Tochter sprechen hörte, hatte ich den Eindruck, dass Sie sehr stolz sind und das Bedürfnis verspüren, sie zu unterstützen." „Ja, ja, das stimmt", sagte er und erzählte dann ausführlicher von seiner Familie und davon, dass er selbstständig sei und das Taxi ihm gehöre.

Anfangs war ich für ihn eine Fremde, sodass er in seinen Äußerungen zurückhaltend blieb, so wie er es bei jedem anderen Fahrgast gewesen wäre. Doch je mehr ich mich in ihn einfühlte, desto lebhafter wurde er. Es überraschte mich, wie sehr ich es genoss, ihn auf diese Weise kennenzulernen. Es spielte keine Rolle, wenn ich falsche Vermutungen anstellte. Er korrigierte mich, und indem er dies tat, verstärkte sich unsere Verbindung während der kurzen Taxifahrt. Die Miene, die er wohl üblicherweise bei der Arbeit aufsetzte, verwandelte sich in ein strahlendes Lächeln. Im Rückspiegel suchte er Augenkontakt mit mir. Er saß aufrechter. Seine Stimme wurde lebendiger.

Schließlich fragte er mich, womit ich mir meinen Lebensunterhalt verdiene, denn solche Fragen habe ihm noch niemand gestellt. Ich erzählte ihm, dass ich Beraterin für Kommunikation und strategische Planung sei. Ich glaube nicht, dass er genau verstand, was das hieß, aber er sagte, er habe unser Gespräch genossen. Zum Abschied umarmte er mich fest und versicherte, er habe noch nie eine derartige Unterhaltung geführt. Das Interessante an der Sache war, dass ich während der gesamten Fahrt höchstens fünfzig Wörter von mir gegeben hatte. Doch in seinen Augen waren wir jetzt alte Freunde.

Der Irakveteran

Die zweite Begegnung, die ich nie vergessen werde, ereignete sich während meines Rückflugs von Florida, wo ich eine strategische Planungssitzung begleitet hatte. Gerade als die Türen des Flugzeugs vor dem Start verschlossen werden sollten, kam ein Mann in letzter Minute ins Flugzeug gehetzt. Er war groß, breitschultrig, sonnengebräunt, fit und etwa Mitte dreißig. Er trug ein kurzärmliges T-Shirt und seine Augen waren blutunterlaufen. Beim Gehen schwankte er von einer Seite zur anderen und rempelte dabei mehrere Passagiere an, die zum Gang hin saßen. Manche von ihnen wirkten irritiert. Als er sich auf seinem Platz auf der anderen Seite des Gangs niederließ, bemerkte ich den Geruch von Alkohol. Er sprach dann in einer Lautstärke, die einigen der Fluggäste offensichtlich unangenehm war. Einer von ihnen wechselte tief seufzend zu einem leeren Platz in einer anderen Reihe. In seiner Körpersprache glaubte ich Abscheu wahrzunehmen.

Wenige Augenblicke später stand der Mann auf und steuerte auf einige der Flugbegleiter zu, die sich gerade darauf vorbereiteten, die Fluggäste mit den Sicherheitsvorkehrungen bekannt zu machen. Er wollte ein alkoholisches Getränk bestellen, wurde jedoch angewiesen, auf seinen Platz zurückzukehren und während der Startphase dort zu verweilen. Während dieses kurzen Austauschs stand er mit dem Rücken zu mir, sodass ich sehen konnte, dass hinten auf seinem T-Shirt das Malteserkreuz und neben einigen anderen Wörtern die Wörter „Freiwilliger Helfer" und „Irak" aufgedruckt waren. Meine Neugier war geweckt und ich fragte mich, ob er wohl gerade aus dem Irakkrieg zurückgekehrt war. Seit Kriegsbeginn vor wenigen Monaten hatte ich noch mit niemandem gesprochen, der dort stationiert gewesen war. Als der Mann zu seinem Sitz zurückkehrte, erwähnte ich sein T-Shirt und fragte, ob er im Irak gedient habe. Das bejahte er, und wir kamen ins Gespräch, als ich mein Interesse und meinen Dank für seinen Dienst zum Ausdruck brachte. Ich begann, Vermutungen über seine Gefühle und Bedürfnisse anzustellen. Er antwortete und schien unseren Dialog zu genießen, war gleichzeitig jedoch vorsichtig. Irgendwann fragte er, ob ich Reporterin sei. Ich kicherte und erklärte, dass ich nur verstehen wolle, wie er seinen Irakeinsatz erlebt habe.

Danach sprach er nicht nur offen über seine Erfahrungen im Irak, sondern auch über einen dreijährigen Einsatz in Afghanistan, der dem im Irak vorausgegangen war. Er war Rettungssanitäter, doch statt Menschen zu retten, zog er nach einem Angriff meistens Leichen aus den Trümmern. Die würden sie dann aufeinanderstapeln, erklärte er mir. Auf meine Frage, ob dieser Job schwierig für ihn sei, meinte er, dass er sich nach und nach daran gewöhnt habe. Dann erzählte er mir, dass er eine Weile lang in Südamerika gewesen und dort in Schwierigkeiten geraten sei, weil er mit einem Reporter gesprochen habe – deswegen seine Frage und seine Vorsicht mir gegenüber. Jetzt sei er unterwegs nach Phoenix, wo er eine Zeit lang bei seiner Mutter bleiben wolle. Plötzlich brach dieser große, kräftige Kerl in Tränen aus, weinte heftig und bat darum, ein paar Minuten ungestört zu sein. Ich schaute aus dem Fenster, stellte Vermutungen über seine Gefühle und Bedürfnisse an und malte mir einfach aus, weshalb er wohl weinte.

Nach wenigen Minuten nahm er das Gespräch mit mir wieder auf und entschuldigte sich dafür, dass er geweint hatte. Ich versicherte ihm, dass es mich sehr berührt habe. Daraufhin griff er in seine Hosentasche, zog einen Gegenstand hervor und sagte, dass er ihn mir schenken wolle. Als ich die Hand ausstreckte, um ihn entgegenzunehmen, erkannte ich, dass es sich um ein rundes Militärabzeichen handelte. Darauf war ein Grundriss von Afghanistan in den Farben Schwarz, Rot und Grün abgebildet, die das Land in drei Zonen teilten. Oben stand: „Bagram Combat Prison Patch" und unten „Operation Enduring Freedom 2004". In der Mitte war über der Abbildung eines Blitzstrahls „Black Ops" zu lesen. Er erklärte mir, er wolle Afghanistan vergessen und mir das Abzeichen gern schenken. Ich akzeptierte es und dankte ihm. Dann schlief er bis zur Landung.

Ich ging mit ihm nach draußen und dankte ihm für seinen Einsatz und seinen Mut. Er sagte, nicht viele Leute würden das tun, und er sei sehr dankbar, dies zu hören. Einer der Passagiere, dem er anfangs wohl auf die Nerven gegangen war, ging neben uns her und bedankte sich jetzt ebenfalls bei ihm, weil ihm klar geworden war, was der Mann durchgemacht hatte. Der Veteran war guter Laune, lachte und scherzte. Wir verabschiedeten uns und als ich mich ein letztes Mal nach ihm umdrehte, lagen er und eine Frau, die wohl seine Mutter war, einander in den Armen. Er hatte sich zu ihr herabgebeugt und seinen Kopf auf ihre Schulter gelegt.

Ich nehme an, dass das Geschenk, das er mir gemacht hatte, ein Symbol für das Geschenk war, seinen Schmerz mit mir teilen zu können. Hin und wieder denke ich an ihn, wenn ich das Abzeichen betrachte. Ich bin dankbar, dass er fähig und bereit war, eine Verbindung mit mir herzustellen, und manchmal frage ich mich, ob er das, was er mir von sich erzählt hat, vor oder nach unserer Begegnung jemals einem anderen Menschen mitteilen konnte.

Das, was er an jenem Tag tat, betrachte ich heute als Geschenk, denn für mich ist er mein emotionaler Held. Dieser Mann, den andere anfänglich als Ärgernis wahrnahmen oder als jemanden, der ein „unpassendes“ Verhalten an den Tag legte, war tatsächlich ein heldenhafter Kämpfer im wirklichen Leben. Wenn ich merke, dass andere sich vielleicht ein vorschnelles Urteil über mich bilden, denke ich an ihn und seinen Mut und sage mir, dass die Betreffenden nur ihre eigenen unerfüllten Bedürfnisse und ihren Schmerz auf die für sie im Moment bestmögliche Weise zum Ausdruck bringen.

Diese Geschichte zeigt, dass eine tiefe empathische Verbindung eine Beziehung zu einem Menschen schaffen kann, der auf den ersten Blick an derlei Verbindungen völlig uninteressiert zu sein scheint. In unserer GFK-Übungspraxis zählt zudem die Absicht, eine Verbindung herzustellen. Daraus nämlich ergibt sich die Qualität der Verbindung, unabhängig davon, wie erfahren wir in dem Empathie-Prozess sind, der in diesem Buch vorgestellt wird.

Handeln am Arbeitsplatz

Der Begriff „empathische Verbindung“ bezieht sich, so wie er in diesem Buch verwendet wird, sowohl auf die Empathie als auch auf die mitfühlende Sorge oder das Mitgefühl. Empathische Resonanz und empathische Verbindung allein reichen nicht aus, um die Produktivität am Arbeitsplatz zu steigern; entscheidend hierfür ist das Handeln. Es geht nicht allein darum, dass wir einander unsere Gefühle mitteilen oder uns in die Lage des anderen versetzen, auch wenn dies die *Grundlage* für die mitfühlende Sorge ist, die zum Handeln motiviert. In späteren Kapiteln wird aufgezeigt, wie ein empathisches Handeln am Arbeitsplatz individuelle Bedürfnisse anhand von Bitten und organisationsbezogene Bedürfnisse anhand von Strategien erfüllen kann. Dieses Konzept führt zurück zum Verbinden–Denken–Handeln, mit dem wir uns in Kapitel 1 beschäftigt haben. Alle drei Schritte sind nötig, um effektive Veränderungen herbeizuführen.

> Empathische Resonanz und empathische Verbindung allein reichen nicht aus, um die Produktivität am Arbeitsplatz zu steigern; entscheidend hierfür ist das Handeln *Verbinden – Denken – Handeln.* Alle drei sind nötig, um effektive Veränderungen herbeizuführen.

3.2 Ist Empathie erlernbar?

Ja. Während ein gewisses Maß an emotionaler Resonanz und Empathie in uns Menschen angelegt ist, müssen wir uns die Fähigkeit zum empathischen Handeln aneignen. Und genau darum geht es in diesem Buch.

Die GFK ist kein vages Konzept, sondern der schnellste und einfachste mir bekannte Weg, um grundlegende und weiterführende Formen der empathischen Verbindung und des empathischen Handelns zu erlernen. Dieser vierschrittige Prozess umfasst und erklärt alle nur denkbaren Aspekte zum Thema Kommunikation und zwischenmenschliche Beziehungen. Zumindest alle, denen ich in den letzten 29 Jahren begegnet bin, im Rahmen meiner Tätigkeit im Bereich interpersonaler, Team- und Unternehmenskommunikation, ob nun in der vermittelnden oder lernenden Rolle. William Ury, Bestsellerautor *(Das Harvard-Konzept: sachgerecht verhandeln – erfolgreich verhandeln)* und Mitbegründer des Verhandlungsprogramms der Harvard Law School, sagt: „GFK ist der wichtigste Prozess, den Sie je lernen werden."

Die Schritte der GFK lassen sich in wenigen Minuten begreifen und können, wenn sie in Ihrem gesamten Unternehmen konsequent durchgeführt werden, zu eben der Produktivitäts- und Gewinnsteigerung sowie zu der Art von Führungs- und Teamerfolg führen, wie sie in der zuvor genannten Fachliteratur beschrieben werden. Die Fertigkeit, empathische Verbindungen zu entwickeln, erfordert ständige Übung, doch der erhebliche persönliche Gewinn und die wirtschaftlichen Vorteile lohnen die Mühe. Wahre Empathie ist kein mentales Konstrukt; sie ist vielmehr eine emotionale, ganzkörperliche Erfahrung, die erlernt werden kann. Aus diesem Grund „lehren" (im engeren Sinne) GFK-Trainer die GFK nicht, sondern vermitteln sie auf eine Art und Weise, dass andere sie selbst erfahren können.

3.3 Einführung in die GFK: Die Lunch-Date-Übung

Ich stelle Teams am Arbeitsplatz die grundlegenden Komponenten der GFK gern folgendermaßen vor:

Malen Sie sich Folgendes aus: Es ist 11.15 Uhr. Sie rufen Bob, einen Geschäftspartner, an und fragen, ob er um 12 Uhr Zeit für ein Mittagessen in Tobey's Grill hat, um über ein sehr wichtiges Projekt zu sprechen, an dem Sie beide arbeiten. Bob ist einverstanden. Sie beenden das, was Sie gerade tun, und fahren los. Um 11.55 Uhr erreichen Sie den Parkplatz bei Toby's. Sie gehen hinein, nehmen Platz an einem Tisch für zwei und studieren die Speisekarte. Sie schauen auf die Uhr. Es ist 12.10 Uhr. Kein Bob. Sie holen Ihr iPhone hervor und beginnen, mit ein paar Apps zu spielen. Sie schauen wieder auf die Uhr. Es ist 12.25 Uhr. Immer noch kein Bob.

Wenn ich dieses Szenario einer Gruppe von Geschäftsleuten präsentiere, frage ich die Teilnehmer: „Was würden Sie wohl in dieser Situation empfinden?" Typischerweise nennen sie als Erstes Gefühle wie „gereizt", „frustriert" oder „verärgert", denn Zeit und Effizienz werden in unserer Arbeitswelt oft wertgeschätzt. Neben den genannten Gefühlen höre ich dann manchmal auch einen Kommentar wie diesen: „Er ist unhöflich" oder: „Er respektiert mich nicht". An diesem Punkt helfe ich den Teammitgliedern, eine Unterscheidung zu treffen zwischen dem, was sie denken, und dem, was sie fühlen, indem ich frage: „Wenn Sie sich sagen: ‚Er respektiert mich nicht', was fühlen Sie dann wohl?“ Normalerweise denken sie einen Moment lang nach, bis schließlich jemand sagt: „Verletzt. Ich fühle mich verletzt, dass er mich warten lässt.“

Im Verlauf dieser Übung zeichne ich ein Schaubild, das in etwa so aussieht:

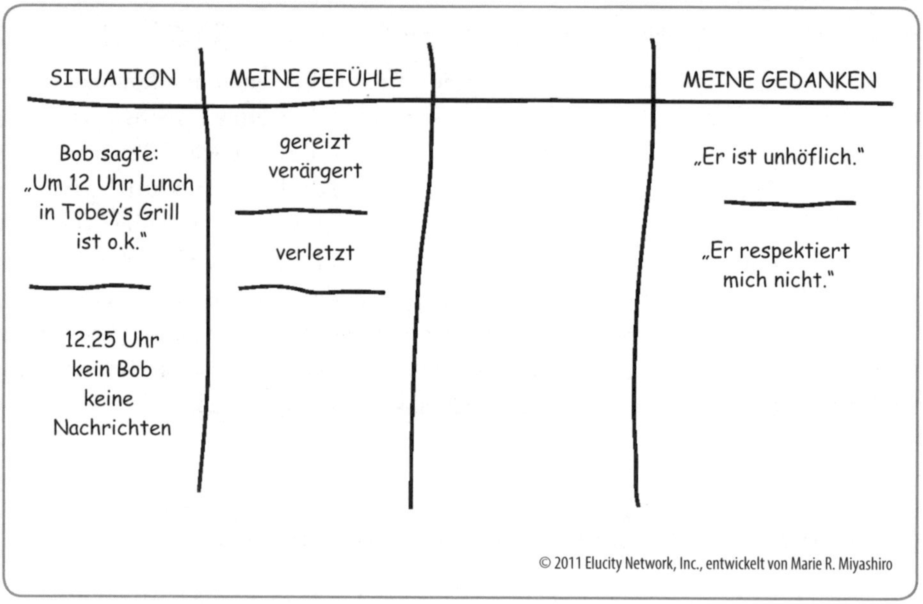

Abbildung 2: Die Lunch-Date-Übung – Gefühle und Gedanken

Weitere Gefühle werden hinzugefügt, während die Teilnehmer sich genauer in dieses Szenario hineindenken.

„Besorgt. Ich würde mir Sorgen machen und mich fragen, ob mit Bob alles in Ordnung ist oder ob ihm etwas passiert ist.“

„Erleichtert. Was wäre, wenn ich Bob für eine Nervensäge hielte und ich ihn eigentlich gar nicht treffen wollte?“

„Glücklich, dass ich zum ersten Mal in dieser Woche zwanzig Minuten für mich habe!“

„Nervös. Was, wenn Bob die Idee, die ich für unser Projekt vorschlage, nicht gefällt?“

Jetzt sieht unser Schaubild so aus:

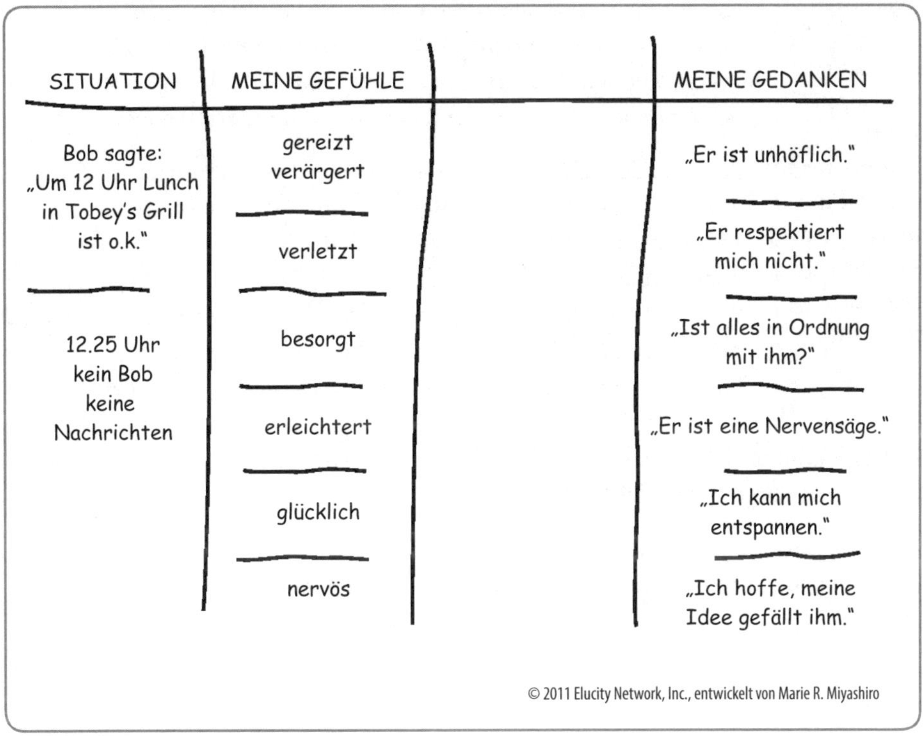

Abbildung 3: Die Lunch Date-Übung – weitere Gefühle und Gedanken

Bei der Betrachtung des Schaubilds fallen den Teilnehmern nach und nach ein paar Dinge auf. Sie bemerken, dass ein breites Spektrum an Gefühlen aufgetaucht ist – alles von „glücklich" über „verletzt" bis hin zu „gereizt". Sie erkennen also erstens, dass ein und dieselbe Situation viele verschiedene Gefühle hervorrufen kann. Zweitens wird ihnen klar, dass Gedanken und Gefühle nicht dasselbe sind.

Gedanken sind etwas, das wir uns selbst sagen, etwas, das sich in unserem Kopf abspielt. Gefühle sind Empfindungen, die wir körperlich erfahren. Wenn also jemand sagt: „Ich fühle mich nicht respektiert" oder: „Ich habe das Gefühl, dass er das nicht hätte sagen sollen", frage ich deshalb z. B. nach: „Wenn Sie denken, dass er Sie nicht respektiert, fühlen Sie sich dann verletzt?" Oder: „Wenn Sie denken, dass er das nicht hätte sagen sollen, sind Sie dann gereizt?" Die meisten von uns sind nicht darin geübt, zwischen diesen beiden inneren Prozessen zu unterscheiden. Die Fähigkeit, diese Unterscheidung zu treffen, ist einer der ausschlaggebenden Gründe dafür, dass die GFK sich so hervorragend für den Einsatz in Unternehmen eignet. Warum? Weil wir

Gedanken sind etwas, das wir uns selbst sagen, etwas, das sich in unserem Kopf abspielt. Gefühle sind Empfindungen, die wir körperlich erfahren. Die meisten von uns sind nicht darin geübt, zwischen diesen beiden inneren Prozessen zu unterscheiden.

eine Situation und unsere Gefühle in dieser Situation exakter einschätzen können, wenn wir sie so sehen, wie sie wirklich ist, ohne sie durch unsere Interpretationen, Bewertungen oder Urteile zu verschleiern. Mit anderen Worten: Wir können die Situation klarer sehen, weil wir dazu in der Lage sind, zwischen ihr und den mit ihr verbundenen Gedanken und Gefühlen zu unterscheiden.

Anhand des Schaubilds, das wir erstellt haben, weise ich die Gruppe auf eine logische Schlussfolgerung hin: Die Situation ist *nicht* die Ursache unserer Gefühle. Wäre dies der Fall, hätten wir in der gleichen Situation jedes Mal die gleichen Gefühle. Die Übung macht uns deutlich, dass dies nicht zutrifft – dass Menschen in ein und derselben Situation viele unterschiedliche Gefühle erleben. Wir können uns auch leicht vorstellen, dass dieselben Menschen die gleiche Situation an einem anderen Tag anders empfinden würden. Tatsächlich könnte sich ein Gefühl innerhalb weniger Minuten so verändern, dass aus Gereiztheit Sorge oder Erleichterung wird.

Die folgende Liste führt grundlegende menschliche Gefühle auf, die wir vielleicht am Arbeitsplatz erleben. (Diese Liste finden Sie auch noch einmal im Anhang.)

TRAURIG
beschämt
niedergeschlagen
untröstlich
deprimiert
enttäuscht
entmutigt
verzagt
schwach
hilflos
gekränkt
einsam
miserabel
benommen
verletzlich

FROH
erfreut
erwartungsvoll
ermutigt
aufgeregt
glücklich
hoffnungsvoll
inspiriert
optimistisch
stolz
erleichtert
zufrieden
begeistert

WÜTEND
aufgewühlt
erbost
verärgert
verbittert
angewidert
aufgebracht
frustriert
entrüstet
ungeduldig
erzürnt
eifersüchtig
pessimistisch
gereizt

MÜDE
ausgebrannt
zerstreut
ausgelaugt
ermüdet
lustlos
erschöpft
hoffnungslos
gleichgültig
lethargisch
nicht zentriert
ruhelos
abgespannt

BESORGT
beunruhigt
beklommen
bekümmert
verstört
vorsichtig
nervös
überwältigt
panisch
verängstigt
schockiert
argwöhnisch
angespannt
angstvoll
misstrauisch

VERWIRRT
zaghaft
hin- und hergerissen
voller Zweifel
zögerlich
ratlos
unwillig
skeptisch
zwiegespalten
verstört
unwohl
unbehaglich
unruhig
unsicher

RUHIG
gefesselt
ehrfurchtsvoll
glückselig
behaglich
zuversichtlich
zufrieden
erfüllt
liebevoll
friedlich
entspannt
sicher
heiter

FREUNDLICH
verständnisvoll
herzlich
liebevoll
dankbar
offen
aufgeschlossen
sensibel
gesellig
empfindsam
vertrauensvoll
warmherzig

AUFGEREGT
abenteuerlustig
erstaunt
kreativ
neugierig
energiegeladen
vertieft
beschwingt
fasziniert
frei
inspiriert
interessiert
mitgerissen
belebt
leidenschaftlich

Abbildung 4: Gefühle am Arbeitsplatz

> Die GFK lehrt uns, dass der Ursprung unserer Gefühle in uns selbst liegt, nicht in den Situationen, in denen wir uns befinden, oder den Menschen, die um uns sind. Unsere Gefühle sind mit unseren eigenen inneren grundlegenden Bedürfnissen verbunden.

Wenn also diese Situation oder die Tatsache, dass Bob nicht auftaucht, nicht die Ursache unserer Gefühle ist, was ist es dann?

Die GFK lehrt uns, dass der Ursprung unserer Gefühle in uns selbst liegt und nicht in den Situationen, in denen wir uns befinden, oder den Menschen, die um uns sind. Unsere Gefühle sind mit unseren eigenen inneren Bedürfnissen verbunden. Indem wir Letztere identifizieren und artikulieren, übernehmen wir die Verantwortung für unsere Gefühle. Bei Bedürfnissen, so wie sie hier definiert werden, handelt es sich nicht um Sehnsüchte oder Wünsche, sondern um *grundlegende* menschliche Bedürfnisse, die allen Menschen gemein sind, wenn auch in unterschiedlicher Ausprägung. Diese Tatsache eint uns auf fundamentale Weise in unserem Menschsein.

3.4 Grundlegende Bedürfnisse und Bedürfnisse am Arbeitsplatz

Die Arbeit des chilenischen Wirtschaftswissenschaftlers Manfred Max-Neef, der für seine Matrix fundamentaler menschlicher Bedürfnisse bekannt ist, bildete die Grundlage für Rosenbergs Liste grundlegender Bedürfnisse, die wir alle haben. Max-Neef wiederum stützt sich auf das von Abraham Maslow, dem Gründer der humanistischen Psychologie, entwickelte Modell der Hierarchie von Bedürfnissen. Diese psychologische Perspektive betont die persönliche Verantwortung, den freien Willen und die Selbstverwirklichung oder volle Entfaltung unseres menschlichen Potenzials. Rosenberg studierte bei dem bekannten amerikanischen Psychologen Carl Rogers, einem weiteren bedeutenden Vertreter der humanistischen Psychologie.

Da ich die GFK in Unternehmen vermittle, habe ich Rosenbergs Bedürfnisliste auf die Bedürfnisse am Arbeitsplatz angepasst. Die Erfüllung dieser in acht Kategorien unterteilten Bedürfnisse führt, wie die Organisationsforschung zeigt, zu überdurchschnittlichen Ergebnissen – sowohl zu außergewöhnlichen Arbeitsergebnissen von Teams und Organisationen als auch zu einer größeren Zufriedenheit von Arbeitnehmern und Kunden. Die folgende maßgeschneiderte Liste bietet ein Bedürfnisvokabular an und weist auf Schwerpunktbereiche hin, in denen sich das Funktionieren und die Sachkenntnis von Teams und Unternehmen optimieren lassen. (Auch diese Liste ist im Anhang aufgeführt.)

RESSOURCEN
PHYSISCHE BEDÜRFNISSE
Luft / Nahrung / Wasser
Behaglichkeit / Leichtigkeit
Beständigkeit
Ausrüstung / Instrumente
Gesundheit
Bewegung / Sport
Privatsphäre
respektvoller körperlicher Kontakt
Ruhe / Entspannung
Geborgenheit / Sicherheit
Hilfs- und Betriebsstoffe
Zeit / Effizienz

KOMMUNIKATION
MENTALE BEDÜRFNISSE
Bewusstheit
Klarheit / Zielgerichtetheit
Daten / Forschung
Entscheidungsfindung
Urteilsvermögen
Ausbildung / Training
Informationen
Reflexion
Anregung / Herausforderung

AUTORITÄT
EMPOWERMENT
Autonomie
Wahlmöglichkeiten
gemeinsames Erarbeiten von Strategien
Zusammenarbeit
Disziplin
Freiheit *(emotionale, spirituelle und physische)*
Individualität
Abgeschiedenheit

VERANTWORTLICHKEIT
INTEGRITÄT
Authentizität
einen Beitrag leisten
Effektivität, Fortschritt
Feedback / Ablaufverfolgung
Ehrlichkeit
Bescheidenheit, Selbstreflexion
Anstand
Pünktlichkeit
Qualität
Selbstwert
Aufrichtigkeit

INTEGRATION
INTERDEPENDENZ
Akzeptanz
Wertschätzung
Klarheit
Nähe
Gemeinschaft
Mitgefühl
Verbindung
Rücksichtnahme
Zusammenarbeit
emotionale Sicherheit
Empathie
Harmonie
Einbindung
Vertrautheit
Liebe
Bestärkung
Respekt
Unterstützung
Vertrauen
Verständnis
Bestätigung
Wärme

SELBSTAUSDRUCK
KREATIVITÄT
Gestalten, Hervorbringen
Wachstum, Fortschritt
Lernen, Können
Bedeutung
Spiel, Spaß, Lachen
Lehren

SELBSTAUSRICHTUNG
NATÜRLICHE ENERGIE
Schönheit
Gleichwertigkeit, Gegenseitigkeit
Harmonie, Frieden
Inspiration
Ordnung
Zielsetzung, Bedeutung
Respekt

KENNZEICHNUNG VON ÜBERGÄNGEN
NEUANFÄNGE FEIERN
Zeremonie / Ritual
Freude
Vergnügen
Begeisterung
Heilung
Humor
Leidenschaft

ZU ENDE GEGANGENES ANERKENNEN
Lernen akzeptieren
Grenzen akzeptieren
Bedauern eingestehen
unerfüllte Träume betrauern
beendete Beziehungen betrauern

Abbildung 5: Bedürfnisse am Arbeitsplatz

Wird in der Arbeitswelt zu dieser Art von Bedürfnisbewusstsein ermutigt, lassen sich zwei Dynamiken beobachten. Erstens kommt es seltener zu interpersonalen Konflikten. Warum? Weil sich das vermeintliche Fehlverhalten anderer in den Ausdruck der eigenen Bedürfnisse übersetzen lässt. Betrachten Sie bitte das folgende Beispiel.

Ich stellte einem Team von Beratern eines von mir geleiteten Projekts die vorläufigen Ergebnisse unserer Online-Organisationsbewertung für einen unserer Klienten vor, als einer der Berater sich auf die spezifische Wortwahl des Erhebungsbogens stürzte. Er stellte mehrere Fragen, verlieh seiner Verwirrung und seinen Zweifeln Ausdruck und verwendete mehr Zeit auf dieses Thema, als die anderen Berater ihm widmen wollten. Da ich spürte, dass unser Bewertungsinstrument bei ihm Bedürfnisse geweckt hatte, fragte ich ihn, wie viele Fragebögen er gesehen habe, deren Wortlaut ihn zufriedengestellt hätte. „Nicht viele", antwortete er. Am Ende unseres Meetings gab er zu verstehen, wie peinlich es ihm sei, dass er die Aufmerksamkeit von der Besprechung der Ergebnisse abgezogen habe. Später erzählte er mir, sein Vater sei Marktforscher und Experte für Umfragen. Deswegen nahm ich an, dass die Bedeutung, die mein Kollege der Wortwahl in Erhebungsbögen beimaß, und sein Bedürfnis nach Qualität, Exaktheit und Professionalität mit seiner Beziehung zu seinem Vater zusammenhingen. Ich spürte auch, dass er eine ganz bestimmte Vorstellung davon hatte, wie er diese Qualitäten in Fragebögen repräsentiert wissen wollte.

Unabhängig von der Richtigkeit meiner Einschätzung, waren Vermutungen über seine Gefühle und Bedürfnisse für mich eine produktive Art, meine Gedanken über sein Verhalten zu kanalisieren. Ich war in der Lage, die Verbindung zu ihm aufrechtzuerhalten, statt seine Kommentare und Fragen als Kritik, Vorwurf oder Urteil aufzufassen, was trennend gewirkt hätte. Die Unterscheidung zwischen meinen eigenen Gedanken und Bedürfnissen und seinen Bewertungen ermöglichte es mir, ihn klarer zu sehen und mich besser mit seinen Vorschlägen auseinanderzusetzen. Basierend auf seinen Kommentaren, nahmen wir sofort eine Änderung des Fragebogendesigns vor, die mir gefiel und die meiner Ansicht nach aussagekräftigere Informationen für die Beratung unserer Klienten hervorbrachte. Hätte ich nur seine Kritik gehört, hätte ich vielleicht meine Energie darauf verwendet, mich zu verteidigen, zu rechtfertigen und zu erklären (was ich zunächst tat), und die Gelegenheit verpasst, den Prozess zu verändern und zu verbessern sowie eine wertvolle professionelle und persönliche Beziehung zu diesem Kollegen herzustellen, den ich sehr schätze.

3.5 Ausgelöste Gefühle zeugen von unerfüllten Bedürfnissen

Zurück zu unserer Lunch-Date-Übung. An diesem Punkt händige ich der Gruppe die vollständige Bedürfnisliste aus. Ich bitte sie einzuschätzen, welche Bedürfnisse im Zusammenhang mit jedem der bereits aufgelisteten Gefühle erfüllt oder unerfüllt sein könnten. Ohne langes Nachdenken oder große Anstrengung sieht die Tabelle dann folgendermaßen aus:

SITUATION (Beobachtung)	MEINE GEFÜHLE	MEINE BEDÜRFNISSE	MEINE GEDANKEN
Bob sagte: „Um 12 Uhr Lunch in Tobey's Grill ist o.k."	gereizt verärgert	Rücksichtnahme	„Er ist unhöflich."
	verletzt	Respekt	„Er respektiert mich nicht."
12.25 Uhr kein Bob keine Nachrichten	besorgt	Sicherheit	„Ist alles in Ordnung mit ihm?"
	erleichtert	Behaglichkeit / Ungezwungenheit	„Er ist eine Nervensäge."
	glücklich	Ruhe / Frieden	„Ich kann mich entspannen."
	nervös	Zusammenarbeit	„Ich hoffe, meine Idee gefällt ihm."

Abbildung 6: Die Lunch-Date-Übung – Gefühle, Gedanken und Bedürfnisse

Spätestens hier wird der Gruppe klar: Die Ursachen für unsere Gefühle haben mehr mit unseren eigenen Bedürfnissen zu tun als mit der Situation oder mit Bob. Die Situation ist der Trigger, ein Stimulus für unser Bewusstsein, ob unsere Bedürfnisse erfüllt werden oder nicht. Im Rahmen der GFK bezeichnen wir diesen Stimulus als „Beobachtung" – eine konkrete, verifizierbare Tatsache, die eine Beschreibung liefert, der alle zustimmen können. Der Vorteil dieser Beobachtung ist, dass sie keine Bewertung, Interpretation oder Beurteilung enthält. Beachten Sie, dass in unserer Lunch-Date-Übung nur beobachtbare Fakten aufgelistet sind. Es ist eine Tatsache, dass Bob einverstanden mit einem mittäglichen Treffen bei Tobey's war. Tatsache ist auch, dass er um 12.25 Uhr noch immer nicht eingetroffen war und weder er selbst noch jemand anderer eine Nachricht geschickt hatte, warum Bob nicht da war. Einer solchen Beschreibung der Situation würden alle zustimmen. Die Aussage: „Bob ist unpünktlich", wäre jedoch keine Beobachtung, sondern ein Urteil, dem möglicherweise nicht jeder beipflichtet. In vielen Kulturen oder Städten gilt es als „pünktlich", zehn oder zwanzig Minuten nach der verabredeten Zeit einzutreffen. Und an manchen Orten ist man selbst dann „unpünktlich", wenn man zur verabredeten Zeit da ist, weil andere ein paar Minuten früher gekommen sind und schon in den Startlöchern sitzen. Aufgrund solcher Variablen hat der indische Philosoph J. Krishnamurti einmal gesagt, beobachten ohne zu bewerten sei die höchste Form menschlicher Intelligenz.

> Beobachten ohne zu bewerten ist die höchste Form menschlicher Intelligenz. (J. Krishnamurti)

Eine Beobachtung zu machen ist der erste grundlegende Schritt im GFK-Prozess. Es verleiht Stärke und stellt einen Wettbewerbsvorteil dar, etwas so zu sehen, wie es ist, also in Form einer reinen Beobachtung. Es lassen sich mehr Wahlmöglichkeiten und Strategien entwickeln, wenn die Beobachtung nicht durch eine Wertung beeinträchtigt wird. Betrachten Sie es als Fernsehübertragungssignal. Wenn Sie das Signal ohne Störung empfangen können, sehen und hören Sie die Information ganz klar. Diese Klarheit war einer der Hauptgründe, weshalb mich die Anwendung der GFK am Arbeitsplatz so begeisterte, obwohl dieser Prozess wesentlich bekannter ist in Anwendungsgebieten wie der Friedensstiftung und Fragen der sozialen Gerechtigkeit.

Das Reise-Onlineunternehmen *Travelocity* unternahm 2005 einen erfolglosen Versuch, sein Kerngeschäft zu erweitern. Statt zu werten oder zu beschuldigen, hielt sich die damalige CEO und Präsidentin von Travelocity, Michelle Peluso, an Beobachtungen. In einem Interview erklärte sie damals: „Wir bestrafen einander nicht dafür, dass wir eine schlechte Entscheidung getroffen haben oder ein Risiko eingegangen sind ... Aus Misserfolgen lassen sich großartige Lehren ziehen – zieh sie und mach weiter ... [Wir stellten] sicher, dass die in diesen Bereichen tätigen Mitarbeiter verstanden, dass wir aus dem, was sie getan haben, viele Erkenntnisse gewinnen und diese für eine raschere Entwicklung unseres Kerngeschäfts nutzen konnten."[47]

Einschätzungen, Interpretationen und Wertungen können hervorragende Instrumente der Entscheidungsfindung sein. Doch wenn wir sie unbewusst mit unseren Gefühlen und Bedürfnissen vermischen, werden wir weder unseren Gefühlen bzw. Bedürfnissen noch den geschäftlichen Gegebenheiten gerecht. Es geht also nicht darum, keine Einschätzungen, Interpretationen und Wertungen mehr vorzunehmen, sondern zwischen ihnen und objektiven Beobachtungen eine klare Unterscheidung zu treffen. Vermischen wir das eine mit dem anderen, wird der Empfänger unserer Botschaft das Gesagte eher als Kritik empfinden.

Hinzu kommt, dass unsere Bedürfnisse überdeckt werden, wenn wir unser Gegenüber bewerten. Wir neigen dazu, unsere Aufmerksamkeit auf die äußeren Umstände zu richten und Schuldzuweisungen vorzunehmen, statt objektiv Bitten zu formulieren, die zur Erfüllung unserer Bedürfnisse beitragen könnten. Auf diese Weise lassen wir uns eine wertvolle Möglichkeit entgehen, eine Verbindung zu unseren eigenen unerfüllten Bedürfnissen herzustellen und damit zu einer produktiveren, erfüllenderen, ja möglicherweise sogar lebensverändernden Lösung zu gelangen. Wir „projizieren" also, wie ich manchmal zu sagen pflege, unsere eigenen unerfüllten Bedürfnisse auf jemand anderen. Bei den meisten von uns ist dies eine unbewusste Gewohnheit, eine, die sehr trennend sein kann, wenn der Empfänger der Botschaft weder die Fertigkeiten noch das Bewusstsein oder den Wunsch hat, die Bewertungen als Ausdruck der unerfüllten Bedürfnisse des Senders zu verstehen. Diese Art von Trennung zwischen Teammitgliedern oder zwischen Angestellten und Kunden behindert die Produktivität, wie die Beispiele in diesem Buch zeigen. Rosenberg bezeichnet es als Geschenk, wenn Gefühle ausgelöst werden, die wir als unangenehm ansehen, weil uns dies die Gelegenheit gibt, zu erkennen, dass ein unerfülltes Bedürfnis – ob unser eigenes oder das eines anderen – unsere Aufmerksamkeit erringen will.

Einschätzungen, Interpretationen und Wertungen können hervorragende Instrumente der Entscheidungsfindung sein. Doch wenn wir sie unbewusst mit unseren Gefühlen und Bedürfnissen vermischen, werden wir weder unseren Gefühlen bzw. Bedürfnissen noch den geschäftlichen Gegebenheiten gerecht.

3.6 Der Prozess der Selbst-Empathie

In der GFK bezeichnen wir den Vorgang der Verbindung mit den eigenen Bedürfnissen, die durch etwas Gesehenes oder Gehörtes ausgelöst werden, als Selbst-Empathie. Dies funktioniert so: Ich schenke meinen Gefühlen Aufmerksamkeit. Sobald ich bemerke, dass etwas, was ich gesehen, gehört oder gedacht habe, Gefühle hervorruft, tue ich Folgendes:

1. **Ich stelle eine reine Beobachtung an** wie z. B.: „Er hat während der Präsentation meines Berichts dreimal die Augen verdreht", statt eine Interpretation, eine Wertung oder Einschätzung vorzunehmen wie: „Er unterstützt mich nicht."
2. **Ich finde heraus, was ich fühle,** und stelle, falls ich mir meiner Gefühle nicht sicher bin, Vermutungen an. Ein angenehmes Gefühl signalisiert, dass meine Bedürfnisse erfüllt werden, ein unangenehmes Gefühl, dass sie im Moment nicht erfüllt werden. Angesichts des oben erwähnten Augenverdrehens könnte ich irritiert oder beunruhigt sein.

3. **Ich stelle eine Verbindung zwischen diesen Gefühlen und meinen Bedürfnissen her** und wenn ich mir nicht sicher bin, stelle ich Vermutungen an, welche meiner Bedürfnisse erfüllt oder unerfüllt sein könnten. Bei der obigen Beobachtung könnte mein Bedürfnis z. B. das nach Vertrauen, Respekt und Verständnis sein oder auch das, als kompetent angesehen zu werden.
4. **Ich kann mich selbst oder andere um etwas bitten,** sobald ich den Kontakt zu meinen Bedürfnissen aufgenommen habe. Im Fall des Augenverdrehens könnte ich etwa sagen: „Ich möchte sichergehen, dass ich meine Ergebnisse klar und deutlich präsentiere. Wären wohl drei von Ihnen bereit, mir zu sagen, was Sie bis zu diesem Punkt von meiner Präsentation verstanden haben?"

Abbildung 7 stellt den Ablauf des Prozesses der Selbst-Empathie dar.

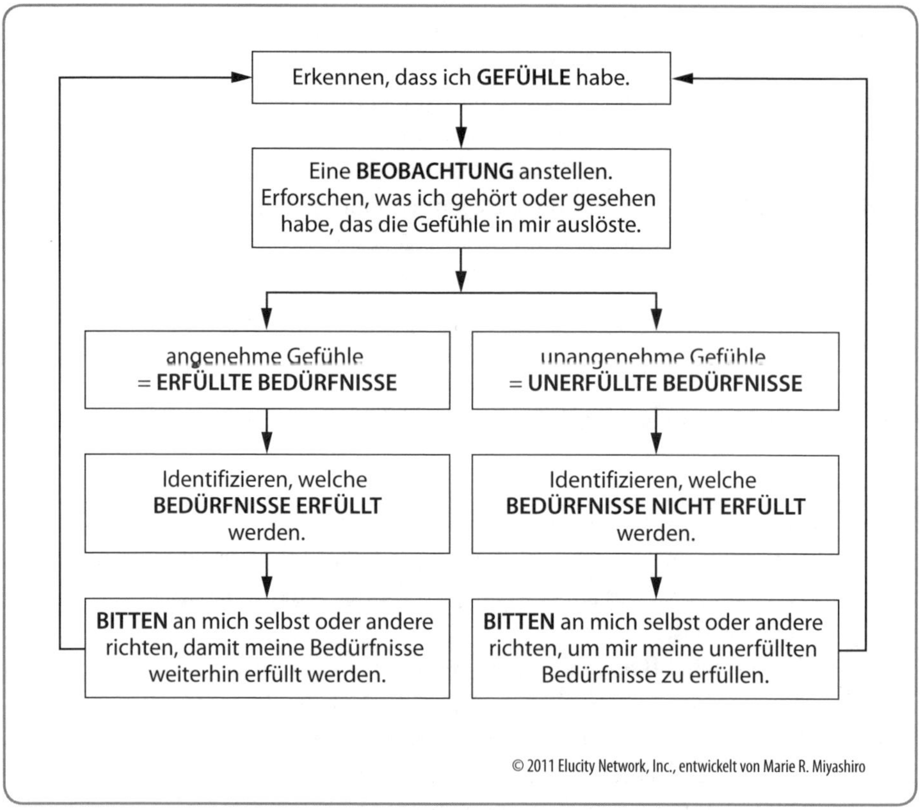

Abbildung 7: Der Prozess der Selbst-Empathie

Zu beobachten, was im Augenblick vor sich geht, ohne es zu bewerten, ist am Arbeitsplatz ein sehr mächtiges Instrument, denn es schafft mehr Klarheit über die uns zur Verfügung stehenden Wahlmöglichkeiten. Menschen reagieren viel positiver, wenn sie wissen, dass man sie nicht kritisieren will. Das zeigt auch die folgende Geschichte.

Vor mehreren Jahren präsentierte ich vor einem 15-köpfigen Team der oberen Führungsebene das, wozu man mich meiner Ansicht nach engagiert hatte, in der Hoffnung, damit zu weiteren Diskussionsprozessen und zu mehr Beteiligung am strategischen Planungsprozess anzuregen. Ich hatte kaum mit meinem Vortrag begonnen, als mir auffiel, dass etwa ein Drittel der Anwesenden mir nicht zuhörten und mich nicht anschauten, sondern mit ganz anderen Dingen beschäftigt war. Sie lasen oder unterzeichneten Dokumente, checkten und beantworteten ihre E-Mails, arbeiteten am Laptop und dergleichen. Einige von ihnen waren Abteilungsleiter und damit die wichtigsten Entscheidungsträger. Auch schon vor meinem Vortrag, als die Gruppe noch mit anderen Dingen beschäftigt war, hatte sich das gleiche Bild gezeigt.

Ich sprach ein paar Minuten lang weiter, weil ich davon ausging, dass sie nur noch eben etwas abschließen und mir dann schon bald zuhören und mich anschauen würden. Es gelang mir, mich in die möglichen Gefühle und Bedürfnisse einzufühlen, die hinter dem gezeigten Verhalten steckten. Wäre ich dazu nicht in der Lage gewesen – mir nämlich ihre Arbeitsüberlastung, ihre Frustration oder ihre Vorsicht einer neuen Beraterin gegenüber vorzustellen –, hätte ich ihr Handeln wahrscheinlich als Kritik an mir oder meinen Aussagen verstanden. Ich wäre vielleicht zu dem Schluss gekommen, dass sie mich für inkompetent hielten, dass ihnen meine Herangehensweise nicht gefiel, sie einfach nicht interessiert seien oder was auch immer.

Wieder ein paar Minuten später hatte sich noch immer nichts geändert. Ich sah, dass einige weiterhin einer anderen Aktivität nachgingen, statt meinem Vortrag zuzuhoren oder mich anzusehen (Schritt 1). Ich merkte, dass ich mich beklommen und unwohl fühlte (Schritt 2) und dass ich das Bedürfnis hatte, verstanden zu werden, und dass ich gerne etwas zu ihrer aktuellen Situation beisteuern wollte (Schritt 3). Ich dachte: „Was kann ich nur tun? So ist diese Zeit weder für sie noch für mich produktiv." Ich war mir zwar unsicher, was ich dieser Gruppe, der ich nur einmal zuvor begegnet war, sagen sollte, aber sicher, dass es für sie als Ganzes nicht sinnvoll war, wenn ich mit meinem Vortrag fortfuhr. Also beschloss ich, offen anzusprechen, wie sich die Situation für mich darstellte, und sagte etwa Folgendes: „Mir ist aufgefallen, dass einige von Ihnen mit anderen Dingen beschäftigt sind, als mir zuzuhören oder mich anzusehen. Ich möchte Sie an etwas teilhaben lassen, was sich sicherlich als wertvoll für Sie herausstellen wird. Aber im Moment bin ich mir ganz und gar nicht sicher, wie ich das anstellen soll. Möchten Sie, dass ich mit meinem Vortrag fortfahre?" (Schritt 4)

Das Getippe und Umblättern von Seiten hörte auf. Alle wandten sich mir zu und mehrere Abteilungsleiter setzten ihre Lesebrille ab und schauten zu mir hin. Diejenigen, die die Interaktion zwischen mir und denen beobachteten, die nicht zugehört hatten, schienen den Atem anzuhalten. Man hätte eine Stecknadel fallen hören können.

Nach etwa fünf Sekunden des Schweigens, die in Meetings mit bestimmten Teilnehmern zu einer Ewigkeit werden können, fragte einer der Abteilungsleiter: „Nun, was möchten Sie uns denn vermitteln?" Von diesem Moment an hörten alle zu und wir führten eine Diskussion, an der bis zu einem gewissen Grad alle beteiligt waren. Es entbehrt nicht einer gewissen Ironie, dass es um das Thema der Entwicklung eines „Bewusstseins für Bedürfnisse" ging – sowohl für individuelle Bedürfnisse mithilfe der GFK als auch für organisations- und teambezogene Bedürfnisse mithilfe des Prozesses der Integrated Clarity.

Am Ende meines zwölfmonatigen Vertrags mit dieser Gruppe ereigneten sich zwei Dinge, die ich als Bestätigung empfand. Erstens bat die Gruppe mich darum, einen weiteren Monat mit ihr zu arbeiten, um die Diskussion auf einigen Gebieten abzuschließen. Eine solche Vertragsverlängerung galt als völlig ungewöhnlich und musste von höchster Ebene genehmigt werden. Ich war gerührt, dass die Gruppe unsere gemeinsame Arbeit für wichtig genug hielt, um gemeinsam den Antrag auf Verlängerung zu stellen. Zweitens sagte mir genau jener Abteilungsleiter, der meiner Arbeit mit dem Team die größte Skepsis entgegengebracht hatte, Folgendes: Die Tatsache, dass ich meinen Vortrag unterbrochen und die Gruppe gefragt hatte, ob ich mit meinen Ausführungen fortfahren solle, habe ihn begeistert. Ich sei der dritte Planungsberater gewesen, den man engagiert habe, und er sei davon ausgegangen, von mir genauso enttäuscht zu werden wie von den beiden anderen. Doch er sei von meiner Arbeit beeindruckt und ich habe seinen Respekt erlangt. Auf meine Frage, inwieweit sein Bedürfnis nach Respekt und Authentizität durch mein Handeln erfüllt worden sei, antwortete er, dass sich die in seiner Branche tätigen Menschen nicht in dieser Weise angreifbar machen würden. Als ich dies getan hätte, da habe er gewusst, dass ich es ernst mit ihnen meine, was für ihn eine große Erleichterung gewesen sei. Zudem sei dies ein bedeutender Moment für die Gruppe als Ganzes gewesen. Monate später erzählte er mir, wie förderlich die GFK für ihn sei – sowohl in seiner Rolle als ehrenamtlicher Diakon in seiner Kirche als auch im Umgang mit seinem 17-jährigen Sohn.

Jahre zuvor hatte ich die Beraterin Judith Orloff Faulk, eine Kollegin des Wirtschaftsberaters Marshall Thurber, sagen hören: „Verletzlichkeit ist der sicherste Ort." Dank des GFK-Prozesses war ich dazu in der Lage, in einem kritischen Moment in jenem Konferenzraum Zugang zu den Mechanismen der Empathie zu finden und auf eine Art und Weise verletzlich zu sein, die immer noch als professionell empfunden wurde. Es fiel mir leicht, mich an den vierschrittigen Prozess zu erinnern, und da ich bereits ein wenig Übung darin hatte, gelang es mir, ihn ganz spontan anzuwenden. Dies lag vor allem daran, dass ich keinerlei Wunsch verspürte, den Anwesenden Vorwürfe zu machen, dass sie mir nicht zuhörten. Ich wollte einfach nur herausfinden, was für uns alle am besten wäre. Ich glaube, das haben sie in den wenigen Sekunden, bevor jemand das Wort ergriff, gespürt. Aus dem Zusammenhang gerissen, hätten meine Worte als Kritik oder Manipulation verstanden werden können. Aber ich erwartete nicht, dass die Gruppe auf eine ganz bestimmte Weise auf meine Bitte reagieren würde. Es war eine echte Bitte, die meiner Neugier und der Wertschätzung unser aller Zeit entsprang, und keine als Bitte getarnte Forderung.

Wir wissen, dass wir eine Forderung statt einer Bitte gestellt oder gehört haben, wenn ein „Nein" bestimmte Konsequenzen nach sich ziehen würde. Das kann Irritation, ein Werturteil oder irgendetwas anderes sein, was anzeigt, dass eigentlich ein „Ja" erwartet wurde. Bevor ich mich an die Gruppe wendete, hatte ich beschlossen, aus dem Vertrag auszusteigen, wenn meine Ausführungen für sie keinen Wert hätten. Warum sollte ich sie mit der Brechstange zum Zuhören bewegen? Ich schätze diese Arbeit und teile meine Erkenntnisse gern mit Menschen, die an ihnen Interesse haben. Die Bereitschaft, aus dem Vertrag auszusteigen, gab mir die Freiheit, den Anwesenden unvoreingenommen gegenüberzutreten – was es mir wiederum ermöglichte, den Kontakt zu ihren Gefühlen und Bedürfnissen herzustellen, statt zu interpretieren und zu urteilen.

Die Absicht ist der Schlüssel zu allem. Die Absicht, sich empathisch zu verbinden, führt mithilfe der vier Schritte des GFK-Prozesses zu einer empathischen Verbindung, die eine effektivere Zusammenarbeit nach sich ziehen kann.

Wenn wir nur deswegen Kontakt mit den Gefühlen und Bedürfnissen eines Menschen aufnehmen, um ihn dazu zu bringen, etwas Bestimmtes zu tun, dann handelt es sich weder um Empathie noch um eine echte Verbindung, sondern vielmehr um das, was ich als Manipulation bezeichnen würde. Empathie ist ein reiner Zustand, in dem wir uns selbst von allem frei machen, um zu erleben, was der andere Mensch erlebt. Selbst-Empathie ist ein Prozess, bei dem wir innehalten und uns von Gedanken frei machen, um Kontakt mit unseren Gefühlen und Bedürfnissen aufzunehmen. Wenn wir uns auf Empathie und Selbst-Empathie einlassen, sind wir offen für das, was aus dieser Verbindung entsteht, und können nicht mit Sicherheit vorhersagen, wie das Ergebnis aussehen wird. Wir bleiben einfach unserer Absicht treu, uns empathisch zu verbinden.

Die Intensität der Gefühle liefert einen Anhaltspunkt

Es gibt noch eine andere Möglichkeit, wie wir uns davor schützen können, dass unsere Gefühle unsere Produktivität beeinträchtigen. Dafür müssen wir uns der Intensität der Gefühle im Verhältnis zum auslösenden Ereignis bewusst zu sein. Wenn ein Ereignis in unserem Privat- oder Arbeitsleben von relativ geringer Bedeutung ist, wir jedoch sehr stark darauf reagieren, können wir davon ausgehen, dass wir es mit einem für uns sehr wichtigen, aktiven Bedürfnis zu tun haben, denn sonst würde es nicht bei der kleinsten Gelegenheit getriggert.

Empathie ist ein Prozess, bei dem wir innehalten und uns von Gedanken frei machen, um Kontakt zu unseren Gefühlen und Bedürfnissen aufzunehmen.

Nehmen wir einmal an, ich würde gerade meiner Kollegin eine bestimmte Situation erklären, weil ich zum einen weiß, dass dies für sie hilfreich wäre, und sie mich zum anderen um Vorschläge gebeten hat; währenddessen würde sie ständig ihre Mails checken. Offensichtlich ist sie abgelenkt, und ich könnte nun vermuten, dass sie kein Interesse an meinen Ausführungen hat, so wie es auch bei der Managergruppe auf den ersten Blick den Anschein hatte. Die Interaktion mit meiner Kollegin bietet mir die Möglichkeit zur Selbstwahrnehmung, damit ich meine eigenen Bedürfnisse besser verstehen und entweder mich selbst oder sie um das Gewünschte bitten kann. Das Verhalten anderer löst bei mir einfach etwas aus, das bereits in mir aktiv ist. Wenn ich meiner Kollegin in Gedanken Vorwürfe mache („Sie respektiert mich nicht"), projiziere ich meine eigenen Bedürfnisse auf meine Kollegin und verpasse so die Chance, Kontakt zu ihnen herzustellen. Wenn ich stattdessen erahne, welche Gefühle und Bedürfnisse sie haben könnte, kann ich meine und ihre Bedürfnisse gleichzeitig im Blick behalten und dadurch unsere empathische Verbindung aufrechterhalten.

Wenn ein Ereignis von relativ geringer Bedeutung ist, wir jedoch sehr stark darauf reagieren, ist dies ein Anzeichen dafür, dass wir es mit einem aktiven unerfüllten Bedürfnis zu tun haben.

Indem ich mehrere Strategien entwickle, wie diesem Bedürfnis Rechnung getragen werden könnte, nimmt die Häufigkeit und Intensität der unangenehmen Gefühle ab. Wenn meine Bedürfnisse oft und vollständig erfüllt werden, bin ich toleranter gegenüber Verhaltensweisen, die ansonsten Triggerpunkte für mich sein könnten. Und je toleranter ich bin, ohne mir selbst oder anderen zu schaden, desto wertvoller bin ich als Teammitglied, weil ich in ganz unterschiedlichen Umgebungen und mit verschiedenartigen Menschen zusammenarbeiten kann.

Es gehört z. B. zu meinen Aufgaben, mit Unternehmern, Managern oder Angestellten zu arbeiten, die aufgrund einer bestimmten Situation wütend oder frustriert sind. Üblicherweise heben sie die Stimme, was viele als „Schreien" empfinden würden, oder wählen Worte, die man als „Unhöflichkeit" auffassen könnte. Aufgrund meines GFK-Trainings verstehe ich ihr Verhalten nicht als Kritik an mir oder an den Projekten, die ich repräsentiere. Vielmehr bin ich in der Lage, Vermutungen darüber anzustellen, welche Gefühle und Bedürfnisse ihrem Verhalten zugrunde liegen.

Das Praktizieren von Selbst-Empathie und Empathie für andere ermöglicht es uns, mit Menschen zusammenzuarbeiten, die intensive Gefühle erleben, ohne dabei selbst getriggert zu werden – eine wertvolle Fähigkeit für die Teamarbeit in Unternehmen wie auch für die Kundenbetreuung.

Wer GFK praktiziert, kann mit wesentlich mehr Menschen zusammenarbeiten, die eine große Bandbreite intensiver Gefühle erleben. Die Objektivität, die mit der Selbst-Empathie wie auch der Empathie für andere einhergeht, ist sowohl für die Teamarbeit in Unternehmen als auch für die Kundenbetreuung von unschätzbarem Wert.

3.7 Der Prozess der Empathie für andere

Bei der Empathie für andere Menschen geht es darum, zu erahnen, welche Gefühle und welche erfüllten oder unerfüllten Bedürfnisse ihren Urteilen oder ihren Reaktionen zugrunde liegen könnten. Ein und dasselbe Urteil kann als negativ („Du bist inkompetent") oder als positiv („Du bist der beste Verkäufer, den wir je hatten") wahrgenommen werden.

Wir bauen eine empathische Verbindung auf, indem wir Vermutungen hinsichtlich der Gefühle und Bedürfnisse eines anderen Menschen anstellen, denn genau wissen, was er fühlt und braucht, können wir nur, wenn er mit uns darüber spricht. Andernfalls können wir seine Gefühle und Bedürfnisse lediglich erahnen. Haben Sie je zu jemandem gesagt: „Ich weiß, wie du dich fühlst" und dann zur Anwort bekommen: „Du hast keine Ahnung, wie ich mich fühle" oder: „Ich verstehe", um dann zu hören zu bekommen: „Nein, du kannst unmöglich verstehen, wie das für mich ist"? Da das Hauptziel der Empathie darin besteht, uns mit anderen zu verbinden, sollten wir uns über die möglichen Folgen solcher Aussagen bewusst sein. Sie könnten einen Bruch herbeiführen in unserer Verbindung mit anderen und sich störend auf unsere Aufmerksamkeit auswirken für das, was im Moment in ihnen lebendig ist. Wenn wir „Ich" sagen, verlagern wir den Fokus von unserem Gegenüber auf uns selbst. Aus diesem Grund konzentriert sich das empathische Gespräch auf das „Du".

> Der Prozess der Empathie lehrt uns, Vermutungen hinsichtlich der möglichen Gefühle und der erfüllten oder unerfüllten Bedürfnisse anderer anzustellen. Wir stellen Vermutungen an, weil die Aussage, dass wir „wissen" oder „verstehen", die Verbindung schwächt.

Sich in Empathie für andere Menschen und gleichzeitig in Selbst-Empathie zu üben, um unsere Verbindung zu ihnen aufrechtzuerhalten, erfordert ein Gleichgewicht oder, wenn Sie so wollen, einen Tanz zwischen Zuhören und auf empathische Weise zum Ausdruck bringen, wie sich die Situation für uns darstellt. Auf dieses Gleichgewicht werden wir in den folgenden Kapiteln im Zusammenhang mit den Einsatzmöglichkeiten der Empathie noch näher eingehen. Lassen Sie uns jedoch zunächst zu den Grundlagen zurückkehren.

In seinem Kern ist der Prozess der Empathie für andere der Selbst-Empathie ähnlich. Statt Vermutungen hinsichtlich unserer eigenen Gefühle und Bedürfnisse anzustellen, versuchen wir nun, die Gefühle und Bedürfnisse anderer zu erahnen. Dabei können wir unsere Vermutungen laut äußern oder sie auch im Stillen anstellen. Im Fall meines Meetings mit dem Managerteam lief der Prozess der Empathie aus folgenden Gründen im Inneren und schweigend ab: Ich hatte es in dieser Situation mit Menschen zu tun, denen ich zum ersten Mal gegenüberstand und die in einer

Umgebung arbeiteten, in der ein direkter, ehrlicher Austausch unüblich war. Sobald ich bemerkte, dass irgendetwas bei mir Gefühle ausgelöst hatte, tat ich Folgendes:

1. **Ich stellte eine reine Beobachtung an:** „Er liest und unterzeichnet Papiere, statt mir zuzuhören und mich anzuschauen", statt zu interpretieren, zu urteilen oder zu bewerten: „Meine Präsentation gefällt ihm nicht" oder: „Er ist unhöflich".
2. **Ich stellte Vermutungen darüber an, wie er sich wohl fühlte.** Aufgrund der obigen Beobachtung nahm ich an, dass er mit Papierkram überlastet war oder Vorbehalte dagegen hatte, dass ein neuer Berater engagiert worden war, oder dass er verärgert über diese wöchentlichen Leitungsmeetings war.
3. **Ich stellte Vermutungen über die den Gefühlen zugrunde liegenden Bedürfnisse an:** Fortschritt, Klarheit, Hoffnung, Verständnis ...
4. **Ich richtete eine Bitte an andere** Anwesende, sobald ich den Kontakt zu meinen eigenen Bedürfnissen hergestellt und einzuschätzen versucht hatte, was jene fühlen und brauchen könnten. „Möchten Sie, dass ich fortfahre?"

Abbildung 8 verdeutlicht den Prozess der Empathie für andere.

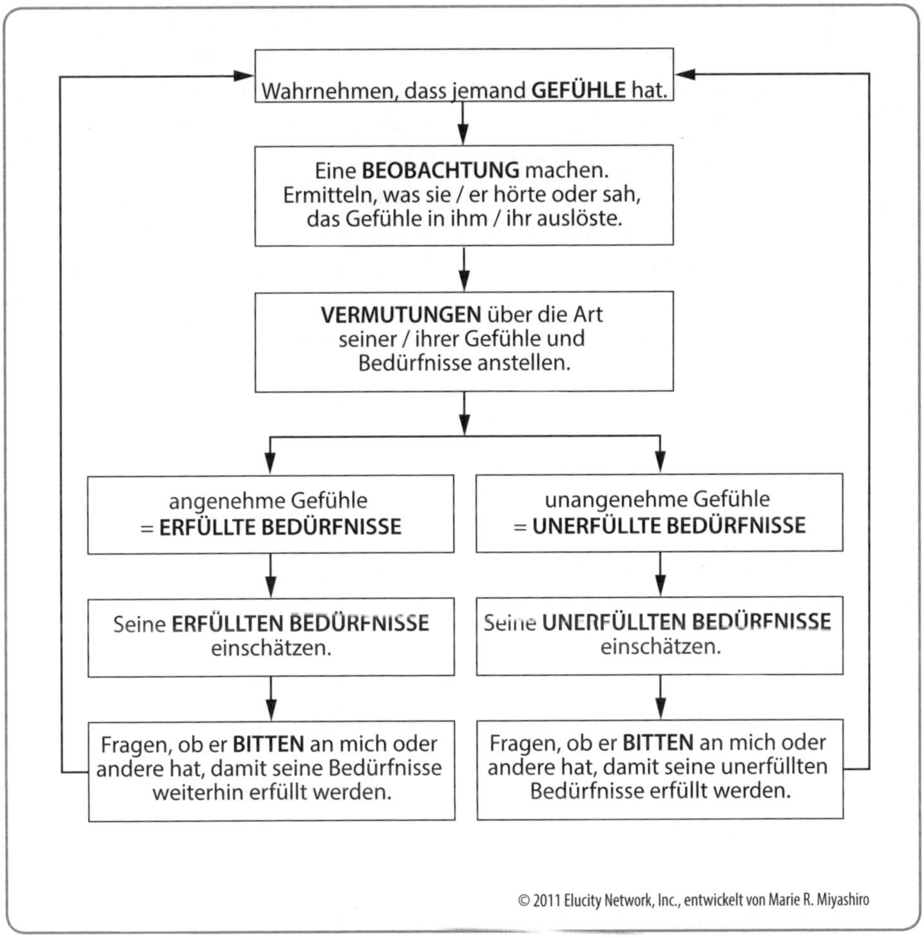

Abbildung 8: Der Prozess der Empathie für andere

Der vierte Schritt, konkrete, erfüllbare Bitten zu stellen, zeigt, welche Kraft in der GFK liegt, um Veränderungen am Arbeitsplatz herbeizuführen und zu unterstützen. Auf die Anwendung der GFK am Arbeitsplatz werden wir im nächsten Kapitel näher eingehen. Empathische Verbindungen am Arbeitsplatz können die Strategie, das Marketing, den Verkauf, die Produktentwicklung und den Erfolg effektiv vorantreiben.[48] Meiner Erfahrung nach lassen sich in Selbst-Empathie geübte Menschen seltener von dem, was andere sagen, aus dem Gleichgewicht bringen. Sie sind eher dazu in der Lage, wichtige geschäftliche Anforderungen klar zu erkennen und ihre Zeit und Ressourcen für die Entwicklung von Lösungsstrategien einzusetzen.

In Selbst-Empathie geübte Menschen lassen sich seltener von dem, was andere sagen oder tun, aus dem Gleichgewicht bringen. Sie können leichter wichtige geschäftliche Anforderungen erkennen und ihre Zeit und Ressourcen auf die Entwicklung von Lösungsstrategien verwenden.

IBM zum Beispiel befand sich Anfang der 1990er-Jahre in einer Krise. Da rief Lou Gerstner, der CEO des Unternehmens, die sogenannte „Operation Bear Hug" ins Leben, „ein kulturell angemessener Name für ein Empathieprogramm in einem der unemotionalsten Unternehmen unter den Fortune 500".[49] Er ließ IBMs 50 Topmanager Meetings mit Kunden durchführen, in denen es nicht ums Verkaufen ging, sondern darum, ihnen zuzuhören und ihre Bedürfnisse zu erkunden. Dieser organisierte Prozess des Zuhörens führte zur unmittelbaren Lösung vieler Kundenprobleme und eröffnete zudem neue Absatzmöglichkeiten.

Stille Empathie

Sich in stiller Empathie üben zu können ist am Arbeitsplatz sehr nützlich. Wenn wir den Erfahrungen eines anderen Menschen unsere ganze Aufmerksamkeit schenken, indem wir Vermutungen über seine Gefühle und Bedürfnisse anstellen und mit diesen oder auch mit unseren eigenen Gefühlen und Bedürfnissen in Kontakt gehen, entsteht eine tiefe empathische Verbindung, selbst dann, wenn wir kein Wort sagen. Mithilfe des Konstruktes von Gefühlen und Bedürfnissen können wir das Konzept der Empathie in einen konkret umsetzbaren Prozess umzumünzen. Meiner Erfahrung nach liegen genau darin die Schönheit und die Kraft der GFK.

Folgende Geschichte erzählte mir Kathleen Macferran, eine zertifizierte Trainerin des *Center for Nonviolent Communication*. Sie befand sich an einem Flughafen und hatte vor dem Einsteigen noch etwa eine halbe Stunde Zeit. Eine Bekannte von ihr war geknickt und fragte Macferran, ob sie bereit sei, ihr während der kurzen noch verbleibenden Zeit zuzuhören. Macferran wollte ihr diese Bitte erfüllen, vor dem Flug jedoch auch noch etwas essen. Also einigten sie sich darauf, dass Macferran ihrer Bekannten beim Essen zuhören würde.

Während Macferran aß und dabei zuhörte, sah sie die Frau einfach nur an. Sie sagte kein einziges Wort. Doch innerlich war sie aktiv damit beschäftigt, zuzuhören und dann die Gefühle und Bedürfnisse der Sprecherin sowie ihre eigenen Bedürfnisse und Gefühle zu ergründen. *Oh, sie fühlt dieses und vielleicht ist ihr Bedürfnis jenes ... Ich merke, dass ich ein bisschen unruhig bin, und würde gern darauf vertrauen, dass unser beider Bedürfnisse in der kurzen noch verbleibenden Zeit erfüllt werden.*

Nach etwa zehn Minuten hielt die Sprecherin inne und rief aus: „Noch nie hat jemand besser mit mir mitgefühlt!" Sie dankte Macferran und fühlte sich vollkommen verstanden und zufrieden. Ihr Unbehagen war durch die Anwesenheit eines Menschen verschwunden, der mit der Absicht, ihren Erlebnissen seine ganze Aufmerksamkeit zu schenken, schweigend Kontakt zu ihren Gefühlen und Bedürfnissen aufgenommen hatte.

3.8 Gelegenheiten zu Feedback und Wandel

Bei unangenehmen wie bei angenehmen Gefühlen bieten Selbst-Empathie und Empathie die Möglichkeit zu Feedback und Veränderung. Lob ist die Kehrseite der Kritik. Lob kann unsere erfüllten Bedürfnisse auf dieselbe Weise verdecken wie Kritik unsere unerfüllten Bedürfnisse.

Wenn wir jemanden loben, vermischen wir unsere erfüllten Bedürfnisse mit einer Bewertung des Betreffenden. Wertvoller als eine positive Bewertung ist eine Beobachtung des Gehörten oder Gesehenen, gepaart mit einer Aussage über unsere diesbezüglichen Gefühle und erfüllten Bedürfnissen. „Ihre Präsentation war hervorragend!", liefert weniger Informationen als: „Als ich die wortwörtlichen Kommentare unserer Kunden sah (Beobachtung), war ich erleichtert (Gefühle), weil sie unsere Hoffnung bezüglich ihrer Reaktion auf das neue Produkt bestätigten (Bedürfnis)." Positive Bewertungen zu übersetzen bietet uns gleichermaßen eine große Chance, mit unseren Bedürfnissen in Kontakt zu kommen und zu erkennen und zu verstehen, welche von ihnen erfüllt wurden. Jetzt, wo der Präsentierende weiß, welchen Wert die wortwörtlichen Kommentare für mindestens einen der Anwesenden hatten, kann er mit gutem Gefühl noch weitere Kommentare in seine nächste Präsentation aufnehmen.

Schaubild 9 zeigt den Wert des empathischen Prozesses in Bezug auf das, was wir Lob und Tadel zu nennen pflegen.

Positive Bewertung der Präsentation	Wert	Empathische Verbindung mit Bezug auf die Präsentation	Wert
„Ihre Präsentation war hervorragend!“	gering bis durchschnittlich	**BEOBACHTUNG:** „Wenn ich die wortwörtlichen Kommentare sehe ... **GEFÜHLE:** ... bin ich erleichtert ... **BEDÜRFNISSE:** ... weil sie meine Marktforschung bestätigen.“	hoch

Negative Bewertung der Präsentation	Wert	Empathische Verbindung mit Bezug auf die Präsentation	Wert
„Sie wissen nicht, worüber Sie sprechen!“	gering	**BEOBACHTUNG:** „Wenn ich sehe, dass Sie von 3.500 Kunden 200 interviewt haben ... **GEFÜHLE:** ... fühle ich mich unwohl ... **BEDÜRFNISSE:** weil ich mir eine stärkere Rückversicherung wünsche, dass wir mit genügend Menschen gesprochen haben.“	hoch

Abbildung 9: Vergleich des Werts von Lob, Tadel und Empathie als Feedback am Arbeitsplatz

Wenn wir anderen klar zu verstehen geben, was wir beobachten, wie wir uns fühlen und welche unserer Bedürfnisse erfüllt werden, können diese von unserem objektiven Feedback lernen. Anhand eines in Form von Gefühlen und Bedürfnissen geäußerten Lobs können sie lernen, womit sie fortfahren sollen, um die Bedürfnisse anderer zu erfüllen. Im Gegenzug lernen wir durch die Äußerung dieser Art des Lobs, dass bestimmte Bedürfnisse für uns wichtig sind – Bedürfnisse, die sonst unbemerkt bleiben könnten, bis sie durch ein angenehmes Gefühl auf sich aufmerksam machen. Wenn wir uns auf diese Bedürfnisse konzentrieren, können wir in dem Wissen, wie wichtig sie uns sind, mehr Strategien entwickeln, um ihre Erfüllung sicherzustellen.

Aus noch einem anderen Grund ist es nützlich, die GFK am Arbeitsplatz anzuwenden. Meine Beratungstätigkeit in Unternehmen verschiedenster Art und Größe hat mich gelehrt, dass die Interessengruppen – von den Kunden über die Angestellten bis hin zum Vorstand – sich im Allgemeinen ihrer Gefühle nicht bewusst sind, dass diese Gefühle missverstanden werden und dass sie in vielen Fällen die Richtung im Unternehmen vorgeben. Die GFK kann sie an die Oberfläche befördern, sie ans Licht des Verstehens holen, wie die folgende Geschichte verdeutlicht.

Wenn wir anderen klar zu verstehen geben, was wir beobachten, wie wir uns fühlen und welche unserer Bedürfnisse erfüllt oder nicht erfüllt werden, können diese von der Klarheit unseres objektiven Feedbacks lernen.

Ein Teamleiter eines Fortune-500-Rüstungsunternehmens erhielt von mehreren seiner direkten Untergebenen das Feedback, er sei ein „Mikromanager". Sie sagten etwa: „Sie rufen mich dreimal pro Woche wegen eines Zwischenberichts zu einem Projekt an, obwohl Sie und ich bereits vereinbart haben, dass ich Ihnen monatlich ein Update zukommen lasse." Oder: „Auf E-Mails, die an mich gerichtet sind und die Sie nur als Kopie erhalten, antworten Sie bereits, bevor ich selbst die Chance habe, zu antworten und ein Problem in den Griff zu bekommen, für das ich verantwortlich bin."

Während eines Executive-Coachings wurden dem Teamleiter Zusammenhänge klar zwischen dem eben beschriebenen Verhalten gegenüber seinem Team und einer Kindheitserfahrung. Seine Mutter war erkrankt, als er noch klein war, was ihn dazu zwang, schon sehr früh viele Aufgaben eines Erwachsenen zu übernehmen. Seine Bedürfnisse nach Sicherheit und Kontinuität erfüllte er sich dadurch, dass er alle Einzelheiten seines Lebens kontrollierte. Dies funktionierte damals gut für ihn, ja selbst noch in den Anfangsstadien seiner Karriere. Doch nun erkannte er, dass dieses Muster und vor allem die Bedürfnisse, die er durch die Kontrolle von Details zu erfüllen suchte, ihn bei seinen Aufgaben als Führungskraft behinderten. Nachdem er diese Bedürfnisse identifiziert hatte, konnte er Strategien entwickeln, sie zu erfüllen, und gleichzeitig die Bedürfnisse seiner Teammitglieder nach Autonomie und Vertrauen zu befriedigen.

Er merkte an, dass er zum ersten Mal im Leben wisse, was zu tun sei, statt zu wissen, was nicht zu tun sei. Wie Rosenberg sagt: „Man kann ein Nicht nicht tun." Es ist nur teilweise hilfreich zu wissen, was man nicht länger tun will. Hilfreicher ist es zu wissen, was man von jetzt an stattdessen tun möchte.

Sich seiner Bedürfnisse bewusst zu sein, ist für den gesamten GFK-Prozess von entscheidender Bedeutung. Das Bedürfnisbewusstsein dient als strukturelle Grundlage für die schrittweise Entwicklung von Empathie. Bedürfnisse zu benennen befähigt uns, mit ihnen Kontakt aufzunehmen. Dieser Kontakt verbessert unsere Fähigkeit, weitere Strategien zur Erfüllung unserer Bedürfnisse zu entwickeln. Etwas zu benennen kann sehr wirkungsvoll sein. Als China die Kontrolle über Hongkong von

Bedürfnisse zu benennen befähigt uns, mit ihnen Kontakt aufzunehmen und dann Bitten zu formulieren, damit diese Bedürfnisse erfüllt werden.

den Briten übernahm, gehörte es zu den ersten Maßnahmen der Regierung, bedeutenden Straßen statt englischer wieder chinesische Namen zu geben. Damit wurden die Bedürfnisse erfüllt, der Kontrolle sowie der neuen Ordnung Ausdruck zu verleihen. Bewegungen für soziale Gerechtigkeit wissen, welche Macht von Namen ausgeht und insbesondere davon, den Dingen selbst einen Namen zu geben.

3.9 Die Macht der Sprache

Zurück zu unserer Lunch-Date-Übung: Sobald die Teilnehmer verstehen, wir wirkungsvoll und einfach es ist, Urteile von Gefühlen und Bedürfnissen zu trennen, fragt fast immer jemand, wieso wir dazu neigen, bei dem, was wir sagen, mehr Wertungen als vielleicht beabsichtig vorzunehmen. Die Antwort hat möglicherweise mit der Konstruktion unserer Sprache zu tun, wie das einleitende Zitat zu diesem Kapitel von Lera Boroditsky, Psychologieprofessorin an der Stanford University, zeigt: „... dass die Sprachen, die wir sprechen, nicht nur unsere Gedanken widerspiegeln oder zum Ausdruck bringen, sondern auch eben die Gedanken formen, die wir zum Ausdruck bringen möchten.“[50] Forschungsergebnisse weisen z. B. darauf hin, dass sich die englischen Satzstrukturen im Unterschied zum Spanischen und Japanischen auf den Handelnden fokussieren. „Derlei Unterschiede zwischen Sprachen“, so Boroditsky, „haben tief greifende Folgen dafür, wie ihre Sprecher Ereignisse verstehen, wie sie ihre Vorstellungen von Ursache und Verursacher formulieren, was sie als Augenzeugen behalten und in welchem Maß sie andere beschuldigen und bestrafen.“[51] Möglicherweise neigen Englischsprechende also stärker dazu, andere zu bewerten, zu beschuldigen und zu bestrafen, weil die englische Sprache sie für diese Art des Denkens anfällig macht. Die GFK bietet die Möglichkeit, dies zu verändern, sodass mehr Harmonie am Arbeitsplatz entsteht, was sich förderlich auf die Produktivität auswirkt.

Die englische Sprache macht Menschen, die sie sprechen, anfällig für Werturteile und Schuldzuweisungen. Die GKF kann uns helfen, diese Neigung zu verändern.

In diesem Zusammenhang möchte ich Ihnen gern eine Geschichte über das Golfen und die japanische Sprache erzählen, jedoch Folgendes noch vorausschicken. Da ich in einem bilingualen Elternhaus auf Hawaii aufwuchs – bei uns zu Hause wurde Englisch und Japanisch gesprochen –, spreche ich ein wenig Japanisch. Wenn ich Ihnen sage, dass ich gut Golf spiele (Wertung), haben Sie wahrscheinlich kein klares Bild vor Augen, wie ich tatsächlich spiele, sondern eine Menge Fragen. Würde ich sagen, ich sei eine versierte Golferin, wäre dies nach wie vor eine Wertung, die jedoch auf eine gewisse Erfahrung in dieser Sportart hinweist. Erzähle ich Ihnen aber, dass ich mich für drei Amateurmeisterschaften der United States Golf Association qualifiziert habe und 1977 zu den ersten Frauen auf Hawaii gehörte, die an den U.S. Women's Mid-Amateur Championships teilnehmen durften, handelt es sich um sachliche Feststellungen, die Ihnen Informationen ohne eine Interpretation liefern.

Vor dem Hintergrund dieser Informationen werde ich Ihnen nun die Geschichte erzählen. Dabei sind in Klammern die vier Schritte des GFK-Prozesses angegeben.

Wenn ich vom Tee abschlage, könnte jemand auf Englisch bemerken: „Great shot!" („Großartiger Schlag!") Er hat einem objektiven Ereignis – einem durch die Luft fliegenden Golfball (Beobachtung) – sein subjektives Erleben (Gefühle) übergestülpt, indem er es „großartig" nennt. Was geschieht, wenn ich weiß, dass dies mein schlechtester Abschlag in der gesamten Runde oder gar in zehn Runden war? Wenn der Betreffende jetzt sagt: „Lass noch mal so einen Abschlag sehen!" (Bitte), gibt es zwischen uns beiden einen Widerstreit. Er hat den Schlag als „großartig" bezeichnet, weil er sich inspiriert fühlt und mich vielleicht unterstützen möchte (Bedürfnisse), während ich ihn überhaupt nicht großartig finde und beim nächsten Loch den Ball anders schlagen möchte.

Wäre mein Golfball auf dieselbe Weise in Japan durch die Luft gesegelt, würde sich die Situation dank der japanischen Sprache anders darstellen. Die Japaner sagen „subarashii" statt „großartiger Schlag". Frei übersetzt heißt „subarashii" grandios, wunderbar, fabelhaft. Doch diesem Wort wohnt wie vielen japanischen Wörtern auch eine Gefühlskomponente inne, sodass es genauer übersetzt werden könnte als: „Ich fühle mich wunderbar (wenn ich sehe, wie der Ball durch die Luft segelt)." Als kontextuelle Sprache verwandelt das Japanische ein objektives Ereignis nicht so oft in ein persönliches Urteil wie das Englische. Es entsteht kein Konflikt zwischen demjenigen, der die Schönheit des Ballflugs als innere Erfahrung genießt, und mir als der Schlägerin des Balls. Wenn Menschen, deren erste Sprache Englisch ist, diese Geschichte über die Struktur ihrer Sprache hören, sind sie oft erleichtert, weil ihr Bedürfnis, auf andere Rücksicht zu nehmen, besser erfüllt wird. Manchmal höre ich: „Oh, das erklärt einiges. Mir war nicht klar, wie wertend die englische Sprache ist. Ich stehe damit also nicht alleine da." Schon lange vor meiner Beschäftigung mit den Forschungen von Boroditsky war mir klar, dass das Japanische weniger wertend ist als das Englische, und viele meiner Spanisch sprechenden Klienten erzählten mir das Gleiche über das Spanische.

3.10 Eine natürliche Fähigkeit in einem unnatürlichen System

Als soziale Wesen werden wir alle mit der Fähigkeit geboren, mit anderen mitzufühlen. Deswegen sage ich gern, dass es bei dieser Arbeit nicht darum geht, die Empathie zu erlernen, sondern sich an sie zu erinnern. Rosenberg bezeichnet die Empathie als natürliche Reaktion und sagt, dass viele Menschen, die noch nie von GFK gehört haben, den GFK-Prozess auf ganz natürliche Weise vollziehen.

Rosenberg hat also tatsächlich auf wohldurchdachte Weise einen natürlichen Prozess beschrieben, statt einen neuen zu erfinden. In seinem Buch *Wired to Care*[52] sagt der Autor und Wirtschaftsstratege Dev Patnaik, dass uns Fürsorglichkeit angeboren ist, und erklärt in seinem Artikel „Innovation Starts with Empathy" (Innovation beginnt mit Empathie): „Wie hoch entwickelt unsere neurologischen Systeme zum Aufspüren der Gefühle anderer auch sein mögen, wir haben eine Unternehmenswelt geschaffen, die danach strebt, die besonders menschlichen Elemente des Geschäftslebens zu eliminieren. Unternehmen schwächen systematisch unsere natürliche Fähigkeit, mit anderen Menschen in Kontakt zu treten. Und indem sie unsere Neigung schwächen, für andere zu sorgen, treffen Unternehmen Entscheidungen, die auf dem Papier zwar gut aussehen, aber Schaden anrichten, wenn sie in der realen Welt in die Praxis umgesetzt werden."[53]

In *Das Prinzip Empathie* sagt Frans de Waal, Professor für Psychologie und Leiter des *Living Links Center* an der Emory University: „Empathie ist eine automatische Reaktion, auf die wir nur begrenzten Einfluss haben".[54] Mit anderen Worten, es entspricht unserem Wesen, uns um andere zu kümmern und füreinander zu sorgen. Wie also kommt es, dass Empathie in der Geschäftswelt als Fremdkörper und als „weiches" Merkmal von Führungskräften gilt?

Rosenberg erinnert uns, dass wir so wie Fische, die sich unbewusst an ihre Wasserwelt anpassen, seit mehreren Tausend Jahren in einem System herrschaftlicher Hierarchien agieren. Die Wirkungen dieses „Habitats" zu erkennen ist schwierig, es sei denn, wir halten bewusst inne, um über sie nachzudenken. Es ist ein System, in dem nur eine relativ kleine Gruppe von Menschen die Macht und die weitgehende Kontrolle über die Ressourcen innehat, ein System, das die Autonomie und die Wahlmöglichkeiten vieler Menschen einschränkt, um die Bedürfnisse nach Ordnung und Stabilität zu erfüllen. Zugegeben, ohne ein System der sozialen Ordnung gäbe es Chaos und mit ihm einhergehend Leid und Aufruhr, so wie wir es erleben, wenn Länder in einen Zustand der Anarchie verfallen.

Das System ermutigt jedoch unbewusst die Abspaltung von unseren Gefühlen und Bedürfnissen, um Ordnung und Stabilität aufrechtzuerhalten und Vorschriften durchzusetzen, die wir fraglos hinnehmen. Jeder, der seinen Highschool- oder Collegeabschluss geschafft oder nicht im Gefängnis gelandet ist, hat in gewisser Weise die von unserem System aufgestellten Regeln befolgt. Aber was ist mit jenen, die aufs College gehen, weil „man das nun einmal tut", obwohl sie viel lieber etwas anderes machen würden? Und mit denen, die es schaffen, nicht im Gefängnis zu landen, aber zu Alkoholikern oder Drogenabhängigen werden, um ihren Zorn oder ihre Verzweiflung über den Verlust ihrer Autonomie oder ihres Lebenssinns zu besänftigen? Da unser System eher regel- als bedürfnisorientiert ist, verlieren viele Menschen schließlich bewusst oder unbewusst den Kontakt zu ihren Bedürfnissen. Doch unter der Oberfläche brodelt es.

Ja, es kann zu einer Revolution kommen, wenn die Menschen sich ihrer Gefühle und Bedürfnisse bewusst werden. Eines unserer grundlegendsten Bedürfnisse ist das nach Autonomie, danach, unsere Lebensweise selbst zu bestimmen – und der Kontakt zu unseren Bedürfnissen lässt Bitten um und Strategien zur Veränderung entstehen. Veränderungen jedoch können nützlich sein und sind manchmal sogar notwendig.

Organisationen und Teams ringen darum, die Bedürfnisse der Menschen mit den Bedürfnissen des gesamten Systems in Einklang zu bringen. Wo aber sollen wir anfangen? Wir können damit beginnen, eine Sprache der Empathie zu erlernen, die grundlegende menschliche Bedürfnisse und grundlegende organisations- oder teambezogene Bedürfnisse miteinander verbindet. Wir können das Problem mit dem Wissen angehen, dass alle Bedürfnisse zählen, und mit dem Ziel, sie in jeder Hinsicht zu erfüllen. Vor diesem Hintergrund lassen sich Fortschritte erzielen, die die Bedürfnisse nach Respekt, Harmonie und Effektivität befriedigen.

3.11 Empathie in Aktion

Schauen wir uns Untersuchungen zum Thema Empathie am Arbeitsplatz aus einer GFK-Perspektive zu Gefühlen und Bedürfnissen an, dann können wir die Untersuchungsergebnisse in konkretes Handeln übersetzen. Nehmen wir z. B. die Ergebnisse einer Umfrage des *Center for Creative Leadership.*[55] Bei jenen Führungskräften, die entsprechend den Kriterien des Center ihre Unternehmen am besten durch Zeiten der Veränderungen führten, zeigten besonders zwei Charakteristika. Ich habe zunächst die Forschungsergebnisse aufgeführt und sie dann in die Komponenten der GFK übersetzt.

1. *„Sie waren sehr bewandert in ehrlicher, proaktiver Kommunikation."* Wie kommunizieren wir „ehrlich" und „proaktiv"? Indem wir Kontakt zu unseren Gefühlen und Bedürfnissen aufnehmen und sie anderen mittels der vier Komponenten der GFK – Beobachtungen, Gefühle, Bedürfnisse und Bitten – mitteilen. Auf diese Weise zeigen wir eine Authentizität, die als „aufrichtig" wahrgenommen wird. Indem wir uns in jedem Moment dessen, was in uns vorgeht oder, wie wir in der GFK sagen, was in uns „lebendig" ist, gewärtig sind, werden wir eher proaktiv sein und erkennen, wenn etwas unsere Aufmerksamkeit oder unser Handeln erfordert.
2. *„Wenn sie kommunizierten, hörten sie gut zu, zeigten Einfühlungsvermögen und waren bereit, die Gründe für und die Notwendigkeit zur Veränderung klar auszusprechen, auch wenn diese Veränderungen möglicherweise schmerzliche Folgen hatten."* Wie „hören wir gut zu"? Das Erleben, dass man uns zuhört, wird intensiver, wenn die Zuhörerin Vermutungen über die Gefühle und Bedürfnisse des Sprechers anstellt, um ganz für ihn da zu sein. Dies kann entweder laut oder still erfolgen und ist eine geeignete Möglichkeit, sich „in die Lage des anderen zu versetzen". „Die Gründe für und die Notwendigkeit zur Veränderung" klar auszusprechen heißt, deutlich zu machen, welche Bedürfnisse durch die vorgenommenen Veränderungen erfüllt werden. Auf diese Weise wird das Bewusstsein für die Bedürfnisse aufrechterhalten, selbst wenn die Betroffenen mit den Strategien nicht einverstanden sind.

Im nächsten Kapitel werde ich aufzeigen, dass auch Teams und Organisationen grundlegende Bedürfnisse haben, die sich zwar von den Bedürfnissen der Individuen unterscheiden, jedoch mit ihnen verbunden sind. Die GFK ermöglicht es uns, mithilfe der Empathie die individuellen Bedürfnisse anzusprechen. Sie kann aber auch in den Prozess einbezogen werden, um die Bedürfnisse von Organisationen zu ermitteln.

3.12 Empathische Verbindungen am Arbeitsplatz schaffen

Anfänglich begegnet man Skepsis, wenn es um die Anwendung der GFK am Arbeitsplatz geht, weil Empathie mit Nachgiebigkeit oder Laxheit verwechselt wird. Hier ist es wichtig zu erkennen: Tiefe empathische Verbindungen und wahres Mitgefühl haben nichts mit Nett-Sein zu tun. Vielmehr geht es darum, Veränderungen herbeizuführen und Ergebnisse zu erzielen – durch das Formulieren von Bitten aus einer gemeinsamen Verbindung heraus.

Ike Lasater versteht die anfängliche Skepsis vieler Menschen gegenüber der Anwendung der GFK am Arbeitsplatz, hat aber sehr häufig miterlebt, wie diese sich durch die Effektivität des Prozesses legte. Lasater, von Beruf Rechtsanwalt, der in Seminaren von Marshall Rosenberg die Kraft der GFK erfuhr, begann, in Polen, Australien und in den Vereinigten Staaten GFK-Mediationsseminare anzubieten. In seinem Buch *Worte, die im Business wirken* sagt er Folgendes: „Am Arbeitsplatz bilden wir uns häufig ein, Trennungen und Formalitäten einhalten zu müssen, und begrenzen uns in unserem Verhalten. In Workshops habe ich immer wieder erlebt, dass Leute, die regelmäßig und gründlich Selbst-Empathie und stille Empathie üben, zu der Erkenntnis kommen, dass sie absolut nicht begrenzt sind in dem, was sie sagen und wie sie es sagen. Ich glaube, sie fangen an zu begreifen – sogar jene Teilnehmer, die absolut keine Möglichkeit gesehen haben, Gewaltfreie Kommunikation am Arbeitsplatz anzuwenden –, dass Menschen am Arbeitsplatz und anderswo eben auch nur Menschen sind."[56]

Tiefe empathische Verbindungen und wahres Mitgefühl haben nichts mit Nett-Sein zu tun. Vielmehr geht es darum, Veränderungen herbeizuführen und Ergebnisse zu erzielen – durch das Formulieren von Bitten aus einer gemeinsamen Verbindung heraus.

Wenn wir andere Menschen und unseren Arbeitsplatz durch die Brille des Bedürfnisbewusstseins betrachten, können wir auf der Basis unserer eigenen Menschlichkeit und in Übereinstimmung mit der Menschlichkeit anderer agieren. Im zweiten Teil dieses Buches („Empathie in Aktion") befassen wir uns eingehend mit den praktischen Anwendungen der unten aufgeführten Grundgedanken. Wenn wir empathische Verbindungen am Arbeitsplatz schaffen, sollten wir Folgendes beachten:

1. ***Der Mensch handelt immer im Dienst seiner eigenen Bedürfnisse.*** Wenn andere ihre unerfüllten Bedürfnisse zum Ausdruck bringen, mag uns dies zwar Schmerz und Unbehagen bereiten, doch sie tun dies in erster Linie um ihrer Bedürfnisse willen und nicht, um uns zu kritisieren oder zu schaden. Vielleicht sind wir mit ihren Strategien nicht einverstanden, vielleicht widerstreben sie uns sogar, doch dies ändert nichts an der Tatsache, dass der Mensch im Dienst seiner eigenen Bedürfnisse handelt.
   Unsere Art, das Gehörte aufzunehmen, hat wiederum mehr mit unseren eigenen Bedürfnissen zu tun. Die Worte anderer wirken als Auslöser unserer Bedürfnisse und erzeugen in uns angenehme oder unangenehme Gefühle. Sie sind jedoch nicht die Ursache unserer Gefühle. Wenn wir erraten können, welche Gefühle und Bedürfnisse sich hinter dem Verhalten und den Handlungen anderer verbergen, entsteht zwischen ihnen und uns eine empathische Verbindung. Stellen wir Vermutungen über unsere eigenen Gefühlen und Bedürfnissen an, nehmen wir Kontakt zu uns selbst auf oder üben uns in Selbst-Empathie. Der Prozess der Selbst-Empathie ermöglicht es uns, etwas, das wir sehen oder hören, aufzuneh-

men, für das wir ansonsten vielleicht nicht offen wären. Dies ist eine entscheidende Fähigkeit für Führungskräfte und Teammitglieder. Aus diesem Grund befasse ich mich damit im ersten Kapitel von Teil 2 (Kapitel 5: „Die Steigerung der Selbstproduktivität") noch eingehender.

2. ***Konflikte tauchen auf der Ebene der Bitten oder Strategien auf, nicht auf der Bedürfnisebene.*** Wenn z. B. ein fünfköpfiges Team einen geeigneten Ort für ein Retreat sucht, wird es wahrscheinlich sofort zu Konflikten kommen, wenn jedes Team-Mitglied bestimmte Orte nennt. Eines der Mitglieder schlägt vielleicht A vor und ein anderes sagt: „Ich mag A nicht, weil es keine Direktflüge dorthin gibt", und so weiter. Geht das Team jedoch mit einem Bedürfnisbewusstsein an die Frage heran – wobei Bedürfnisse zu den spezifischen Zielen und zum Programm des Retreats im Mittelpunkt stehen –, werden die Mitglieder wahrscheinlich eher übereinstimmen. Ein Team-Mitglied würde möglicherweise aufgrund des Bedürfnisses, einen Direktflug nehmen zu können, ein bestimmtes Ziel vorschlagen. Einem anderen ist vielleicht das Kosten-Nutzen-Verhältnis wichtig. Und vielleicht schlägt jemand wegen der Outdoor-Aktivitäten, die Teil des Retreats sind, einen in der Natur gelegenen Ort vor. Eine Bedürfnischeckliste wird eine Reihe spezifischer Orte nahelegen. Die Orte jedoch sind in diesem Fall Strategien, um die auf der Checkliste enthaltenen Bedürfnisse zu erfüllen. Wir sind es jedoch gewohnt, uns in erster Linie auf Strategien zu konzentrieren und nicht aus einem Bewusstsein für unsere Bedürfnisse heraus zu handeln. Deshalb gibt es in der Welt und auch an unseren Arbeitsplätzen meist mehr Konflikte als nötig.

Unser Fokus auf Strategien, ohne die vorherige Berücksichtigung von Bedürfnissen, führt zu vielen unnötigen Konflikten in der Welt und an unseren Arbeitsplätzen.

3. ***Wir können nie vollständig verstehen, was ein anderer gerade erlebt oder erlebt hat. Wie können es uns nur vorstellen oder Vermutungen darüber anstellen.*** Wie an früherer Stelle bereits erwähnt, führt es zu einer stärkeren empathischen Verbindung, wenn wir zu erahnen oder uns vorzustellen versuchen, was andere fühlen und welche Bedürfnisse damit verbunden sein könnten, als wenn wir glauben, wir wüssten oder verstünden, was sie durchmachen. Aus diesem Grund kann die Aussage „Ich verstehe" oder „Ich weiß, was du fühlst" diese Verbindung tatsächlich schwächen, es sei denn, der andere teilt uns seine Gefühle und Bedürfnisse offen mit. Laut oder im Stillen Vermutungen darüber anzustellen, wie der andere sich fühlt und welche Bedürfnisse mit seinen Gefühlen verbunden sind, ohne davon auszugehen, dass man dies wüsste, wird wahrscheinlich als empathischer empfunden.

4. ***Jedes Gefühl ist in jedem Moment neu, selbst wenn wir ihm denselben Namen geben.*** Meine momentane Traurigkeit oder Aufregung über eine Sache kann sich schon wenige Sekunden später ganz anders anfühlen. Unsere Gefühle wie auch die Gefühle anderer ändern sich ständig, ebenso die Verbindung zu den

mit ihnen verbundenen Bedürfnissen. Deswegen ist es wichtig, dass wir Situationen unvoreingenommen betrachten, ohne ein Gefühl mit dem nächsten oder ein Verhalten mit dem anderen zu vergleichen. Das Verhalten einer Person mit dem einer anderen oder mit dem Verhalten zu einer anderen Zeit zu vergleichen kann schwer zu ertragen sein. „Ich hätte mich dir gegenüber nie so verhalten, wie du es mir gegenüber getan hast", beinhaltet eine eher trennende als empathische Energie. Eine empathische Herangehensweise könnte so aussehen: „Bist du verletzt und wünschst dir, dass gewürdigt wird, wie du behandelt werden möchtest?"

5. ***Wir können unsere Energie nicht in empathische Verbindungen stecken, solange nicht eine ausreichende Anzahl unserer Bedürfnisse erfüllt ist.*** Aus diesem Grund sind Executive-Coachings von Kundendienstmitarbeitern, Managern und Führungskräften wie auch Retreats und andere Programme für Angestellte und Manager wichtig und kosteneffektiv. Wenn es eine kritische Anzahl von Menschen in einer Organisation oder einem Team mit einer erheblichen Anzahl unerfüllter Bedürfnisse gibt, dann wird, wie ein Großteil der zuvor zitierten Literatur gezeigt hat, die Arbeitsproduktivität nicht optimal sein.
6. ***Schaffen Sie empathische Verbindungen, bevor Sie erziehen, erklären oder rechtfertigen.*** Verbinden–Denken–Handeln. Haben Sie es je erlebt, dass Ihnen jemand bei einem Meeting nur zugehört hat, damit er das anbringen konnte, was er gern sagen wollte? In der GFK sprechen wir von „Erziehung", wenn wir jemandem etwas sagen, was für ihn von Wert sein könnte, ohne zu wissen oder ihn zu fragen, ob er an diesen Informationen interessiert ist. Und wir nennen es „Erklärung", wenn wir uns beim Zuhören auf den Inhalt oder die Situation konzentrieren, aber nicht auf den Kontext – die dem Gesagten zugrunde liegenden Gefühle und Bedürfnisse. Und wenn wir etwas auf der Inhaltsebene verteidigen, sprechen wir von „Rechtfertigung". Jede Form der Erziehung, Erklärung, Verteidigung oder Rechtfertigung schafft meiner Erfahrung nach mehr Trennendes als Verbindendes. Deswegen frage ich meine Kursteilnehmer gern, ob es für sie von Wert ist, wenn ich ihnen etwas erkläre, bevor ich sie an meinem Wissen teilhaben lasse. Sind sie nicht bereit mir zuzuhören, haben sie wahrscheinlich das Bedürfnis nach Verständnis, Ausdruck, mehr Informationen oder dergleichen. Dies ist für mich ein Hinweis, mich mit ihren Gefühlen und Bedürfnissen zu verbinden. Sind sie bereit mir zuzuhören, hören sie vielleicht auf zu sprechen und halten auf eine Weise inne, die mir anzeigt, dass sie nun offen für das sind, was ich zu sagen habe. Ich habe oft von Leuten gehört: „Jetzt bin ich bereit, Ihnen zuzuhören."
7. ***Bei einer empathischen Verbindung übernimmt der Sprecher die Verantwortung für die Kommunikation, statt dem Zuhörer die Verantwortung des Verstehens aufzubürden.*** Deswegen erzeugt die Frage: „Habe ich mich verständlich ausgedrückt?" eine stärkere Verbindung als die Frage: „Verstehen Sie?" Von vielen meiner Klienten habe ich gehört, dass die Fragen „Verstehen Sie?" oder „Ist Ihnen

dies klar?" Erinnerungen an Situationen in ihrer Kindheit wachrufen, in denen sie keine andere Chance hatten, als „Ja" zu sagen – z. B. gegenüber ihren Lehrern oder Eltern.

Als ich in einer Abteilung der GTE Corporation ein Kommunikationstraining für Kundendienstmitarbeiter entwickelte, berücksichtigte dieses viele der Schlüsselprinzipien der GFK, einschließlich des Prinzips der empathischen Verbindung. Eine Verbindung mit dem Kunden zu schaffen begann damit, dass der Kundendienstmitarbeiter die Verantwortung für die Kommunikation übernahm und sie nicht dem Kunden aufbürdete. War dem Kunden also irgendetwas unklar, dann lag das nicht daran, dass er es nicht verstanden hatte, sondern vielmehr daran, dass der Mitarbeiter sich nicht klar genug ausgedrückt hatte. Das Training unterstrich, wie wichtig es ist, sich in seiner Beurteilung oder Bewertung von Kunden zurückzuhalten. Jedes Etikett wie „Nörgler" oder „schwieriger", „wütender" oder „verärgerter" Kunde dient lediglich dazu, eine Trennung zwischen uns und eben den Menschen herbeizuführen, zu denen wir eine Verbindung aufbauen möchten und von denen unser Geschäftserfolg abhängt – den Kunden.

8. ***Empathie ist nicht gleichbedeutend mit Sympathie.*** Während wir Empathie geben, konzentrieren wir uns voll und ganz auf andere, indem wir ihre Gefühle und Bedürfnisse – ob erfüllt oder unerfüllt – einschätzen, statt über unsere Erfahrungen in ähnlichen Situationen zu sprechen. „Sind Sie besorgt, weil Sie im Zusammenhang mit diesem neuen Projekt das Bedürfnis haben, dass sich ein Fortschritt abzeichnet?" ist verbindender als zu sagen: „Oh, das ist eine Kleinigkeit. Sie hätten sehen sollen, wie oft wir bei *unserem* Projekt zurück ans Zeichenbrett mussten." Sicher haben Sie es schon einmal erlebt, dass Sie jemandem etwas erzählt haben, was Ihnen passiert ist, und der Betreffende fing an, über sich selbst zu sprechen. Sie haben wahrscheinlich gespürt, wie die Aufmerksamkeit von Ihnen und Ihren Erfahrungen abgezogen wurde, etwas, was die Verbindung schwächen oder kappen kann.
9. ***Kontakt mit Gefühlen und Bedürfnissen aufzunehmen ist sehr wirkungsvoll.*** **Doch die wahre Kraft der Empathie erwächst aus Strategien zur Veränderung und aus Bitten um Veränderung (wenn Bedürfnisse nicht erfüllt werden) oder um eine Fortsetzung des Verhaltens (wenn Bedürfnisse erfüllt werden).** Im Kern geht es bei Empathie darum, funktionierende Strategien zu finden und möglichst viele Bedürfnisse zu erfüllen und nicht, sich einfach besser oder gehört zu fühlen. Deswegen ist der Kontakt mit Gefühlen und Bedürfnissen ein praktischer Weg zur Produktivität. Die empathische Verbindung führt zu konkreten, greifbaren Aktionen, die zur Erfüllung der Bedürfnisse von Individuen wie auch Organisationen beitragen.

Im Kern geht es bei Empathie darum, funktionierende Strategien zu finden und möglichst viele Bedürfnisse zu erfüllen und nicht, sich einfach besser oder gehört zu fühlen.

10. ***Am Arbeitsplatz findet die empathische Verbindung mit uns selbst (Selbst-Empathie) und anderen (Empathie) im Kontext grundlegender Organisations- und Teambedürfnisse statt.*** Diese als gemeinsame Realität wahrgenommenen Bedürfnisse der Gruppe strukturieren die Qualität unserer Verbindungen in unserem Arbeitsumfeld. Wir bauen unsere Organisationen auf und sie wiederum wirken auf uns ein mit ihrer Identität, ihren Zielsetzungen und ihren Werten.

Nachdem wir nun die vier Schritte der Gewaltfreien Kommunikation und die Prinzipien des empathischen Prozesses kennengelernt haben, werden wir uns in Kapitel 4 mit der Erforschung der grundlegenden Organisations- und Teambedürfnisse befassen sowie damit, auf welche Weise ein Bedürfnisbewusstsein die Entwicklung profitabler und effektiver Strategien für den Organisations- und Teamerfolg unterstützen kann.

4. Bedürfnisbewusstsein am Arbeitsplatz

„Glücklich leben kann nur, wer ein sinnerfülltes Leben führt. Und ein sinnerfülltes Leben ohne sinnerfüllte Arbeit ist ziemlich schwierig. Vielleicht gelangt man so zu jener seltenen Ruhe, die sich aus dem Wissen speist, sich darauf zu verstehen, etwas wirklich Exzellentes zu schaffen, das einen Beitrag zum Ganzen leistet. Und vielleicht erringen Sie sogar die tiefste Befriedigung, die es überhaupt gibt: zu wissen, dass man seine kurze Zeit auf Erden nicht umsonst zugebracht hat.“[57]

Jim Collins

Fühlen Sie sich im Einklang mit Ihrem Team oder Ihrer Abteilung? Sind Sie anderen und Ihrer Organisation auf eine Weise verbunden, die Sie erfüllt und Ihnen Energie verleiht? So wie die GFK uns das Verständnis unserer Beziehung zu uns selbst und zu anderen mittels eines Bedürfnisbewusstseins erleichtert, erleichtert Integrated Clarity uns das Verständnis unserer Beziehungen zu unseren Organisationen und Teams.

Organisationen können komplexe Systeme sein. Wenn uns so etwas wie eine Karte des gesamten Systems und seiner Funktionsweise fehlt, haben wir keinen Bezugsrahmen, der uns hilft, dieses System und unsere Stellung darin zu verstehen. Und wenn wir den Zweck und die Ausrichtung einer Organisation nicht vollständig verstehen, fühlen wir uns vielleicht allein oder isoliert und haben das unerfüllte Bedürfnis nach einer gemeinsamen Realität und einem Zweck, den wir mit anderen teilen.

Je mehr Menschen einer Organisation angehören – das gilt selbst für ein relativ kleines Team –, desto größer wird der räumliche und zeitliche Abstand zwischen ihren Mitgliedern. Wenn Sie und ich eine Unterhaltung führen, gibt es keine zeitliche Verzögerung zwischen dem, was Sie sagen, und dem, was ich höre. Führen Sie jedoch eine Unterhaltung mit einem anderen Teammitglied und ich bin nicht da, um das Gesagte direkt zu hören, könnte es Stunden oder Tage dauern, bis ich an die Informationen gelange, die möglicherweise mich betreffen könnten. Vielleicht entgehen sie mir sogar völlig. Je größer die Gruppe oder Organisation, desto komplexer wird das Beziehungssystem. Die Komplexität wächst nicht arithmetisch, sondern geometrisch, und zwar folgendermaßen:

2 Leute = 3 unterschiedliche Beziehungen
(2 intrapersonale mit uns selbst + 1 interpersonale Beziehung miteinander)

3 Leute = 7 unterschiedliche Beziehungen
(3 intrapersonale + 3 interpersonale Dyaden + 1 Gesamtgruppe)

4 Leute = 15 unterschiedliche Beziehungen
(4 intrapersonale + 6 interpersonale Dyaden
+ 4 interpersonale Triaden + 1 Gesamtgruppe)

Somit gibt es in einem Team oder einer Abteilung mit 15 Leuten Hunderte von möglichen Beziehungsgruppierungen. Wenn ich dieses Konzept Arbeitsteams vorstelle, wird den Beteiligten mit einem gewissen Gefühl der Erleichterung klar, warum es innerhalb von Teams zu mehr Komplikationen als erwartet kommt.

Ohne einen Bezugsrahmen, der all diese Beziehungen zu verstehen hilft, werden wir uns wahrscheinlich allein und abgespalten vom Ganzen fühlen – und vielleicht sogar von uns selbst. Im Kontext von Organisationen haben wir es mit drei Beziehungs- oder Kommunikationsebenen zu tun: der Beziehung mit uns selbst, der Beziehung mit anderen und der Beziehung mit dem gesamten System – unserer Organisation oder unserem Team. Auf der dritten Ebene geht es auch um die wichtigen Beziehungen der Organisation mit externen Kunden und Klienten.

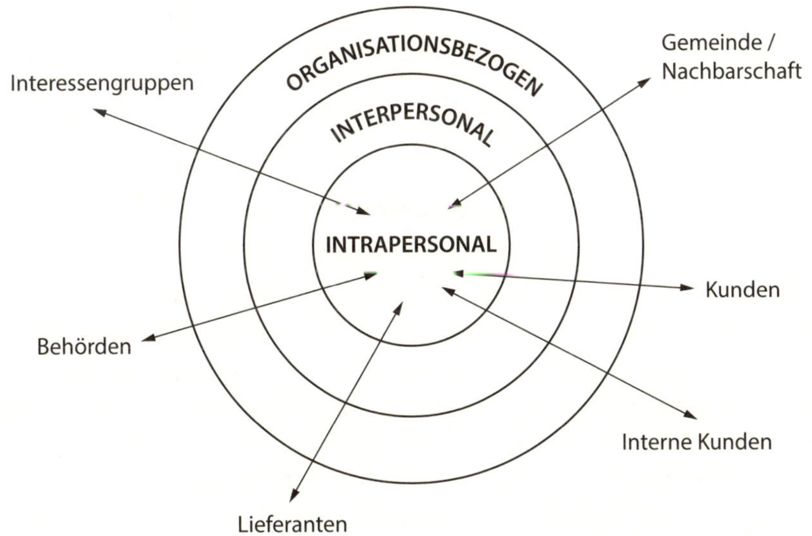

Abbildung 10: Die drei Ebenen der Kommunikation in Organisationen

Die folgende Aufstellung erläutert diese Ebenen und zeigt, wie Integrated Clarity auf jeder von ihnen genutzt werden kann, um die Kommunikation zu erleichtern und Bedürfnisse zu erfüllen.

EBENE	BESCHREIBUNG DER BEZIEHUNG	ANWENDUNG DER INTEGRATED CLARITY
intrapersonal	Unser Denken – was wir uns selbst sagen	Journaling, Eins-zu-eins-Mentoring, Executive-Coaching (um Gedanken / Gefühle / Bedürfnisse entdecken zu helfen), Selbsterforschung und Kontemplation
interpersonal	Was wir anderen sagen; was wir meinen, andere uns mitteilen zu hören	Prozessbegleitung, Mediation und Konfliktlösung, Bestätigung, dass das Gesagte das Gehörte ist; Mitarbeitergespräche, Teamprozesse und betriebliche Kommunikation
organisations-bezogen	Was die Organisationsdaten uns unserer Ansicht nach sagen	Strategische Konversationen, die einen Rahmen zur Planung bieten; Dashboards für Organisationsbedürfnisse, das gesamte System betreffende Prozesse

Abbildung 11: Anwendungsmöglichkeiten von Integrated Clarity innerhalb der Dimensionen der Organisation

Für die Mitglieder einer Organisation ist es wichtig, auf der intrapersonalen Ebene zu beginnen und sich ihrer eigenen Bedürfnisse bewusst zu werden sowie Möglichkeiten zu finden, sich diese Bedürfnisse zu erfüllen. Wenn z. B. Grundbedürfnisse der Teamleiter wiederholt getriggert werden, fällt es ihnen schwer, präsent und für andere da zu sein, weil die unerfüllten Bedürfnisse ihnen Schmerz bereiten. Teamleiter, die sich auf die Bedürfnisse ihrer Gruppenmitglieder einstellen, werden hingegen fähig sein, deren Bedürfnisse zu thematisieren und damit die Produktivität zu verbessern, wie das folgende Beispiel zeigt.

Ich unterstützte ein Business-Management-Team darin, seine Meetings effektiver und effizienter zu gestalten. Jedes der 15 Teammitglieder hatte mir gesagt, die Meetings seien immer sehr anstrengend und frustrierend. Typischerweise dauerten die wöchentlichen Teammeetings mindestens zwei Stunden, und es war nicht ungewöhnlich, dass sie in dreistündige Marathonsitzungen ausarteten, während derer verschiedene Leute ihre eigenen Bereiche und Belange diskutieren wollten. Noch schlimmer: Diese Meetings fanden gleich am Montagmorgen statt!

Während eines der Meetings mit dem Team fiel mir auf, dass eine Frau sehr schweigsam war. Ich fragte nach, ob vielleicht etwas, was ich tat, der Grund für ihr Schweigen sei (womit ich mich auch um mein eigenes Bedürfnis kümmerte, mich verständlich zu machen): „Mir fällt auf, Nancy, dass Sie viel weniger sagen, als ich es von Ihnen gewöhnt bin, und ich würde gern wissen, ob etwas an meiner Art der Vermittlung Sie davon abhält, sich einzubringen."

Nancy erklärte dann, dass es der fünfte Todestag ihres Mannes sei, was bei ihr bestimmte Gefühle ausgelöst habe. Die Gruppe hörte ihr dann etwa fünf Minuten lang einfach zu. Anschließend war Nancy voll bei der Sache, hatte neuen Elan und lächelte. Mehrere Teammitglieder äußerten, dass es auch ihnen Energie verliehen habe, einem Teammitglied auf eine Weise helfen zu können, die für beide Seiten wertvoll sei. Hätte ich als Moderatorin Nancy ignoriert, sie stillschweigend verurteilt, oder schlimmer noch, sie für ihren mangelnden Input kritisiert, hätten wir alle die Chance verpasst, die Verbindungen unter den Teammitgliedern zu stärken und die individuelle Produktivität zu fördern.

Ich erlebe es immer wieder, dass bei Menschen Energie freigesetzt wird und dass sie produktiver und aktiver werden, wenn auf der Gefühls- und Bedürfnisebene ein Kontakt zwischen ihnen entsteht. Die Teammitglieder lernten, dass sie kürzere, bedeutungsvollere und effektivere Meetings abhalten konnten, wenn sie die Gefühle und Bedürfnisse der anderen erkannten und anerkannten. Ein wesentlicher Grund dafür, dass die Meetings zuvor länger als gewünscht gedauert hatten, war die Undeutlichkeit, mit der die Teammitglieder ihre Gefühle und Bedürfnisse im Zusammenhang mit gehörten oder gesehenen Informationen über Kunden oder betrieblichen Daten zum Ausdruck gebracht hatten. Als sie lernten, ihre Gefühle und Bedürfnisse klarer zu äußern und kraftvolle Bitten zu formulieren, um die Produktivität auf interpersonaler wie auch auf Teamebene zu steigern, trugen ihre Bitten zur strategischen Planung für das gesamte System bei. Die Strategien änderten sich völlig, denn sie waren jetzt an den Bedürfnissen orientiert und nicht länger ein unzusammenhängendes Sammelsurium von Lösungen und Strategien, die nicht unbedingt etwas mit den wichtigen Organisationsbedürfnissen zu tun hatten.

(Der Name wurde geändert.)

Für mich ist es sehr bewegend mitzuerleben, wie etwas so Einfaches, wie individuelle Bedürfnisse zu erkennen, eine Situation völlig verändern kann. Auch Ihnen werden im Verlauf dieses Kapitels noch Situationen begegnen, in denen das Erkennen und Erfüllen von interpersonalen und organisationsbezogenen Bedürfnissen große Veränderungen zur Folge hatte. Wie oft sind wir diesen grundlegenden Antriebskräften gegenüber blind!

4.1 Warum gibt es in Organisationen so viele Kommunikationsprobleme?

Ich leite meine Arbeit mit Teammitgliedern und Führungskräften gern mit einem kleinen Vortrag darüber ein, dass die Organisationen, wie wir sie heute kennen, gesellschaftlich etwas relativ Neues sind. Die industrielle Revolution in Europa und Nordamerika setzte Ende des 18./Anfang des 19. Jahrhunderts ein – liegt also nur gut Hundert Jahre zurück. Und denken Sie nur an die Veränderungen, die sich seitdem vollzogen haben! Das Verständnis für die Arbeit in Organisationen steckt noch in den Kinderschuhen. Das überrascht meine Zuhörer oft. Wir gehen davon aus, dass irgendjemand wissen „sollte", was zu tun ist, damit alles funktioniert, oder dass wir dies selbst wissen sollten. Das ist einer der Gründe dafür, warum einige Menschen weniger zufrieden am Arbeitsplatz sind, als sie sich dies wünschen.

Es überrascht meine Zuhörer auch, zu erfahren, dass Arbeitsprozesse und die Kommunikation zwischen verschiedenen Menschen oder Teams deswegen schwierig sein können, weil wir alle in völlig unterschiedlichen Familien, den ursprünglichen „Organisationen" in unserem Leben, aufgewachsen sind. Die Art, wie die Mitglieder der einen Familie einander Respekt bezeugen, kann in der nächsten Familie ganz anders aussehen. Lassen Sie uns ein Beispiel dafür betrachten, wie derlei Unterschiede in einem betrieblichen Umfeld zum Tragen kommen können.

> Wenn ich in einem Assesment Organisationen oder Teams beim Herausarbeiten von Handlungsschritten unterstütze, führe ich zunächst vertrauliche Interviews mit Mitarbeitern in Schlüsselpositionen oder mit Führungskräften durch. In einem Gespräch mit dem neu eingestellten Leiter einer gemeinnützigen Organisation beschwerte sich dieser: „Ich komme jeden Morgen pünktlich um acht Uhr zur Arbeit. Wenige Minuten später betritt meine Chefin [die Geschäftsführerin] mein Büro und beginnt, den Plan für den Tag zu besprechen."
>
> An diesem Punkt fiel mir auf, dass er irritiert oder verwirrt zu sein schien und mich ansah, als sollte ich wissen, warum ihm das missfiel. Ich hörte ihm weiter zu und war mir im Unklaren darüber, was ihm Probleme bereitete. Das, was er gerade beschrieben hatte, klang für mich nach einem für Büros typischen Szenario.
>
> Dann sagte er: „Verstehen Sie nicht? Sie wünscht mir nie einen ‚guten Morgen'. Sie kommt einfach rein und fängt an, über das zu reden, was sie erledigt haben möchte."
>
> Okay. Jetzt wusste ich, was ihn störte. Er hielt inne und sah mich an. Also sagte ich: „Es scheint Ihnen wichtig zu sein, dass Sie einander einen ‚guten Morgen' wünschen. Haben Sie ihr erklärt, wie wichtig das für Sie ist, und sie gefragt, ob sie bereit wäre, ‚guten Morgen' zu sagen, bevor Sie mit der Besprechung anliegender Arbeiten beginnen?"
>
> „Nein", entgegnete er. „Ihr Verhalten ist unhöflich. Sie sollte es besser wissen."

Nun stellte ich innerlich Vermutungen über seine Gefühle und Bedürfnisse an. Ich übe mich mit Menschen, denen ich zum ersten Mal am Arbeitsplatz begegne, gern so lange in stiller Empathie, bis ich spüre, dass sie offen für verbale Empathie sind oder ich mich in ihrer Gegenwart behaglicher fühle. Wie bereits in früheren Kapiteln beschrieben, kann stille Empathie sehr transformativ und wirksam sein. Anfänglich nahm ich an, dass das Verhalten seiner Chefin ihn verletze und dass sein Wunsch, sie „guten Morgen" sagen zu hören, Ausdruck seines Bedürfnisses nach Respekt sei. Nachdem ich dann aber wusste, dass er nicht bereit war, um das Gewünschte zu bitten, weil er dachte, dass „sie es besser wissen sollte", ging ich auch davon aus, dass er sich scheute, um das Gewünschte zu bitten, und das Bedürfnis nach Verbindung und Verständnis hatte.

Ich war zwar enttäuscht, dass er nicht gewillt war, mit mir die Möglichkeit zu erforschen, seine Chefin um ein „guten Morgen" zu bitten, aber zufrieden, dass er nun Klarheit hinsichtlich seiner Wahlmöglichkeiten hatte. Da er jeden Morgen als Erstes mit dieser Irritation konfrontiert war, nahm ich an, dass er seine Arbeitsstelle innerhalb von drei Monaten aufgeben würde, um sich sein Bedürfnis nach Seelenfrieden und Respekt zu erfüllen. Er verließ die Organisation nach vier Wochen, womit er für sich entschieden hatte, sich seine Bedürfnisse mithilfe eines Jobwechsels zu erfüllen. Indem er ging, ohne je seine Bitte gestellt zu haben, nahm er der Geschäftsführerin die Möglichkeit, sein Leben auf eine Weise zu bereichern, die auch für sie selbst ein Geschenk hätte sein können.

Dieses Beispiel zeigt ganz deutlich, dass andere nicht auf Ihre Bedürfnisse eingehen können, wenn sie diese nicht kennen. Ebenso können Menschen nicht auf die Bedürfnisse einer Organisation eingehen, wenn diese nicht klar definiert sind. Vielleicht definieren wir unsere Bedürfnisse oft deswegen nicht, weil man uns beigebracht hat, dass Bedürfnisse und Gefühle unprofessionell sind und nichts am Arbeitsplatz verloren haben. Tatsache ist jedoch, dass alle Menschen Gefühle haben und grundlegende Bedürfnisse teilen und dass Organisationen Bedürfnisse haben, deren Nichterfüllung zu ihrem Niedergang beitragen kann. Deswegen ist es wichtig, diese Gefühle und Bedürfnisse ins Bewusstsein zu rücken, weil sie erst dann thematisiert werden können. Ebenso wichtig ist es aber auch, den Prozess und die Sprache der GFK und der IC zu verstehen und sich damit wohlzufühlen. Sonst könnten nämlich andere unser Handeln als Taktik interpretieren, statt unsere Absicht zu spüren, sich auf bedeutungsvolle Weise mit ihnen zu verbinden.

> Die Sprache der GFK und der Bezugsrahmen der IC schaffen ein Bewusstsein sowohl für die Bedürfnisse des Einzelnen als auch für die Bedürfnisse von Organisationen und sorgen dafür, dass der Einzelne wie auch die Gruppe die Verantwortung für die Erfüllung dieser Bedürfnisse übernehmen.

Wenn die Sprache der GFK und des Bezugsrahmens der IC gekonnt eingesetzt werden, schaffen sie ein Bewusstsein sowohl für die Bedürfnisse des Einzelnen als auch für die Bedürfnisse von Organisationen und sorgen dafür, dass der Einzelne wie auch die Gruppe die Verantwortung für die Erfüllung dieser Bedürfnisse übernehmen.

Meiner Erfahrung nach führt die Transparenz von Bedürfnissen dazu, dass um ihre Erfüllung gebeten wird oder Strategien zu ihrer Erfüllung entwickelt werden.

4.2 Bedürfnisse und Bitten im Gegensatz zu Forderungen

Das Modell der Integrated Clarity hilft Organisationen, eine spezielle Kultur zu entwickeln, die auf Bedürfnissen basiert und ihre Mitarbeiter befähigt, sowohl auf ihre eigenen Bedürfnisse als auch auf die Bedürfnisse anderer, vor allem die von Teammitgliedern und Kunden, einfühlsam einzugehen. Es ist keine „Für-mich-oder-gegen-mich"-, sondern eine „Gemeinsam-für-alle"-Mentalität. Es ist einfach effektiver, die Sprache der Bedürfnisse und Bitten zu benutzen statt die Sprache der Forderungen. Warum? Weil wir unbewusst (oder möglicherweise auch bewusst) mit Widerstand reagieren – eine natürliche menschliche Reaktion, die in unserem Bedürfnis nach Autonomie wurzelt –, wenn wir glauben, dass man etwas von uns fordert. Bitten oder Strategien können als Forderungen aufgefasst werden, wenn die Mitglieder einer Organisation glauben, dass sie getadelt oder bestraft werden, wenn sie diesen Bitten oder Strategien nicht nachkommen oder den Leistungsansprüchen nicht gerecht werden. Der Kreislauf von Forderungen und Rebellion ist äußerst unproduktiv und zehrt an den Ressourcen einer Organisation.

> Wir reagieren auf Forderungen unbewusst (oder möglicherweise auch bewusst) mit Widerstand, was zu einem Rückgang der Produktivität führt. Die Sprache der Bedürfnisse und Bitten aktiviert mit einer viel geringeren Wahrscheinlichkeit den Kreislauf von Forderungen und Rebellion und führt wesentlich eher zu einer Steigerung der Produktivität.

Ob es sich bei einer Bitte in Wirklichkeit um eine Forderung handelt, wissen wir erst, wenn wir die Reaktion auf unser „Nein" erleben. Und wenn uns das der Bitte zugrunde liegende Bedürfnis vermittelt wird, werden wir sie eher als Bitte denn als Forderung wahrnehmen. Achten Sie auf den Unterschied zwischen: „Reichen Sie den vollständigen Bericht bis heute Nachmittag um vier ein" [Bitte ohne Erklärung des Bedürfnisses] und „Mir fehlt die Statistik zu Ihrer Verkaufskampagne [Beobachtung] und ich hätte diese Informationen gern für meine morgige Rede [Bedürfnis]. Schaffen Sie es, sie mir bis vier Uhr heute Nachmittag zukommen zu lassen [Bitte]?" Wann immer Menschen *wittern*, dass ein Nein auf eine Bitte Konsequenzen haben könnte, werden sie die Bitte wahrscheinlich als Forderung auffassen. Als Konsequenz reichen schon hochgezogene Augenbrauen oder ein tiefer Seufzer der Verzweiflung; es kann aber auch etwas so Ernstes wie die Drohung sein, dass man seinen Job verliert. Häufig hat der Adressat jedoch auch Angst davor, in eine peinliche Lage gebracht zu werden, wenn die „Bitte" im Beisein anderer auf eine Weise gestellt wird, die sein Bedürfnis nach Respekt negiert. Die Absicht hinter dem Gesagten ist oft entscheidender als das Gesagte selbst. Das erklärt, warum wir zuweilen auf die gleiche Aussage, abhängig davon, von wem sie kommt, völlig unterschiedlich reagieren. Die Absicht des Sprechers, unsere gemeinsame Geschichte mit ihm und unsere eigene, von ihm unabhängige Geschichte tragen dazu bei, wie wir das Gesagte aufnehmen.

Je größer unser Vertrauen in andere ist und je stärker wir uns ihnen verbunden fühlen, desto eher sind wir in der Lage, ihre „Forderungen" als Bitten zu hören. Diese Erfahrung machte ich in meiner eigenen Familie.

Mein Vater wuchs zu Zeiten der Zuckerrohrplantagen in Honolulu, Hawaii, in einer recht rauen Nachbarschaft auf. Das führte dazu, dass er als Erwachsener ein Mann der wenigen Worte war. Wenn er jedoch sprach, hatte das Gesagte große Bedeutung für ihn. Mit Höflichkeiten fühlte er sich unbehaglich. Wie andere Asiaten und hawaiianische Ureinwohner, mit denen ich aufwuchs, hielt er zu viele höfliche Worte für verdächtig – für ein Zeichen einer nicht authentischen Verbindung. In seiner Welt sagte man, was man wollte, und äußerte ganz offen seine Meinung. Dies war ein Ausdruck des Respekts – und nicht das „Bitte" oder „Danke", das eine leere Gewohnheit sein mochte oder dem Wunsch entsprang, „gut dazustehen". Wenn ich also nach einem Besuch bei meinen Eltern abreisebereit war, begleitete mein Vater mich zu meinem Wagen, stand dann lächelnd an meiner Autotür und sagte: „Ramm meinen Wagen nicht", der hinter meinem stand. Ich wusste, dass dies seine Art war, mir zu sagen: „Ich liebe dich. Bis bald." Ich lernte, mich nicht an einzelne Worte zu klammern, sondern die Absicht hinter den Wörtern zu hören.

Fazit: Aufgrund von Angst, Schuldgefühlen, Scham oder Strafen erzielte Leistungen sind weniger produktiv und tragfähig als ein freiwilliges Handeln auf der Basis einer Verbindung mit Menschen und Organisationsbedürfnissen.

Empowerment und Wahlmöglichkeiten durch Selbst-Empathie

Entscheidend auf allen drei Ebenen der Kommunikation – intrapersonal, interpersonal und organisationsbezogen – ist das Loslassen: das Sich-Lösen von dem Drang, andere dazu zu bringen, etwas Bestimmtes zu tun oder zu sagen oder so zu sein, wie man es sich wünscht. Sie denken vielleicht: „Was aber, wenn etwas wirklich getan werden *muss* und mir nichts anderes übrig bleibt, als es zu fordern?" Hier wäre es gut, zunächst einmal den Kontakt mit Ihren eigenen Gefühlen (Sorge) und Bedürfnissen (Verantwortlichkeit) aufzunehmen, bevor Sie andere um etwas bitten.

Indem wir zunächst den Kontakt mit uns selbst aufnehmen, entfalten sich zwei mögliche Szenarios. Über den Gedanken hinaus, dass etwas „getan werden muss", eröffnen sich uns noch andere Wahlmöglichkeiten. Wenn ich mit Managern und

Angestellten arbeite, gelangen sie oft zu anderen Lösungen, sobald sie sich im Zusammenhang mit ihren unerfüllten Bedürfnissen nicht länger unruhig oder gehetzt, sondern entspannt fühlen. Wenn wir mit dem Bedürfnis Kontakt aufnehmen, das dem Gedanken zugrunde liegt, dass etwas getan werden „sollte", wirkt das oft bestärkend, denn plötzlich hat man Wahlmöglichkeiten. Entscheidet sich z. B. eine Kundendienstmitarbeiterin dafür, sich an die Richtlinien zu halten, statt dem Kunden das zu geben, worum er bittet, weiß sie nun für sich, dass sie diese Wahl getroffen hat, weil sie die Stabilität (Bedürfnis) schätzt, die ihr dieser Job im Leben gibt. Sie kann sich auch eingestehen, dass sie nicht über die Befugnis oder den Zugang zu den Ressourcen verfügt, um das zu tun, worum sie gebeten wird, und dass dies Teil der Übereinkunft ist, die sie mit ihrer Stellenbeschreibung akzeptiert hat. Ein Gefühl der Sinnlosigkeit kann so dem Gefühl dafür weichen, welche Wahlmöglichkeiten ihr zur Verfügung stehen. Vielleicht ist sie nun z. B. eher bereit, jemanden mit der entsprechenden Befugnis und dem Zugang zu den entsprechenden Ressourcen zu fragen, ob es eine Möglichkeit gibt, die Bitte des Kunden zu erfüllen.

Der Kontakt mit den eigenen Gefühlen und Bedürfnissen verhilft uns zu der Art von Bewusstsein, die grundlegend ist für ein optimal verlaufendes Change-Management. Um den Wandel in Organisationen zu fördern, ist es von entscheidender Bedeutung, die Menschen, die den Wandel erleben, dabei zu unterstützen, zwischen dem, was sie ändern, und dem, was sie nicht ändern können, zu unterscheiden. Dann nämlich stecken sie ihre Energie und Ressourcen in Bereiche, in denen sie etwas bewirken können, statt in solche, in denen sie sich höchstwahrscheinlich aufreiben, ohne für ihre Anstrengungen belohnt zu werden. Wie in Kapitel 2 erwähnt, beschreibt William Bridges Wandel als ein äußeres Ereignis, den Übergang jedoch als einen inneren Prozess. Mit unseren Gefühlen und Bedürfnissen Kontakt aufzunehmen ist eine wirkungsvolle Möglichkeit, diesen inneren Prozess zu vollziehen.

Wir laufen auch weniger Gefahr, Bitten als Forderungen wahrzunehmen, wenn wir fähig sind, uns Empathie für unsere unerfüllten Bedürfnisse zu geben. Unsere eigenen Bitten werden wir außerdem leichter von einem bedürfnisbasierten Bewusstsein aus formulieren können: ein Bewusstsein für unsere Bedürfnisse und für die der anderen. Das Gefühl, etwas zu „müssen" verliert sich. Das könnte etwa so klingen: „Ich weiß, dass es vier Uhr am Freitagnachmittag ist [Beobachtung]. Ich bin enttäuscht [Gefühl], dass ich nicht schon früher wegen der Verkaufszahlen zu Ihnen gekommen bin, die ich gern für meine Präsentation am Montagmorgen [Bedürfnis] für die strategische Planungsgruppe hätte [Bedürfnis der Organisation nach *Ausrichtung*]. Sind Sie bereit, in Erwägung zu ziehen, die Zahlen am Wochenende für mich zusammenzustellen [Bitte]?" Beachten Sie, dass es bei dieser Bitte nicht um eine Aktion in der Zukunft, sondern um eine Bereitschaft in der Gegenwart geht. Außerdem wird hier nicht um die Bereitschaft gebeten, etwas zu tun, sondern darum, etwas in Erwägung zu ziehen. Derjenige, der die Bitte stellt, um sich seine eigenen Bedürfnisse zu erfüllen, berücksichtigt auf diese Weise auch die Bedürfnisse des anderen.

Was wäre, wenn Sie in dieser Situation die Antwort erhielten: „Mir liegen noch immer nicht alle Daten von meinen Außendienstmitarbeitern vor." Vielleicht, so könnten Sie vermuten, ist Ihr Kollege gereizt oder beunruhigt, weil er Ihnen die gewünschte Statistik nicht geben kann. Da in dieser Aussage die zugrunde liegenden Bedürfnisse nicht klar sind, könnten Sie z. B. fragen: „Fühlen Sie sich unbehaglich, weil Sie sich gern ein Gesamtbild der Verkäufe machen würden, bevor Sie die Daten weitergeben?" Sagt der Betroffene dann: „Ja, ich würde nicht wollen, dass Sie ein ungenaues Bild präsentieren", könnten Sie antworten: „Hätten Sie gern Hilfe bei der Datenbeschaffung?"

Wenn tatsächlich eine Forderung statt einer Bitte notwendig ist, sollten Sie dies deutlich machen. Erklären Sie, warum Sie Ihrer Meinung nach keine andere Wahl haben, als diese bestimmte Sache zu verlangen, und bringen Sie der Entscheidung des anderen Respekt entgegen. Denken Sie daran: Wann immer wir jemanden dazu bringen, aus Angst, Schuldgefühlen oder Scham Ja zu sagen, zahlen wir dafür einen hohen Preis. Wenn Menschen tun, was wir wollen, weil wir es fordern und weil sie Angst vor den Konsequenzen haben, und nicht aus dem Wunsch heraus handeln, zu einem gemeinsamen Ziel oder zur Erfüllung eines klar erkennbaren Bedürfnisses beizutragen, hat das eine geringere Produktivität zur Folge.

Auf die Bedeutsamkeit dieses Punktes wies auch der Generaldirektor eines Unternehmens hin, für das ich tätig war. Er hatte gerade vom GFK-Prozess und von der Relevanz eines Bedürfnisbewusstseins erfahren, als er von einem Problem zwischen einer Angestellten und einer Führungskraft in seinem eigenen Unternehmen erfuhr. Die seit fünf Jahren für das Unternehmen tätige Empfangsdame war bekannt dafür, pünktlich zu sein, und sie übernahm regelmäßig Aufgaben außerhalb ihres Tätigkeitsbereichs. So wusch sie z. B., bevor sie abends nach Hause ging, das Geschirr im Pausenraum ab. Alle waren mit ihrer Arbeit zufrieden. Dann kam sie im Verlauf mehrerer Wochen aufgrund unerwarteter Familienprobleme dreimal später als gewöhnlich zur Arbeit. Statt mit ihr über die Ursache dieses Verhaltens zu sprechen, bestellte ihr Abteilungsleiter sie zu einem Mitarbeitergespräch ein. Er erteilte ihr eine Abmahnung und stellte folgendes Ultimatum: Wenn sie nicht pünktlich zur Arbeit käme, müsse sie mit einer Kündigung rechnen. Die Empfangsdame fügte sich und ihre Pünktlichkeit bzw. Unpünktlichkeit waren kein Thema mehr. Allerdings stapelte sich das schmutzige Geschirr in der Spüle, sodass die Gruppe einen neuen Weg finden musste, um diesbezüglich Abhilfe zu schaffen.

Überlegen Sie einmal, wie die Sache hätte verlaufen können, wenn der Abteilungsleiter den GFK-Prozess der Empathie angewendet hätte. Während des Gesprächs mit der Empfangsdame hätte er z. B. sagen können: „Mir ist aufgefallen, dass Sie in diesem Monat dreimal erst nach dem vereinbarten Arbeitsbeginn da waren, was für Sie ungewöhnlich ist. Ich bin an Ihre

Pünktlichkeit gewöhnt und vermute deshalb, dass Ihre momentanen Lebensumstände Sie daran hindern, rechtzeitig hier zu sein. Sind Sie bereit, darüber zu sprechen, wie ich Sie unterstützen kann [ihr Bedürfnis] und wie gleichzeitig gewährleistet ist, dass der Empfang besetzt ist [sein Bedürfnis]?"

Da einige (vielleicht sogar die meisten) Menschen nicht daran gewöhnt sind, Nein zu sagen, wenn sie um ein solches Gespräch gebeten werden, halte ich es für wichtig, dass Abteilungsleiter oder andere Führungskräfte mit struktureller Macht und Autorität Sorge dafür tragen, dass der Betreffende keinen Grund hat, sich unwohl zu fühlen. Auf diese Weise wird das Gespräch aus einer echten Bereitschaft heraus und nicht aus Angst stattfinden und damit höchstwahrscheinlich zu völlig anderen Ergebnissen führen.

An diesem Punkt wäre es die Aufgabe der Empfangsdame, zu sagen, wie sie sich fühlt, die Situation zu erklären (selbst wenn sie keine persönlichen Einzelheiten nennen möchte) und um das zu bitten, was sie braucht. Idealerweise hätte sie überhaupt kein Problem damit gehabt, zu ihrem Abteilungsleiter zu gehen, als die Situation entstanden war, sie ihm zu erklären und darum zu bitten, dass jemand für sie einspringt, weil sie es angesichts der Familienprobleme nicht pünktlich zur Arbeit schafft. Der Empfang wäre dann besetzt gewesen, Schuldgefühle und Vorwürfe hätten sich vermeiden lassen und die Empfangsdame hätte vielleicht weiterhin das Geschirr abgewaschen.

4.3 GFK in Team- oder Projekt-Meetings einsetzen

Die größte Zeitverschwendung bei Meetings ist, wenn die Teilnehmer auf das reagieren, was sie *glauben* gehört zu haben, ohne nachzufragen, was die anderen wirklich gemeint haben.

WAIT!

Die Produktivität könnte gesteigert und Zeit gespart werden, wenn alle Teilnehmer das Akronym WAIT – Why Am I Talking? (Warum rede ich?) berücksichtigen würden. Raj Gill, Coach und zertifizierte Trainerin des Center for Nonviolent Communication, erklärt, was das Akronym bedeutet.

Ich lernte das Akronym WAIT (Why Am I Talking?) kennen, als ich im Jahr 2000 am Coaching-Programm des *Coaches Training Institute* teilnahm. Dort wies man mich darauf hin, dass ich in meinen Coaching-Sitzungen einen Großteil des Redens übernahm (eine schmerzliche Erfahrung) und dass ich besser zuhören müsse, was der Coaching-Kunde zu sagen habe. Ich klebte das Akronym WAIT an mein Telefon, wo es mir als Erinnerungshilfe diente, meinen Mund zu halten und mich stärker auf das Zuhören als auf das Sprechen zu konzentrieren.

Als ich dann 2001 damit begann, die GFK zu lernen, half WAIT mir sehr, meine Empathiefähigkeit zu trainieren. Ich nahm das Akronym in meinen Leitfaden auf, den ich an Teilnehmer von Workshops oder Coaching-Sitzungen verteile, und erkläre es dort folgendermaßen:

W.A.I.T.!

What Am I Thinking? (Was denke ich?) Ich halte einen Moment inne und werde mir bewusst, auf welche Weise meine Worte und mein Handeln von den Gedanken, die ich zu einer Situation habe, ausgelöst werden.

Why Am I Talking? (Warum rede ich?) Auf welche Weise wird das, was ich sagen will, zur Qualität der Verbindung beitragen? Könnte es das Zuhören sein, dem ich meine Aufmerksamkeit schenken möchte?

What Am I Telling Myself? (Was sage ich mir selbst?) Die Wirklichkeit dessen, was geschieht (Beobachtung), kann sich manchmal völlig von dem unterscheiden, was ich mir selbst sage – von „meiner Geschichte".

Für den GFK-Kurs auf dem mittleren Level füge ich *WAIT – What's Alive In Them?* (Was ist in ihnen lebendig?) hinzu.

Es gefällt mir sehr, wenn ich höre, wie Teilnehmer das Akronym verwenden, um sich daran zu erinnern, im Hier und Jetzt zu sein und sich ihrer Worte und Handlungen bewusster zu werden.

Auf geht's und WAIT!

(Raj Gill ist in der Liste der an diesem Buch Mitwirkenden aufgeführt.)

Die meisten von uns sind sich überhaupt nicht darüber im Klaren, was sie, wenn sie etwas sagen, von der Gruppe zurückhaben möchten. Meetings würden nur halb so lange dauern, wenn wir zuerst äußern würden, warum und wozu wir etwas sagen, dann sagen, was wir sagen wollen, und anschließend die Gruppe um das bitten, was wir von ihr haben möchten. Wir ersparen den Zuhörern damit die Mühe, dies selbst herauszufinden. Bitten, die konkret und erfüllbar sind, die Gegenwart betreffen, auf positive Weise geäußert werden (andere können *kein Nicht tun*) und auf der Verbindung zu Bedürfnissen beruhen, werden mit größerer Wahrscheinlichkeit auf die gewünschte Weise erfüllt.

Im folgenden Beispiel geht es um ein von Kathleen Macferran geleitetes Meeting. Achten Sie darauf, auf welche Weise sie die Aspekte Beobachtungen, Gefühle, Bedürfnisse und Bitten berücksichtigt.

Im März 2008 moderierte ich ein Meeting einer Gruppe von religiösen Gemeindeführern des Bundesstaates Washington, die so zum ersten Mal zusammenkamen. Sie wollten ausloten, wie man eine Organisation auf die Beine stellen könnte, die Gefängnisinsassen bei der Resozialisierung unterstützen sollte.

Vor diesem Meeting dachte ich darüber nach, dass in den Organisationen, die ich betreute, letztlich mein *Sein* – meine Orientierung im Leben – und nicht mein *Handeln* den größten Einfluss hatte. Deswegen beschloss ich, meine Rolle als Moderatorin in erster Linie darin zu sehen, einen Kontext zu schaffen, der die organische Entwicklung lebensdienlicher Möglichkeiten förderte. Ich nutzte das, was ich im Rahmen der GFK gelernt hatte, als inneren Kompass und als Rahmen, aus dem ich Klarheit schöpfen konnte. Die Teilnehmer brauchten jedoch nicht die GFK zu erlernen. Sie konnten sich so verhalten, wie sie es gewohnt waren.

Ich nannte der Gruppe vier Werte oder Absichten, die mir bei meiner Arbeit wichtig sind, und fragte, ob sie diesen Werten zustimmten und vielleicht noch andere hinzufügen wollten. Folgende Liste diente dann als Leitlinie für unser Meeting:

1. Jeder in dieser Runde hat eine Stimme.
2. Jeder macht hier die Erfahrung, dass ihm aufmerksam zugehört wird.
3. Jeder ist sich über seinen Diskussionsbeitrag im Klaren, bevor er spricht, und weiß, was er im Zusammenhang mit dem Geäußerten zurückhaben möchte.
4. Jeder formuliert Bitten, die helfen, diese Bedürfnisse zu erfüllen (das, was der Betreffende zurückhaben möchte).
5. Jeder nimmt sich vor, mit seiner Lebensquelle verbunden zu bleiben (ein Wert, den die Gruppe hinzufügte).

Wenn ich während des Meetings ein Feedback haben wollte, kam ich immer wieder auf diese Werte zu sprechen. Ich sagte dann z. B.: „Ich würde gern wissen, ob jemand das Gefühl hat, in dieser Runde nicht zu Wort zu kommen." Oder ich fasste meine Beobachtungen zusammen: „Mir ist aufgefallen, dass vier von den letzten fünf, die etwas gesagt haben, Männer waren. Ich hoffe, diese Information hilft Ihnen einzuschätzen, inwieweit wir uns an die Werte halten, die wir uns für unsere Kommunikation gesetzt haben."

Die Betonung des *Seins* im Gegensatz zum *Handeln* diente in erster Linie dem Zweck, ein Beispiel für die Art von Präsenz und Respekt zu geben, die ich bei allen Teilnehmern sehen wollte. Ich stellte mir vor, dass die Qualität des Zuhörens und Sprechens, die ein Kennzeichen der GFK ist, schnell dazu führen würde, dass sich Verbindung, Kooperation und Vertrauen entwickeln könnten. Tatsächlich schätzten die Teilnehmer die Tiefe des Verständnisses, das sie erfuhren, als ich Überlegungen zu den im Raum vorhandenen Gefühlen und Bedürfnissen anstellte. Schon bald begannen sie, entweder spontan oder auf meine Aufforderung hin, Vermutungen zu den Bedürfnissen und Gefühlen eines Sprechers anzustellen, bevor wir zu weiteren Diskussionsbeiträgen kamen.

Doch mehr als die Form des Gesprächs kümmerte ich mich um die Bedeutung des Ausgetauschten. Vieles von dem, was in Meetings gesagt wird, wird nicht gehört oder nicht richtig verstanden. Als z. B. einer der Teilnehmer zum dritten Mal dasselbe sagte, begannen andere, die Augen zu verdrehen, zu seufzen, sich in ihrem Stuhl zurückzulehnen, ihre Stifte auf den Tisch zu legen ... Ich wies die Gruppe darauf hin, dass die Wiederholung von Aussagen ihren Grund darin haben könne, dass der Betroffene sich nicht gehört fühle, und fragte „John", der gerade denselben Gedanken zum dritten Mal vorgetragen hatte, ob er meine, dass man ihm so zugehört habe, wie er sich dies wünsche. „Nein, absolut nicht", erwiderte er. Dann fragte ich die übrigen Teilnehmer, ob einer von ihnen bereit sei, mit eigenen Worten wiederzugeben, was er gehört habe. Zwei von ihnen taten dies. Anschließend erkundigte ich mich bei John, ob es das gewesen sei, was er den anderen habe mitteilen wollen. „Ja", sagte er, und wir konnten mit der Diskussion fortfahren.

Meine Absicht war die, die Bedürfnisse (die zugrunde liegenden Werte wie Respekt) während des Meetings so oft wie möglich sichtbar zu machen, denn ich glaubte, dass so die vorgeschlagenen Strategien effektiver und die Diskussionen zielgerichteter sein würden. Ich unterstützte die Teilnehmer auch darin, konkrete, umsetzbare Strategien zu formulieren, so wie ich es auch bei GFK-Bitten tue.

Einer der Teilnehmer stellte voller Leidenschaft seine Idee vor, formulierte jedoch abschließend keine Bitte. Ich sagte: „Toll, klingt so, als hätten Sie gern etwas von der Gruppe zurück. Was möchten Sie?" Er dachte einen Augenblick nach und rief dann aus: „Grüne Karten!" Dies war eine konkrete, erfüllbare Bitte, die eine ganz bestimmte Reaktion hervorrief. Das hatte folgenden Hintergrund:

Ich hatte allen Teilnehmern einen Satz Karten gegeben – grün, gelb und rot –, der es ihnen ermöglichte, auf das, was sich im Meeting abspielte, nonverbal zu reagieren. Grüne Karten bedeuteten, dass die Idee bei demjenigen, der die Karte hochhielt, Widerhall gefunden hatte und er von ihr begeistert war. Die Bitte um Karten war eine Möglichkeit, schnell zu ermitteln, wer aus der Gruppe die Idee unterstützte (grüne Karten), wer Fragen dazu hatte und/oder die Idee annehmbar fand (gelbe Karten) und wer erhebliche Einwände hatte, die besprochen werden mussten (rote Karten).

Binnen zwei Minuten nach der Bitte um die „grünen Karten" hatten wir ein Meinungsbild der Gruppe. Wir konnten uns dann den beiden Teilnehmern mit den roten Karten zuwenden und herausfinden, welche ihrer Bedürfnisse durch den betreffenden Vorschlag nicht erfüllt werden würden. Ich fragte sie nach ihren Gefühlen und ihren Bitten zur Veränderung des Vorschlags, damit er ihre unerfüllten Bedürfnisse berücksichtige. Nach nur wenigen Minuten hatten wir einen Vorschlag, hinter dem alle Teilnehmer stehen konnten. Daraus entstand eine Strategie, mit deren Hilfe wir umsetzbare Maßnahmen sowie einen Zeitrahmen zu ihrer Durchführung festlegten.

Eines der Schlüsselkonzepte der GFK machte das Meeting effektiver, als ich je gedacht hätte: unser dritter Wert, dass nämlich jeder Teilnehmer weiß, was er im Zusammenhang mit dem Geäußerten zurückhaben möchte. Es überraschte mich, dass sich dies als so effektiv erwies in einer Gruppe von Menschen, die nicht darin geübt waren, Bitten zu äußern, und die nie zuvor darüber nachgedacht hatten, dass es wichtig ist zu wissen, was man zurückhaben möchte, bevor man den Mund aufmacht.

Innerlich erwartete ich eine Bitte von jedem Teilnehmer, der sprach. Ich unterstützte die Sprecher, eine Bitte zu formulieren, indem ich sagte: „Ich nehme an, dass Sie gern etwas von der Gruppe in Bezug auf das Gesagte zurückhaben würden. Was hätten Sie gern?" Oder: „Das klingt für mich nach einem Vorschlag. Möchten Sie ihn in einen Vorschlag verwandeln, auf den die Gruppe reagieren kann, oder hätten Sie hierbei gern meine Unterstützung?" Wenn etwas vorgeschlagen wurde, das sich direkt in Handeln umsetzen ließ, entstanden bei den

Teilnehmern eine spürbare Energie und ein greifbarer Elan. Eine noch größere Klarheit wurde dadurch erzielt, dass wir uns auf bestimmte Bitten um Strategien einigten, für die weitere Ressourcen erforderlich waren.

Ich gab der Gruppe Feedback in Form von Beobachtungen und fragte auch nach, was die Teilnehmer an dem, was sie gesehen oder gehört hätten, dazu veranlasst habe, ihre Schlussfolgerungen zu ziehen. Beobachtungen trugen zu mehr Klarheit bei und führten dazu, dass die Teilnehmer die Verantwortung für ihre eigenen Interpretationen und Schlussfolgerungen übernahmen.

Als wir zum Beispiel an der Formulierung der Grundsätze arbeiteten, wandte einer der Teilnehmer ein, dass ein Absatz bestimmte Gruppen ausschließe. Auf meine Nachfrage, welches spezifische Wort oder welcher Satzteil diesen Eindruck vermittle, nannte er die Aussage „jene, die als bedürftig gelten". Er erhielt dann die Möglichkeit, eine andere Formulierung vorzuschlagen, die die ursprüngliche Absicht zum Ausdruck brachte, jedoch den Wert der Inklusion deutlich machte. Der Teilnehmer schlug „allen, die bedürftig sind" vor. Das Bedürfnis, das seinem Vorschlag zugrunde lag, war klar, er übernahm die Verantwortung für seine Interpretation und war fähig, eine Änderung vorzuschlagen, die alle Bedürfnisse berücksichtigte.

Während des sechsstündigen Meetings formulierten wir Grundsätze und Visionen und fanden einen Namen für das Bündnis. Darüber hinaus legten wir fest, wie die Gruppe Entscheidungen treffen würde und wer sich wie zu Wort melden könnte. Wir bildeten sogar Ausschüsse und legten erste Maßnahmen fest. Zum Abschluss feierten wir die Effektivität des Meetings, in dem Handeln, Verbindung und Zusammenarbeit sich vereint hatten. (Kathleen Macferran ist in der Liste der an diesem Buch Mitwirkenden aufgeführt.)

4.4 Die Erfüllung gemeinsamer organisationsbezogener Bedürfnisse

IC ermöglicht gemeinsame Gespräche und fördert Zusammenarbeit und Verantwortung, weil alle Parteien die Erfahrung machen, dass man ihnen zuhört und dass im Zuge der Erfüllung gemeinsamer organisationsbezogener Bedürfnisse auch grundlegende individuelle Bedürfnisse befriedigt werden.

An dieser Stelle möchte ich den Begriff „gemeinsame organisationsbezogene Bedürfnisse" klären. In diesem Buch ist immer wieder von „organisationsbezogenen Bedürfnissen" und „den Bedürfnissen einer Organisation" die Rede; beide Bezeichnungen nutze ich der Kürze zuliebe. Das IC-Modell geht davon aus, dass eine Organisation, eine Gruppe oder ein Team *gemeinsame* Bedürfnisse hat. Das ist etwas knifflig, aber von entscheidender Bedeutung. Gruppen haben keine Bedürfnisse per se. Doch die Teilnehmer der Gruppe haben eine Vorstellung von ihren gemeinsamen Bedürfnissen. Mit anderen Worten: Eine Organisation hat kein Bedürfnis nach Identität. Vielmehr haben ihre Mitglieder ein Bedürfnis nach einer gemeinsamen

Gruppenidentität. Diese Unterscheidung ist wichtig, weil in einer auf Beherrschung ausgerichteten Hierarchie die Machtausübung über die Menschen unter anderem mit folgenden Aussagen gerechtfertigt wird: „Das ist die Firmenpolitik" oder: „Die Gruppe hat entschieden". Folglich sehen die Menschen sich nicht mehr in der Verantwortung für ihre auf Basis der eigenen Bedürfnisse (z. B. das Bedürfnis nach Sicherheit des Arbeitsplatzes) getroffenen Entscheidungen. Wenn jedoch eine individuelle Verantwortung der Gruppe zugeschrieben wird, werden mit größerer Wahrscheinlichkeit Entscheidungen getroffen, die nicht lebensdienlich sind. Im schlimmsten Fall – denken wir z. B. an Entscheidungen, die während des Dritten Reiches getroffenen wurden – behauptet der Einzelne (und weil sonst Tod oder Gefängnis drohen, glaubt er das auch), dass die Organisation (oder die Regierung) entschieden habe und er keine andere Wahl gehabt hätte. Das IC-Modell zielt darauf ab, so vielen Menschen wie möglich eine Stimme innerhalb von Teams und Organisationen zu geben. Wenn Sie also „organisationsbezogene Bedürfnisse" oder „die Bedürfnisse einer Organisation" lesen, sollten Sie berücksichtigen, dass damit die gemeinsamen Bedürfnisse der Menschen gemeint sind, die eine Organisation ausmachen. Ebenso mögen wir zwar Organisationen oder Nationen als eigenständigen Kulturen eine kollektive Persönlichkeit zuschreiben, doch all unsere Beziehungen innerhalb von Gruppen sind in Wirklichkeit eine Ansammlung von Beziehungen zu Einzelnen.

Stehen organisationsbezogene Bedürfnisse im Widerspruch zu individuellen Bedürfnissen? Gott sei Dank nicht. Strategien können im Widerspruch zueinander stehen, Bedürfnisse jedoch nie. So kann z. B. die Strategie einer Organisation, den Arbeitstag um 7.30 Uhr zu beginnen, dem Bedürfnis eines Angestellten nach mehr Schlaf entgegenstehen; das gilt jedoch nicht für das grundlegende Bedürfnis der Organisation, im Dienste der Kunden die notwenige Arbeit zu leisten. In diesem Fall kann der Angestellte die Verantwortung übernehmen und selbst eine Strategie entwickeln, die dafür sorgt, dass er mehr Schlaf bekommt, gleichzeitig aber auch die Bedürfnisse der Organisation erfüllt. Oder das Unternehmen findet für diesen Angestellten eine Aufgabe, die sein Bedürfnis nach Ruhe am Morgen erfüllt, und sucht einen anderen Angestellten, dessen Bedürfnisse dadurch erfüllt werden, dass er seinen Arbeitstag früher beginnt und beendet.

Das Modell des Bedürfnisbewusstseins ist effektiv, wenn es darum geht, Menschen mit unterschiedlichem Hintergrund und unterschiedlichen Machtbefugnissen zusammenzubringen und ihnen Anreize dafür zu geben, im Dienste gemeinsamer organisationsbezogener Bedürfnisse zusammenzuarbeiten. Seit Beginn meiner Arbeit mit den unterschiedlichsten Klienten, wie Telekommunikationsunternehmen, Projektentwicklern, Gewerkschaften, Universitätsprofessoren, Angestellten, Konsumentengruppen, Krankenschwestern, Lehrern, Ingenieuren, Buchhaltern, Mechanikern usw., habe ich Menschen dabei unterstützt, sich in Organisationen zurechtzufinden, in denen ein Ungleichgewicht struktureller Macht existiert. Jetzt nutze ich das GFK / IC-Modell, um die organisationsbezogenen Bedürfnisse deutlicher zu machen, damit alle dieselben Visionen und Werte teilen und überdies individuelle Bedürfnisse wie Autonomie, Respekt und das Bedürfnis, einen Beitrag zu leisten, erfüllt werden. Dann sind Werte und Grundsätze die Basis der Organisation statt Regeln und Verfahren. Statt vom Management kontrolliert zu werden, sind die Angestellten dann eher an Werten, Grundsätzen sowie ziel- und leistungsorientiert und entwickeln ein Bewusstsein für andere und das System als Ganzes. Folglich funktioniert die gesamte Organisation auf der Basis eines „Macht-*mit*"- und nicht eines „Macht-über"-Modells. Die so zustande kommenden Erfolge – sie wurden bereits in den vorhergehenden Kapiteln dokumentiert – kommen in Form von Gewinnzuwachs, Produktivitätssteigerung und einer verbesserten Arbeitsmoral zum Ausdruck.

Wenn mehr Klarheit herrscht über die Werte der Einzelnen *und* über die Werte des Teams oder der Organisation, können beide Parteien leichter entscheiden, ob sie sich an diesen Werten ausrichten möchten. Die Ursache vieler Konflikte zwischen Arbeitnehmern und Arbeitgebern liegt nicht in der Persönlichkeit der Beteiligten, sondern in stark divergierenden inneren Werten. Wir teilen zwar alle dieselben grundlegenden Bedürfnisse, doch für eine Integration und die gemeinsame Ausrichtung des Teams ist entscheidend, dass wir uns darauf einigen, welchen Bedürfnissen wir jeweils Vorrang geben. Wenn Sie Kreativität und Autonomie wertschätzen, sind Ihre Werte vielleicht unvereinbar mit denen eines Teams, das Wert auf Ordnung und Vorhersagbarkeit legt. Wenn wie in dem Beispiel aus Kapitel 2 ein Manager einen Mitarbeiter häufig „managt", liegt das Problem wahrscheinlich im System – ein Konflikt von Werten oder eine Unvereinbarkeit – und nicht bei den Menschen.

Wenn organisationsbezogene Bedürfnisse deutlich gemacht werden und die Organisation Grundsätzen mehr Wert beimisst als Regeln, werden die Mitarbeiter eher eigenmotiviert sowie ziel- und leistungsorientiert sein.

4.5 Das IC-Konzept

Normalerweise werde ich von einer Organisation engagiert, um sie bei der strategischen Planung zu unterstützen. Doch auf die transformativen Ergebnisse, die mithilfe des IC / GFK-Modells erzielt werden können, sind die Beteiligten oft nicht gefasst. Dr. phil. Raymond Tymas-Jones, der Dekan des *College of Fine Arts* und Associate Vice President for The Arts an der Universität Utah, schrieb mir nach einem GFK / IC-Training: „In diesem Training liegt ein enormes Potenzial, das College zu revolutionieren, um größere Leistungen in der Kunsterziehung zu erzielen." Auch Wallace Wilson, der Direktor der *School of Art and Art History* der Universität von

South Florida, glaubt, das Training sei „wichtig für uns und unsere Zukunft" und würde „als wichtiger Wendepunkt in der Geschichte [der Abteilung] in Erinnerung bleiben!". Die Schlüssel für anhaltenden Erfolg sind die Verbesserung und Stärkung einer neuen Organisationskultur, basierend auf dem GFK-Modell der Kommunikation und dem bedürfnisorientierten IC-Konzept.

In der folgende Tabelle finden Sie die vier Schritte des IC-Konzeptes und können sehen, wie sich der GFK-Prozess zwischen Individuen für den Einsatz in Organisationen anpassen lässt.

Eine bedürfnisorientierte Betrachtungsweise der Produktivität am Arbeitsplatz

<table>
<tr><th>Orientierung am Einzelnen
Gewaltfreie Kommunikation (GFK)</th><th>Orientierung am gesamten System
Integrated Clarity (IC)</th></tr>
<tr><td>1. Beobachtungen anstellen
■ Was sehe oder höre ich?
■ objektiv, konkret, sachlich</td><td>1. Daten identifizieren
■ Beobachtungen, die analysiert, verglichen, gemessen werden können: Maße, Anzeigen von Instrumenten</td></tr>
<tr><td colspan="2">2. Gefühle identifizieren
■ Gefühle vs. gefühlsfreie Urteile oder Bewertungen der Beobachtungen und Geschäftsdaten</td></tr>
<tr><td>3. Die Verbindung ziehen zwischen Gefühlen und menschlichen Bedürfnissen
Grundlegende Bedürfnisse, die alle Menschen teilen, wie Respekt, Lernen, Zielsetzung und Autonomie</td><td>3. Die Verbindung ziehen zwischen Daten und organisationsbezogenen Bedürfnissen
Ursprungsbedürfnisse
a. Identität
b. lebensbejahender Zweck
c. Ausrichtung
Gestalt-Bedürfnisse
d. Struktur
e. Energie
f. Darstellung</td></tr>
<tr><td>4. Bitten stellen, um unsere Bedürfnisse zu erfüllen
Beispiele für eine Bitte: „Wären Sie bereit …
a. mir zu sagen, was Sie mich sagen gehört haben?"
b. diesen Bericht fertigzustellen und ihn mir bis fünf Uhr zukommen zu lassen?"</td><td>4. Strategische Ziele entwickeln
In Organisationen sind Bitten Strategien. Die Planung und Umsetzung von Strategien auf der Ebene des gesamten Systems soll die organisationsbezogenen Bedürfnisse erfüllen, die von den Mitgliedern der Organisation ausgemacht und im Auge behalten werden.</td></tr>
<tr><td colspan="2">© 2011 Elucity Network, Inc., entwickelt von Marie R. Miyashiro</td></tr>
</table>

Abbildung 12: Die vier Schritte des Integrated-Clarity®-Konzepts

Diese Tabelle veranschaulicht anhand parallel verlaufender Prozesse, wie individuelle und organisationsbezogene Bedürfnisse erfüllt werden. Die Identifikation von Gefühlen ist der gemeinsame Zugang zu den individuellen Bedürfnissen wie auch den Bedürfnissen des Systems Unsere Gefühle weisen in beiden Fällen auf erfüllte oder unerfüllte Bedürfnisse hin. Dies verdeutlicht, wie wichtig und nützlich es ist, sie zu identifizieren.

Noch einmal: Bei diesen Prozessen geht es nicht um Gefühle per se, sondern darum, den Kontakt zu den Bedürfnissen herzustellen und Bitten an Einzelne zu richten oder gemeinsame Strategien zur Erfüllung einer größeren Anzahl von Bedürfnissen zu entwickeln – also um einen stufenweisen Wandel, der zur Erfüllung von mehr Bedürfnissen führt.

4.6 „Nicht"-Gefühle und „Nicht"-Daten

Die Tabelle auf S. 111 f. (Abb. 13) verdeutlicht den Unterschied zwischen Gefühlen und „Nicht"-Gefühlen (Nr. 2 in Abb. 12) beim Einsatz der GFK sowie zwischen Daten und „Nicht"-Daten beim Einsatz der IC („1. Daten identifizieren" in Abb. 12). Warum sind diese Unterscheidungen wichtig? In der interpersonalen Kommunikation zeigt sich ein „Nicht"-Gefühl als Gedanke, Bewertung, Urteil oder Kritik, welches wahrscheinlich trennend wirken und Widerstand hervorrufen wird. Ebenso ist in der Organisationskommunikation eine „Nicht"-Daten-Aussage eine verallgemeinerte Bewertung – eine positive oder negative. Eine solche Aussage ist zu unspezifisch, um hilfreich zu sein, und wird wahrscheinlich Widerstand erzeugen.

Noch einmal: Ich will damit nicht sagen, Bewertungen und Interpretationen seien am Arbeitsplatz nicht wichtig oder notwendig. Entscheidend ist, dass wir sie, wie bereits ausgeführt, von unseren Gefühlen und Bedürfnissen unterscheiden, denn nur so können wir sie beide leichter gezielt einsetzen. Im Sprachgebrauch der GFK gibt es keine „negativen" oder „positiven" Gefühle. Alle Gefühle sind Informationen über Bedürfnisse. Wir haben angenehme oder unangenehme Gefühle. Positive oder negative Urteile sind Ausdruck unseres Denkens.

Denken Sie noch einmal an den Mitarbeiter, der seine Chefin für „unhöflich" hielt, weil sie ihm keinen guten Morgen wünschte, bevor sie mit ihm über arbeitsbezogene Themen sprach. Wäre er in der Lage gewesen, seine Beobachtung („Sie sagt nicht guten Morgen") von seiner Bewertung („Sie ist unhöflich") zu trennen, hätte er möglicherweise eine Bitte formulieren können, um sich sein Bedürfnis zu erfüllen, und er hätte einen Job, der ihm ansonsten vielleicht Spaß machte, nicht aufgeben müssen.

Alle Interpretationen, Urteile und Bewertungen sind Ausdruck unserer unerfüllten Bedürfnisse. Wenn wir denken, dass jemand unhöflich ist, geht damit ein Gefühl einher (z. B. verletzt, traurig, wütend), weil wir ein unerfülltes Bedürfnis haben (z. B. Akzeptanz, Verbindung, Respekt). Die Chancen, dass wir den Betreffenden um etwas bitten, sind gering, weil wir bereits unser Urteil über ihn gefällt haben.

Hätte dieser Mitarbeiter sein Bedürfnis nach Respekt und Verbindung erkannt – und sogar überlegt, dass dem Verhalten seiner Chefin ein bestimmtes Bedürfnis zugrunde lag (z. B. Produktivität) –, hätte er sie von der Anklagbank entlassen können. Vielleicht hätte er sogar sagen können: „Ich spüre, dass Sie das Bedürfnis haben, bestimmte Dinge zu erreichen, und ich verstehe das. Aber wäre es möglich, dass wir uns morgens, bevor wir loslegen, einen guten Morgen wünschen? Wären Sie dazu bereit?“ Damit weiß die Chefin, dass er ihr Bedürfnis nach Effizienz versteht. Vielleicht antwortet sie aber auch mit einem anderen ihrer Bedürfnisse, das ihm hilft, sie besser zu verstehen.

In der folgenden Auflistung von „Nicht“-Gefühlen und „Nicht“-Daten finden Sie weitere Beispiele dafür, wie sich Urteile und Schuldzuweisungen einschleichen können. Mit Wertungen vermischte Gefühle und Daten rufen oft Widerstand hervor.

„Nicht“-Gefühle

abgelehnt	disqualifiziert	missachtet	ungesehen
akzeptiert	dumm	misstraut	unsichtbar
anerkannt	eingeschüchtert	missverstanden	unter Druck gesetzt
angegriffen	gedrängt	mit Füßen getreten	unwichtig
ausgenutzt	gehänselt	nutzlos	unwürdig
ausgeschlossen	getäuscht	schikaniert	unzulänglich
ausgetrickst	heruntergemacht	schlecht behandelt	vernachlässigt
bedroht	ignoriert	schuldig	wertlos
belästigt	im Stich gelassen	über den Tisch	___
beleidigt	in die Enge getrieben	gezogen	___
beschämt	isoliert	überarbeitet	___
beschuldigt	kritisiert	überwältigt	___
betrogen	lächerlich gemacht	unerwünscht	___
bevormundet	manipuliert	ungehört	___

„Nicht"-Daten
■ *„Im dritten Quartal haben wir schlecht abgeschnitten."* Beschreiben Sie die Leistung stattdessen mithilfe konkreter Zahlen, z. B.: „Die Verkäufe sind im dritten Quartal um 10 000 Einheiten (oder € 100.000) zurückgegangen."
■ *„Sie sind unpünktlich."* Machen Sie stattdessen eine Aussage, die auf einer messbaren Beobachtung basiert, ohne zu urteilen, wie: „Sie sind zwanzig Minuten nach der vereinbarten Zeit eingetroffen."
■ *„Sie machen einen tollen Job! Weiter so."* Mangels spezifischer Beobachtungen weiß der Empfänger nicht, welche Verhaltensweisen auch weiterhin erwünscht sind. Wenn Sie sagen: „Es gefällt mir, dass Sie in der Hälfte der Zeit bereits 70 % des Ziels erreicht haben", wird deutlich, wofür Sie loben.
■ *„Die Kunden sind glücklich."* Wie lässt sich „glücklich" messen? Welcher Prozentsatz der/wie viele Kunden? Sagen Sie stattdessen: „Neunzig Prozent unserer Kunden haben auf dem Fragebogen angegeben, dass sie sich wieder für unser Produkt/unsere Dienstleistung entscheiden würden."

Möglichkeiten, „Nicht"-Gefühle auszudrücken

Wenn Sie sagen:	**gefolgt von:**	**äußern Sie normalerweise:**
„Ich fühle mich ... / Ich habe das Gefühl ..."	wie ... dass ... es ... als ob ... du ... ich, sie, er, sie ...	Gedanken Bewertungen Urteile Kritik

Abbildung 13: „Nicht"-Gefühle und „Nicht"-Daten

Achten Sie auf den Unterschied zwischen Gefühlen und „Nicht"-Gefühlen, die in Wahrheit Urteile sind. Das Wissen um diesen Unterschied kann zu erfolgreicheren empathischen Verbindungen führen. In Organisationen sind echte Gefühle insofern wichtig, als sie verlässliche Indikatoren dafür sind, ob menschliche Bedürfnisse erfüllt werden. Gefühle sind von entscheidender Bedeutung für die Entscheidungsfindung, für Beziehungen und für mehr Energie am Arbeitsplatz.

Urteilsfreie Beobachtungen – eigentlich ganz einfach, aber dennoch anspruchsvoll – sind die Grundlage für eine vitale und harmonische Arbeitswelt, in der es keine Schuldzuweisungen gibt und die strategisch auf sich verändernde Märkte und Bedingungen reagieren kann. Wenn man nämlich den Pulsschlag der Menschen (ihre Gefühle und Bedürfnisse) und den Pulsschlag der Organisation (Daten und organisationsbezogene Bedürfnisse) kennt, richtet sich die Organisation insgesamt darauf aus, Bitten zu formulieren und Strategien zu entwickeln, mit deren Hilfe höchstwahrscheinlich alle Bedürfnisse erfüllt werden. Diese empfehlenswerte Herangehensweise – zu lernen, indem man erforscht, beobachtet und anpasst – entspricht dem derzeitigen Stand der Organisationsforschung.

Denken Sie an Ihre Alltagsgespräche und beginnen Sie, sie in Gefühle und Daten zu übersetzen. Sie könnten z. B. „Ich fühle mich heute unter Druck gesetzt“ in „Ich bin frustriert und nervös, weil ich nicht glaube, dass ich heute alle drei Aufgaben erledigen kann“ übersetzen. Oder „Ich fühle mich angegriffen, weil Sie gesagt haben, mein Vorschlag gefalle Ihnen nicht“ in: „Ich bin verwirrt, weil Sie mir keine Gründe dafür genannt haben, warum Ihnen mein Vorschlag nicht gefällt.“ In Bezug auf Daten könnten Sie „Ihr Bericht ließ zu wünschen übrig“ übersetzen in: „Ihr Bericht enthielt keine Statistiken über die unterschiedlichen sozialen Hintergründe der Arbeitnehmer“. Oder Sie könnten statt „Es hat mir gefallen, wie Sie das Meeting geleitet haben“ z. B. sagen: „Ich wusste es zu schätzen, dass Sie alle gebeten haben, reihum das Wort zu ergreifen, um sicherzustellen, dass jeder eine Chance hatte, etwas zu sagen. Es hat mir geholfen, alle Aspekte der Situation zu verstehen.“

Bei diesem Kommunikationsprozess geht es darum, auf professionelle Weise seine Absicht deutlich zu machen und aufrichtig zu sein. Um eine Verbindung herzustellen, reicht es, wenn ein Einzelner sich auf den Prozess einlässt. Ist diese Verbindung einmal hergestellt, ändert sich die Dynamik – hin zu Verständnis und Kooperation. Das wirkt sich auch förderlich auf die Produktivität aus, aus der Fähigkeit heraus Bedürfnisse zu identifizieren – erfüllte oder unerfüllte – und Bitten auf der individuellen Ebene wie der Organisationsebene zu formulieren, um Strategien zur Erfüllung unerfüllter Bedürfnisse zu entwickeln.

4.7 Die Bedeutung von Verbindung und Gefühlen

Auf empathische Weise mit anderen Menschen in Kontakt zu treten, kann eine dramatische Wirkung auf den Nettoprofit Ihres Unternehmens haben. In ihrem Buch *Megatrends 2020* erzählt Patricia Aburdene die Geschichte von Greg Merten, dem ehemaligen Vizepräsident von Hewlett-Packard, der ebenfalls für den großen Geschäftsbereich Tintenpatronen für Drucker zuständig war. Verbindung interessierte Merten nicht. Er war aufgabenorientiert und nicht im Geringsten mitfühlend. Doch dann musste er plötzlich auf die harte Tour die Macht der Empathie erfahren. Sein minderjähriger Sohn – ein geselliger Mensch – kam bei einem Autounfall ums Leben. Dieses Ereignis stellte Mertens Herangehensweise an seine Arbeit völlig auf den

Kopf und er setzte nun alles daran, empathisch zu werden. Weil er nun in Verbindung sein wollte, wandte er sich den Menschen zu und maß Gesprächen, Gemeinschaft, Vertrauen und Verständnis, Vergebung und dem Vermeiden von Urteilen einen hohen Wert bei. Für sein Team wurde Merten zu einer Quelle der Inspiration, aber auch für andere im Unternehmen und für diejenigen, die mit ihm daran arbeiteten, neue Firmenstandorte aufzubauen und die Produktion auf eine Weise anzukurbeln, die HPs Nettogewinn um Hunderte Millionen von Dollar steigerte.[58] Er stellte die Behauptungen der IC und GFK unter Beweis, dass es effektiver ist, *mit* Menschen als von Menschen zu profitieren.

Es gibt noch einen anderen Grund dafür, mit unseren Gefühlen Kontakt aufzunehmen. Der Neurowissenschaftler und Autor des Buches *Wie wir entscheiden,* Jonah Lehrer, sagt: „Denkabläufe erfordern Gefühle, damit in sie all die Informationen einfließen, die wir anders nicht erfassen können. Ein Verstand ohne Gefühle ist untauglich."[59] Tatsächlich weist Lehrer darauf hin, dass Menschen, deren emotionales Gehirn geschädigt ist, keine Entscheidungen treffen können![60] Hier gibt es eine Übereinstimmung mit Gardners „multiplen Intelligenzen" und Golemans „emotionaler Intelligenz" – beide wurden an früherer Stelle bereits in diesem Buch erwähnt –, die die relativ neue Sichtweise eines facettenreichen Gehirns noch unterstreicht. Lehrer erklärt, dass unsere Emotionen, wenn sie den Umständen entsprechend in angemessener Weise genutzt werden, die reine Logik um Weisheit bereichern.

„Denkabläufe erfordern Gefühle ..." Menschen, deren emotionales Gehirn geschädigt ist, können keine Entscheidungen treffen. (Jonah Lehrer)

Wenn wir IC am Arbeitsplatz einsetzen, beziehen wir ein Bewusstsein für Gefühle in den Prozess der organisationsbezogenen Bedürfnisbestimmung und der Entwicklung von Strategien zur Erfüllung der Bedürfnisse mit ein. Gefühle können als Barometer fungieren, als Wegweiser für den Prozess, aber eigentlich geht es nicht um sie. Sie helfen uns dabei, unsere Bedürfnisse zu entdecken. Haben wir diese Bedürfnisse identifiziert, können wir Bitten formulieren (auf der individuellen Ebene) oder Strategien entwickeln (auf der Organisationsebene), um sie uns zu erfüllen.

Dr. phil. Dian Killian, zertifizierte Trainerin am *Center for Nonviolent Communication* und Direktorin des *Center for Collaborative Communication* verfügt über beträchtliche Erfahrung in der Anwendung der GFK im geschäftlichen Alltag. Killian erzählt im Folgenden, wie das Bewusstsein und die Möglichkeit, Gefühle und Bedürfnisse auszudrücken, einem ihrer Coaching-Klienten bei einer geschäftlichen Präsentation geholfen hat.

Wenn die Menschen an die Gewaltfreie Kommunikation oder die Kollaborative Kommunikation, wie ich sie gern nenne, denken, assoziieren sie sie oft mit Konfliktlösungen. Ich habe jedoch festgestellt, dass die GFK ebenso effektiv, wenn nicht sogar noch effektiver ist, wenn sie im geschäftlichen Alltag angewendet wird, z.B. bei Meetings, Präsentationen, Angeboten, Verhandlungen, in der Kundenbetreuung, Bedarfsanalyse, strategischen Planung und bei Feedback oder Lagebesprechungen. Wird die GFK in diesen „alltäglichen" Situationen angewendet, treten seltener Konflikte auf, weil die Beteiligten von Anfang an sich eher auf eine gemeinsame Perspektive verständigen und ein gemeinsames Engagement und gemeinsames Interesse teilen. Darüber hinaus herrschen ein größerer gegenseitiger Respekt und eine größere Verbundenheit, wodurch ein Klima geschaffen wird, in dem Mut und Aufrichtigkeit (zwei Qualitäten, die man in Unternehmen oft vergeblich sucht) zum Ausdruck gebracht werden können. Einer meiner Coaching-Kunden arbeitet für ein großes internationales Unternehmen. Kevin stand eine Präsentation von Vorschlägen für die obere Führungsebene bevor. Auch mehrere seiner Kollegen würden Vorschläge unterbreiten. Als ich mit ihm darüber sprach, hörte ich ihn mehrmals sagen, wie wichtig sein Vorschlag und dessen Annahme waren. In seinen Worten und auch seiner Stimme lag eine gewisse Dringlichkeit. Ich bezweifelte, dass diese Dringlichkeit ihm zu einer erfolgreichen Präsentation seines Vorschlags verhelfen würde. Kevin erzählte mir auch, wie sehr er sich wünsche, dass seine Ideen gehört würden, selbst wenn man sie dann letztlich nicht annähme. Es war ihm einfach wichtig, dass sein Standpunkt verstanden wurde. Er hatte bereits die Erfahrung gemacht, dass der Führungsstab Entscheidungen getroffen hatte, ohne Nutzen zu ziehen aus dem „großen Bild", das Kevin ihnen aufgrund seiner Kenntnisse „von der Basis" zu vermitteln vermochte. Ich lud Kevin dazu ein, einen Moment lang zu überlegen, warum ihm dieses Projekt so sehr am Herzen lag. Falls der Vorschlag angenommen wurde: Welche seiner Bedürfnisse und welche Bedürfnisse seiner Kunden und seiner Organisation wurden dann erfüllt? Voller Leidenschaft sprach er über das, was er als die Erfahrung seiner Kunden betrachtete, und darüber, in welchem Maß sein Projekt dem Unternehmen helfen würde. Er wünschte sich, dass man seinen Vorschlag annahm, weil er ein wiederkehrendes Problem bei den Lieferungen sah. Sein Vorschlag würde dieses Problem lösen und damit zur Wertschöpfung und zum Vertrauensaufbau beitragen. Kevin wünschte sich Effektivität und er wollte einen Beitrag leisten und seine Kunden entlasten. Um ein Vertrauensverhältnis zu seinen Kunden aufzubauen, wollte er gerne von ihnen als jemand gesehen werden, der offen für ihre Probleme war und sie zu lösen vermochte.

Sobald Kevin sich dieser grundlegenden Bedürfnisse bewusst war, wurde er viel ruhiger. Allein das war schon ein wichtiger Schritt. Nicht zum Ausdruck gebrachte Angst kann sich bei der Kommunikation mit anderen auf unerwartete und unerwünschte Art bemerkbar machen – und leicht als Druck oder Aggression empfunden werden. Wenn wir aus einem Gefühl der Dringlichkeit handeln (das im Grunde auf Angst basiert), beeinträchtigt dies auch unsere Fähigkeit, besonnen und klarsichtig zu sein, vor allem wenn wir bereits unter Druck stehen. Nachdem Kevin sich nun seiner grundlegenden Bedürfnisse bewusst war, ging es bei dem Vorhaben, mit seiner Präsentation Erfolg zu haben, nicht länger um *ihn* und seine Darbietung, sondern um seinen tiefen Wunsch, zum Wohlergehen seiner Kunden beizutragen und das Leben anderer zu erleichtern. Diesen Wunsch hatte er schon immer verspürt, doch ihn zu benennen motivierte ihn noch stärker für seine Präsentation und nahm ihm einen Großteil seiner mit dieser verbundenen Ängste. Ich schlug dann ein Rollenspiel vor, bei dem ich die Rolle des Vorgesetzten übernahm. Nach einem kurzen Austausch von Förmlichkeiten begann

Kevin mit der Präsentation von Daten – statistischen Informationen, seiner Einschätzung der Situation, welche Intervention er befürwortete und warum. Ich fühlte mich schnell von dieser Flut an Details überwältigt und meine Gedanken schweiften ab. Ich fragte mich, wie viele Präsentationen dieser Art (begleitet von detaillierten PowerPoint-Folien) der Vorgesetzte jede Woche hörte, und bezweifelte, dass er oder die anderen beim Meeting Anwesenden dies als inspirierend empfinden würden. Wo waren die Lebendigkeit und die Leidenschaft geblieben, mit der Kevin noch vor wenigen Minuten seine Motivation für dieses Projekt beschrieben hatte? Diese Leidenschaft kam nicht in den Fakten zum Ausdruck, die er gesammelt hatte, sondern durch seine Stimme und die Art, wie er über seine Ideen sprach.

Ich unterbrach das Rollenspiel und fragte Kevin, was er empfinde, wenn er sich vorstelle, dass sein Vorschlag angenommen werde. „Begeisterung" war das Wort, das ihm als Erstes in den Sinn kam – es folgten „inspiriert" und „voller Schwung". Ich bat ihn, noch einmal mit dem Rollenspiel zu beginnen und dieses Mal zu sagen, welche Gefühle er in Bezug auf das Gespräch mit dem Vorgesetzten (erfreut, dankbar) und das Projekt selbst sowie seine Ziele habe. Ich bat ihn auch, die Bedürfnisse zu benennen, die hierdurch für ihn erfüllt würden. Statt „Seit 2008 haben wir X Kunden bedient mit X Prozent Umsatz ... bla, bla, bla" begann er: „Ich danke allen, die zu diesem Meeting gekommen sind, weil ich begeistert bin von einer Idee, die ich Ihnen vorstellen möchte. Sie wird unsere Kunden unterstützen und ihrer Zufriedenheit und ihrem Vertrauen in unser Produkt Auftrieb geben."

Während ich mit Kevin trainierte, seine Gefühle und Bedürfnisse in die Präsentation mit einzubeziehen, erinnerte ich ihn auch daran, Verbindungsbitten zu formulieren, um sicherzustellen, dass er gehört und verstanden wurde. Eine Verbindungsbitte, mit der man z. B. feststellt, was andere gehört haben, könnte so lauten: „Ich würde gern wissen, ob ich mich verständlich gemacht habe. Können Sie mir den Kern dessen wiedergeben, was Sie gehört haben?" Eine andere Version dieser Frage, die Kevin während seiner Präsentation stellte, lautet: „Ich würde gern prüfen, ob ich dies deutlich gemacht habe. Deswegen möchte ich einen Moment innehalten und sehen, ob es zum Bisherigen irgendwelche Fragen oder Kommentare gibt." Dieses „Nachfragen" ist eine natürliche Eigenschaft des Menschen – doch wir vergessen oft, uns bei einem Gespräch genügend Zeit zu lassen, etwas für ein besseres Verständnis und eine engere Verbindung zu tun. Da Kevin unbedingt wissen wollte, ob seine Ideen gehört und verstanden wurden, waren diese Fragen besonders wichtig.

Über Verbindungsbitten können wir auch eine Reaktion des anderen– einen „Wetterbericht" zu den präsentierten Ideen – erhalten. So sagte Kevin z. B.: „Ich frage mich, was Sie über das bislang Vorgetragene denken ... Wie sehen Sie das Ganze?"

Aufgrund dieser Vorgehensweise wusste Kevin, dass sein Vorgesetzter ihn gehört hatte, und konnte sehen, wie seine Ideen aufgenommen wurden. Indem er nachfragte, förderte er auch ein Gefühl der Zusammenarbeit und lud andere dazu ein, ihre Ideen und Einsichten vorzutragen. Damit förderte er ihr Engagement und „justierte" das Projekt, um es noch effektiver zu gestalten. Da seine Präsentation in seiner Leidenschaft (seinen Gefühlen und Bedürfnissen) wurzelte, präsentierte er sich als jemand, der weiß, was „an der Basis" los ist, und der den Belangen seiner Kunden Aufmerksamkeit schenkt. Er tat sich auch als Führer und Visionär hervor – jemand, dem andere zuhören und den sie mit einbeziehen *möchten*.

(Es handelt sich um eine reale Situation, doch der Name des Kunden wurde geändert. Dian Killian ist in der Liste der an diesem Buch Mitwirkenden aufgeführt.)

4.8 Wie man IC am Arbeitsplatz einsetzen kann

Integrated Clarity berücksichtigt die drei Dimensionen einer Organisation – intrapersonal, interpersonal und organisationsbezogen –, indem sie dazu verhilft, ein Bewusstsein für Bedürfnisse zu entwickeln, damit die Verantwortung für deren Erfüllung übernommen werden kann. Der Prozess ist eine Selbst-Erkundung und eine Erkundung anderer.

IC kann auf folgende drei Weisen genutzt werden, um Beziehungen zu verbessern, die Effizienz der Organisation zu steigern und höhere Gewinne zu erzielen.

1. **Als Bewertungsinstrument.** Anfänglich dient die IC als Bewertungsinstrument, mit dessen Hilfe sich feststellen lässt, was auf allen drei Ebenen einer Organisation oder eines Teams funktioniert und was nicht. Eine verkürzte IC-Bewertung finden Sie im Anhang. Mithilfe von Bewertungen lässt sich messen, inwieweit die Bedürfnisse der Individuen und der Organisation erfüllt werden, sodass Vorschläge erarbeitet werden können.
   IC ist unter anderem deswegen so effektiv, weil sie sich nicht allein auf die organisationsbezogenen Bedürfnisse konzentriert, sondern auch die Bedürfnisse der Menschen berücksichtigt. Sie verbindet beides und kann auf jeder Ebene eines Unternehmens, einer gemeinnützigen Organisation oder einer Vereinigung angewendet werden.
   Je besser die Grundbedürfnisse der Menschen erfüllt werden und je harmonischer sie zusammenarbeiten und sich im Einklang mit den Bedürfnissen der Organisation befinden, desto stabiler und erfolgreicher wird Letztere sein.
2. **Als Planungsprozess.** Der nächste Schritt im IC-Prozess besteht aus einer Reihe von Gesprächen, in denen die sechs grundlegenden Bedürfnisse der Organisation diskutiert werden: *Identität, lebensbejahender Zweck, Ausrichtung, Struktur, Energie* und *Darstellung*. Die Einzelheiten jedes Bedürfnisses werden unter Berücksichtigung des spezifischen Aufbaus der jeweiligen Gruppe ermittelt, sei es z. B. eine gemeinnützige Organisation, ein Dienstleistungsunternehmen, eine Aktiengesellschaft, ein College, eine Universität oder ein Berufsverband.
3. **Als Umsetzungsinstrument.** Schließlich liefert die IC die Instrumente zur Umsetzung dessen, was in den Gesprächen entdeckt wurde. In Teil II dieses Buches werden verschiedene Instrumente und Anwendungstechniken vorgestellt. In allen Diskussionen wird die GFK als Kommunikationsmethode genutzt, weil sie die Konzentration auf Gefühle, Bedürfnisse und Bitten ermöglicht.

4.9 Zwischen Bedürfnissen und Strategien unterscheiden

Es ist hilfreich, zwischen Bedürfnissen und Strategien zu unterscheiden – für den Einzelnen wie auch für Organisationen. Diese Unterscheidung regt uns dazu an, Strategien ausschließlich mit dem Ziel zu entwickeln, bestimmte Bedürfnisse zu erfüllen, und nicht aus irgendwelchen anderen Gründen, wie z. B. Vergleichen: „So macht es das Unternehmen XYZ." Oft wird eine Unternehmenspolitik (Strategie) festgelegt und befolgt, obwohl sich niemand sicher ist, welches Bedürfnis damit erfüllt wird. Und falls sie tatsächlich ein Bedürfnis erfüllt, kann dieses vielleicht auf eine bessere Weise befriedigt werden, wie eine Führungskraft herausfand.

Phillip, dem stellvertretenden Leiter eines großen Teams in der Entwicklung, war sehr daran gelegen, dass die Teammitglieder morgens um acht bei Geschäftbeginn zur Arbeit erschienen. Seine bisherige Strategie hatte darin bestanden, E-Mails an Personen in Schlüsselpositionen zu senden, in denen er sie dazu aufforderte, einen pünktlichen Arbeitsbeginn sicherzustellen. Seine E-Mails waren jedoch nie effektiv. Ein Feedback bei einem IC-Retreat machte deutlich, dass Phillips Teammitglieder ihn als „gemein" und „zornig" wahrnahmen.

Schließlich kam Phillip die Erleuchtung. Er erkannte, dass er ein Bedürfnis nach Verbindung hatte und nicht danach, dass die Leute sich an die Firmenpolitik hielten. Er mochte es, zur Arbeit zu kommen und sich mit anderen zu verbinden – ja, selbst mit einem Kollegen einen Kaffee zu trinken. Dieses Wissen ermöglichte es ihm, etwas für die Erfüllung seines Bedürfnisses zu tun und als ersten Schritt der Gruppe zu erzählen, was in ihm vorging. Als er bei einem IC-Retreat offen über dieses Bedürfnis sprach, war ein unmittelbares Verständnis zwischen ihm und seinem Team hergestellt.

Phillips Fähigkeit, zwischen Strategien und Bedürfnissen zu unterscheiden, wurde dann zu einem wertvollen Instrument, um bessere Beziehungen zu seinen Arbeitskollegen aufzubauen und mehr Sinnerfüllung in der Arbeit zu finden.[61]

(Der Name wurde geändert.)

4.10 Wo kommt IC zum Einsatz?

Gespräche zur Ermittlung von Bedürfnissen können mit jeder Gruppe oder jedem Mitglied einer Organisation durchgeführt werden, und zwar in Form von:

- Einzelgesprächen mit Führungskräften
- Leistungsbewertungen
- Konfliktlösungen oder Mediationen
- Meetings mit unternehmensweiten Managementteams
- Mitarbeitertrainings in kleinen Gruppen

- Arbeitsgruppendiskussionen
- Großgruppen-Meetings
- Meetings von Vorstand und Ausschussvorsitzenden
- Retreats zur Verbesserung der Kommunikation und zur strategischen Planung

Normalerweise werden diese Gespräche zunächst mit einem oder mehreren Teams oder Einzelnen durchgeführt und anschließend mit Arbeitsgruppen, Abteilungen, Ausschüssen oder dem Vorstand. IC/GFK können z. B. *intrapersonal* beim Executive-Coaching oder bei der Selbstbefragung (wie zu Anfang mit Phillip) oder *interpersonal* für Mediationen, Teamprozesse und Mitarbeitergespräche genutzt werden. Auf der *Organisationsebene* kommen sie bei Gesprächen über Strategie und Planung zum Einsatz wie auch beim Erstellen einer Übersicht der Bedürfnisse, eines „Bedürfnis-Dashboards" für die Organisation, um anhand der Überprüfung von Daten feststellen zu können, wie gut die Bedürfnisse erfüllt werden. (Näheres zum organisationsbezogenen Bedürfnis-Dashboard siehe Teil II, Kapitel 7.)

4.11 Sechs grundlegende Organisationsbedürfnisse

Bevor wir ausführlich auf die sechs grundlegenden Organisationsbedürfnisse eingehen, bietet zunächst ein Diagramm (Abbildung 14) Ihnen hierzu einen Überblick.

Die Definition der Ursprungsbedürfnisse *Identität, lebensbejahender Zweck* und *Ausrichtung* bildet die Grundlage und die Leitprinzipien für die Gestaltbedürfnisse nach *Struktur, Energie* und *Darstellung.* Die Definition der Gestaltbedürfnisse macht deutlich, wie die Organisation funktioniert, was sie antreibt und wie ihr Zweck verwirklicht wird. Durch die Erfüllung der Gestaltbedürfnisse werden die Ursprungsbedürfnisse einer Organisation für den Markt transparent.

Im Anschluss an das Diagramm erkläre ich jedes einzelne organisationsbezogene Bedürfnis. In einem Fallbeispiel wird gezeigt, wie eine Organisation Klarheit hinsichtlich ihrer Bedürfnisse gewann und welch dramatische Wirkung diese Klarheit auf die Gruppe als Ganzes hatte.

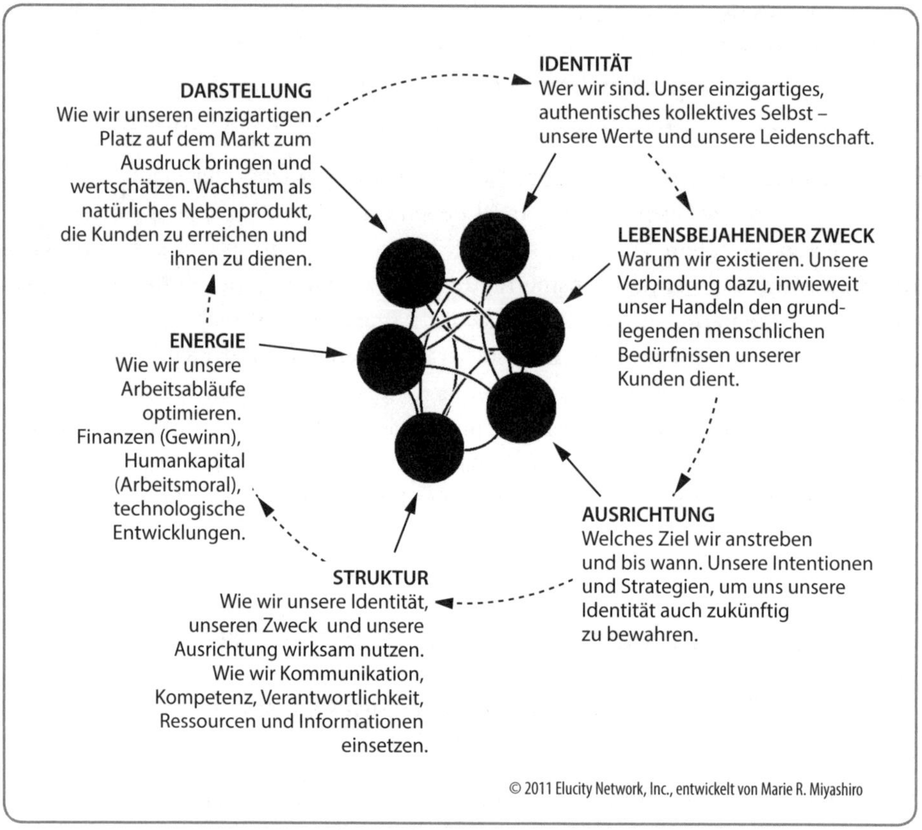

Abbildung 14: Integrated Clarity® – sechs grundlegende Organisationsbedürfnisse

Ursprungsbedürfnis Nr. 1: Identität

Zunächst einmal lade ich Unternehmen oder Teams ein zu definieren, *wer sie sind,* bevor sie sich der Frage zuwenden: *Was wollen wir als Nächstes tun?* Es hat sich für Gruppen als hilfreich erwiesen, als Erstes die *Identität* zu beschreiben, weil alle Strategien, Entscheidungen und Aktionen diesem Verständnis entspringen. Zur Ermittlung der *Identität* nutzen wir u. a. das „Igel-Prinzip“,[62] eine Herangehensweise, die Jim Collins in *Der Weg zu den Besten* beschreibt. Die drei Fragen, die wir stellen, zeigt das nächste Diagramm (Abbildung 15) .

Ein weiterer wichtiger Aspekt der *Identität* sind die einzigartigen Grundwerte und Prinzipien der Organisation, die schließlich in allem, was sie tut, zum Ausdruck kommen. Wir erarbeiten diese nicht in erster Linie, sondern definieren vielmehr, was bereits Teil der „DNA" der Organisation ist. Dann besteht die Arbeit darin, die Integrität der Organisation oder des Teams als kollektives Ganzes zu erhalten, was bedeutet, dass jeder Beteiligte mit deren oder dessen Werten im Einklang ist. Andernfalls wird der Charakter der Organisation im Lauf der Zeit ausgehöhlt. Jede Organisation hat eine einzigartige Identität. Selbst Zweigstellen einer Organisation oder eines Franchiseunternehmens haben geringfügig andere Charakteristika, obwohl sie die Werte des Gesamtunternehmens teilen.

Deswegen ist es nicht nur hilfreich, diese Werte zu definieren, sondern auch Mitarbeiter einzustellen, die mit ihnen im Einklang stehen, und diese Übereinstimmung immer wieder zu überprüfen.

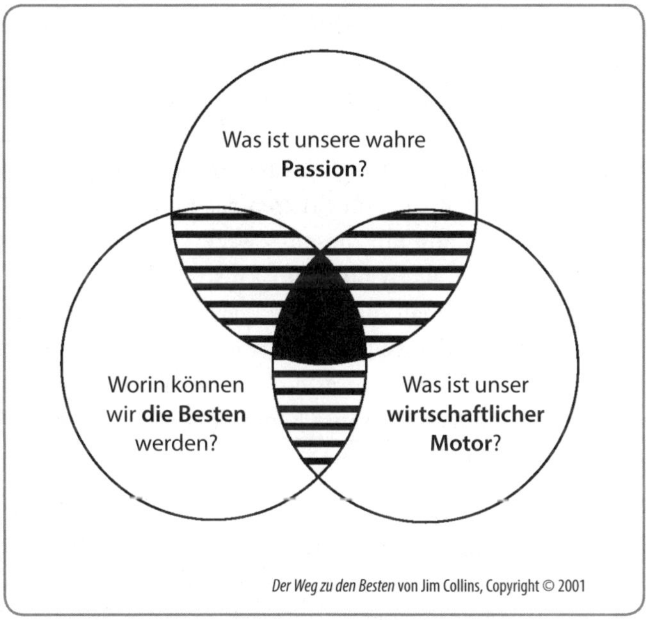

Abbildung 15: Die drei Kreise des Igel-Prinzips[63]

Als ich zum ersten Mal das schwedische Möbelhaus IKEA besuchte, staunte ich darüber, dass selbst die Architektur des Gebäudes schon aus einem halben Kilometer Entfernung die einzigartige progressive Identität und die Werte dieses Unternehmens erkennen ließ. Beim Betreten des Gebäudes machte mir die Beschilderung sofort deutlich, welche Einkaufserfahrung zu erwarten war. Ich sah eine Informationstafel, eine Anleitung zur Benutzung der speziellen Einkaufswagen und Einkaufstaschen und sogar Anweisungen dazu, dass ich meine Artikel bei der Kasse so hinlegen musste, dass die Barcodes nach oben zeigten. Ich führte mit rund zwanzig Angestellten ein informelles Interview durch und jeder von ihnen war in der Lage, mir auf seine Weise die Schlüsselwerte des Unternehmens zu nennen – die „etwas mit Sozialismus" zu tun hatten, wie viele von ihnen sagten, damit, dass alle Angestellten und Chefs gleichgestellt sind und dass jeder gleich viel zählt.

Als ich fragte, was sie gesehen oder gehört hätten, das auf diese Werte hindeute, sagten sie z. B.: „Na ja, mein Vorgesetzter tut dasselbe wie ich, z. B. Kisten aufeinanderstapeln." Oder: „Bei der Holiday-Party bekam jeder Angestellte ein in Geschenkpapier eingewickeltes Geschenk mit seinem Namen darauf." Selbst der Parkwächter, der erst seit zwei Wochen dort arbeitete, sagte etwas Ähnliches. Dies ist ein Beispiel für Oganisations*identität* in Reinkultur.

Ursprungsbedürfnis Nr. 2: Lebensbejahender Zweck

Gibt es neben dem Wunsch, Geld zu verdienen, noch einen weiteren Grund für die Existenz Ihrer Organisation? Welches Bedürfnis erfüllt sie in der Gesellschaft? Was tut sie für die Menschen? Inwiefern leistet sie einen Beitrag zur Bereicherung des Lebens? Wenn der Fokus der Organisation darauf liegt, dass ihre Kunden von ihrem Produkt oder ihrer Dienstleistung profitieren, beflügelt dies alle Beteiligten. Dieser Zweck leitet dann das Handeln aller Mitarbeiter. Selbst wenn ihre Arbeit nicht direkt mit den Kunden zu tun hat: Sie unterstützen das Endresultat, die Erfüllung von Bedürfnissen. Je stärker sich alle mit diesem Zweck identifizieren, desto höher ist in der Regel die Produktivität. Es ist nicht nur im sozialen Sektor wichtig, dass die Mitarbeiter Klarheit darüber haben, auf welche Weise die Organisation menschliche Bedürfnisse erfüllt. Meiner Erfahrung nach sehnen sich die Menschen in jeder Art von Organisation, einschließlich von Wirtschaftsunternehmen, danach, dass ihre Bemühungen einem sinnvollen menschlichen Zweck dienen.

Wenn der Fokus der Organisation darauf liegt, dass ihre Kunden von ihrem Produkt oder ihrer Dienstleistung profitieren, beflügelt dies alle Beteiligten.

Als ich z. B. für *Horizon Moving Systems* arbeitete, ein zu *United Van Lines* gehörender Betrieb, stellte ich fest, dass es diesem Unternehmen nicht nur darum ging, Möbel oder Frachtgut zu befördern. In einer unserer Sitzungen hatten die dort Beschäftigten kein Problem, zu erklären, dass ihre Arbeit immer in Beziehung zu einer Übergangsphase im Leben ihrer Kunden stehe – vielleicht einem Todesfall oder einer Scheidung, einem neuen Job oder einer neuen Familie. Sie sahen sich als Menschen, die anderen in schwierigen Übergangszeiten halfen. Einer der Lastwagenfahrer zog sogar eine Statistik dazu heran, dass Umzüge zu den stressigsten Ereignissen im Leben eines Menschen gehören. Die Angestellten genossen es wirklich, Kunden zu unterstützen, und das Unternehmen führte ein neues Positionierungsstatement ein: „Die Kunden durchs Leben befördern", mit Abwandlungen für bestimmte Kundengruppen wie „Wir befördern Sie durchs Leben" oder „Wir befördern Sie durch Ihr Business".

Die Informationen, die wir mithilfe des Tools „10 Minutes to Clarity® Organizational Needs Assessment“ (zehn Minuten zur Klärung der Organisationsbedürfnisse) von Mitarbeitergruppen und Führungsteams sammeln, zeugen davon, wie positiv Mitarbeiter, die für sich einen Sinn in ihrer Arbeit sehen, Produktivität und Arbeitszufriedenheit zusammenwirken.

Fragen zur Klärung des *lebensbejahenden Zwecks* einer Organisation sind u. a.:
- Wie bringen wir kontinuierlich zum Ausdruck, welche grundlegenden menschlichen Bedürfnisse wir unbedingt erfüllen möchten?
- Wie messen und überwachen wir unsere Verbindung mit diesem Zweck in unseren täglichen Arbeitsabläufen und Entscheidungen?
- Wie messen und überwachen wir unsere Fähigkeit, diesen Zweck im Hinblick auf die Menschen zu erfüllen, für die wir da sind?

Ursprungsbedürfnis Nr. 3: Ausrichtung

Wohin strebt Ihre Organisation? Welche Ergebnisse wollen Sie erzielen – und bis wann? Wie leicht lässt man sich in ein Spiel verwickeln, bei dem der Ball nicht in Richtung Tor geht, wenn sich nicht alle darüber im Klaren sind, wo die Torpfosten sind. Die feste Absicht, ein klarer Plan des Spielfelds und ein plastisches Bild des Tors werden dafür sorgen, dass Sie Ihr Ziel erreichen.

Zu den Fragen zur Festlegung von *Ausrichtung*sstrategien, die Ihren *lebensbejahenden Zweck* im Einklang mit Ihrer *Identität* erfüllen, gehören u. a.:
- Welches sind unsere wichtigen Vorhaben in Bezug auf jedes organisationsbezogene Bedürfnis und die Bedürfnisse unserer Mitarbeiter?
- Welche Ergebnisse wollen wir erzielen? (Wie würden sie aussehen? Klingen? Was würden wir empfinden?)
- Welches sind unsere „riskanten, hochgesteckten Ziele“ (RHZs)[64]? (Haben wir ein klares, für alle deutlich erkennbares Ziel, ein Ziel, das uns Energie zum Handeln verleiht, und eines, das ein wenig außerhalb unserer Komfortzone liegt, das aber umsetzbar ist?)

Beispiele für eine organisationsbezogene Ausrichtung in Aktion sind kollektive Anstrengungen bei politischen Wahlen und Visionen von wissenschaftlichen Errungenschaften wie die Landung des Menschen auf dem Mond. Diese Unterfangen sind inspirierend und das angestrebte Ziel ist klar, beobachtbar und leicht verständlich. Betreten sie das Büro eines CEO, der sich über die Bedürfnisse der Organisation im Klaren ist, und Sie werden Bilder, Wörter und andere Symbole sehen, die dazu inspirieren, sich kontinuierlich auf eine Vision von der Zukunft des Unternehmens zu fokussieren.

Gestaltbedürfnis Nr. 4: Struktur

Jede Organisation braucht Struktur, aber was beinhaltet das? Geht es lediglich um die Frage, wer ist oben und wer ist unten und wer hat was zu sagen? Die Struktur, um die es hier geht, kann nicht einfach von anderen Organisationen übernommen werden. Sie erwächst vielmehr aus Klarheit über die Ursprungsbedürfnisse. Bewährte Verfahren und Richtwerte anderer Organisationen können zwar ein ganz guter Ausgangspunkt sein, doch letztlich wird die Struktur ebenso einzigartig sein wie die Ursprungsbedürfnisse der Organisation. Eine von der Intention geleitete *Struktur* bestimmt die Funktion – das erste Gesetz der Biomechanik. Die Art, wie wir unsere Organisationen aufbauen, legt fest, wie gut diese vor dem Hintergrund ihrer Ursprungsbedürfnisse operieren können.

Integrated Clarity stützt sich bei dem, was ich als Organisations*struktur* bezeichne, auf Kimball Fishers Empowerment-Konzept:

- Autorität (Wer entscheidet was?),
- Ressourcen (finanzielle, technologische, menschliche),
- Informationen (die in Organisationen Macht bedeuten) und
- Verantwortlichkeit (Wer ist verantwortlich wofür und bis wann?).[65]

Auch die Kommunikation prägt die *Struktur*. Wenn Sie eine partizipative Arbeitsumgebung schaffen wollen, dafür aber in unserer Kommunikation fest verankerte dominanzorientierte Sprachkonstrukte nutzen, sind Sie wahrscheinlich nicht so erfolgreich, wie Sie gerne sein möchten. Als Sprache der Bedürfnisse und der empathischen Verbindung unterstützt die GFK Muster, die befähigend und bestärkend wirken. Aus diesem Grund ist sie ein Schlüsselelement der *Struktur* als grundlegendes Organisationsbedürfnis.

In diesem Zusammenhang ergeben sich u. a. folgende Fragen:

- Wie schaffen wir ein perfektes Gleichgewicht zwischen (Macht-)Befugnissen und Verantwortlichkeit? (Hat jemand mehr Verantwortung für ein Ergebnis als Befugnisse über das Ergebnis? Hat jemand mehr Befugnisse über ein Ergebnis, obwohl die Verantwortung bei jemand anderem liegt?)
- Wie entwickeln und messen oder überwachen wir die Nutzung und die Ergiebigkeit wichtiger Informationen und Ressourcen und den Zugang zu ihnen?

Gestaltbedürfnis Nr. 5: Energie

Energie ist in diesem Kontext zum Teil die natürliche Energie, die entsteht, wenn innerhalb und außerhalb einer Organisation die Identität und der Zweck des Unternehmens mit den Menschen übereinstimmen. Energie ist auch das, was die Organisation antreibt, und wird in diesem Kontext definiert als Dreiklang aus Gewinn, Arbeitsmoral und Technologie.

- Gewinn (oder „Einnahmen" für den sozialen Sektor oder gemeinnützige Organisationen) ist der Motor des Handelns und ein Schlüsselelement der *Energie*, ein Gestaltbedürfnis aufgrund des Einflusses, den finanzielle Ressourcen auf operative Maßnahmen haben können.
- Die Arbeitsmoral ist eine entscheidende Triebkraft der Produktivität. Die einzigartige Kombination von GFK, die sich auf die Bedürfnisse der Individuen konzentriert, und der Erfüllung der sechs grundlegenden Organisationsbedürfnisse schafft eine energetische Synergie. Ich bezeichne die Arbeitsmoral gern als „menschliches Betriebskapital", um den Wert der Investition in die Arbeitsmoral sowie die Rendite dieser Investition, nämlich eine Steigerung der Produktivität (wie die Forschungsergebnisse zeigen), deutlich zu machen.
- Die dritte Komponente – Technologie – erlangt zunehmende Bedeutung, weil sie die Entwicklung zeit- und geldsparender Innovationen ermöglicht, die den Fortschritt der Organisation oder des Teams vorantreiben.

Alle drei Elemente – Gewinn, Arbeitsmoral und Technologie – sind gleichermaßen wichtig, wenn es darum geht, das Wachstum einer Organisation oder eines Teams zu fördern. So betrachtet, ist Geld kein Bedürfnis für sich, sondern steht im Dienst der Energie, die eine Organisation als lebendes System braucht.

Folgendes gilt sowohl für gewinnorientierte als auch für gemeinnützige Organisationen: Die Aufgabe des Vorstands besteht nicht darin, einen *maximalen* Gewinn, sondern einen *angemessenen* Gewinn zu unterstützen. Wenn man *Energie* als organisationsbezogenes Bedürfnis ansieht, kommen neben dem finanziellen andere Formen von Gewinn hinzu: z. B. emotionaler Gewinn und die Verbundenheit mit Kunden und Mitarbeitern, die Steigerung des sozialen Werts und des sozialen Gewinns im Sinne dessen, wie ein Unternehmen durch die Brille eines ethischen Kapitalismus gesehen wird.

Gestaltbedürfnis Nr. 6: Darstellung

Sobald eine Organisation zu einem klaren Verständnis ihrer Ursprungsbedürfnisse nach *Identität, lebensbejahendem Zweck* und *Ausrichtung* gelangt ist, sich eine *Struktur* geschaffen hat und über die *Energie* verfügt, die sie antreibt, wird ihre *Darstellung* deutlich. Mit dieser *Darstellung* feiert sie ihre einzigartige Stellung auf dem Markt und in der Welt. Die Markenpolitik, der Vertrieb, das Marketing und der Service, sie alle spiegeln diese Identität und diesen Zweck wie auch die Werte des Unternehmens wider. *Wer wir sind,* wird glasklar, und *wie wir Ihre Bedürfnisse erfüllen können,* wird deutlich vermittelt, egal ob es sich um physische oder andere Bedürfnisse handelt. Wachstum ist nicht das Ziel, sondern ein natürliches Nebenprodukt der Erfüllung grundlegender menschlicher Bedürfnisse sowie der Ursprungsbedürfnisse der Organisation.

Wie kann ein Prozess zur Klärung dieser sechs organisationsbezogenen Bedürfnisse ein Unternehmen oder eine Gruppe verändern? Das folgende Fallbeispiel zeigt auf, wie aus einer strategischen Planungssitzung auf der Grundlage der IC eine einfache, aber organisationsverändernde Einsicht hervorgegangen ist.

Beispiel: The International Council of Fine Arts Deans (ICFAD)

Von den 1990er-Jahren bis zum Jahr 2005 stagnierten die Mitgliederzahlen der Organisation *International Council of Fine Arts Deans,* der die Leiter der Hochschulen für bildende Künste innerhalb der Universitäten angehören. Der damalige ICFAD-Präsident war Maurice Sevigny, der Dekan des *College of Fines Arts* der Universität von Arizona. Zum ersten Mal lud er auch Ausschussvorsitzende zu einer Klausurtagung des Vorstands ein, die die Gruppe nutzen wollte, um zu klären, wie sich eine Vision und eine Mission für den ICFAD an den Bedürfnissen der Organisation ausrichten ließen.

Seit 2005 habe ich regelmäßig mit Sevigny und ab 2010 mit Ron Jones, dem neuen Präsidenten, an der Definition und Erfüllung der Bedürfnisse der Organisation gearbeitet. Der IC-Prozess basiert auf einem flexiblen Konzept zur Veränderung ganzer Systeme, der die Arbeit von Jim Collins, Kimball Fisher, William Bridges und die derzeitige Forschung anderer führender Persönlichkeiten in diesem Bereich integriert. Er beinhaltet eine Reihe strategischer Konversationen, deren Ergebnisse laut Collins in einem Zeitraum von durchschnittlich vier Jahren umgesetzt werden.[66] Warum dauert dieser Prozess so lange? Die Strategien werden zunächst in einer Reihe von Diskussionen entwickelt, dann umgesetzt und getestet und schließlich im Lauf der Zeit verfeinert.

Der ICFAD begann mit einer Diskussion der *Identität* und des *lebensbejahenden Zwecks* und befasste sich später mit der *Ausrichtung*. Aus diesen Gesprächen über die Ursprungsbedürfnisse ergab sich automatisch Klarheit über die Bedürfnisse nach *Struktur, Energie* und *Darstellung*.

Der strategische Prozess begann damit, dass das Executive-Planungsteam des ICFAD sich des Online-Einschätzungsinstruments „10 Minutes to Clarity" bediente, das sechzehn individuelle und organisationsbezogene Qualitäten misst, die bekanntermaßen zu mehr Produktivität und Gewinn beitragen. Aus der Einschätzung ergab sich, inwieweit organisationsbezogene und individuelle Bedürfnisse erfüllt wurden, und sie half, den Fokus unserer strategischen Konversationen auf mehr Wirkung, Effizienz und Bedeutung zu legen.

Die Ergebnisse zeigten, dass der ICFAD individuelle Bedürfnisse wie Respekt, Vertrauen, Anerkennung, Sinn und Lernen erfüllte, organisationsbezogene Bedürfnisse wie Ausrichtung, Struktur und Energie jedoch in geringerem Maß befriedigte. Dies machte deutlich, dass die Gruppe hinsichtlich der Ursprungsbedürfnisse *Identität* und *lebensbejahender Zweck* seit unserer ersten strategischen Konversation Fortschritte gemacht hatte. Ihre Mitglieder waren nun bereit, Strategien festzulegen, wie sich diese Ursprungsbedürfnisse in eine einheitliche *Ausrichtung* integrieren ließen, unterstützt von *Struktur*, *Energie* und Mitteln der *Darstellung*.

Nach der Diskussion der *Identität* des ICFAD und dem Einsatz des „Gradients of Agreement" genannten Tools zur Entscheidungsfindung (ausführlicher beschrieben in Kapitel 8) formulierte die Gruppe ihre Identität folgendermaßen: **„Arts Deans helping Deans."**[67] Hieraus ergab sich die *Darstellung* der Organisation. Die Gruppe definierte dann ihren *lebensbejahenden Zweck* als: **„Der ICFAD ist die Organisation, die sich für die Künste in der akademischen Bildung einsetzt."** Dieser Zweck, der die Grundlage für die Existenz des ICFAD und für all seine Entscheidungen bildet, veränderte die Struktur und die Art und Weise, das zu tun, worin die Organisation am *besten* ist: „Foren und Dienstleistungen anzubieten, die Bedürfnisse von Arts-College-Dekanen und ihren Verwaltungsteams nach professioneller Entwicklung und Networking zu erfüllen."

Es dauerte zweieinhalb Tage, um die *Passion* der Gruppe zu definieren: „Zusammenzukommen im Geiste der Kollegialität und Freundschaft, um sich im Dienst der Förderung der Künste auszutauschen, einander zu inspirieren und zusammenzuarbeiten." Der äußerst dynamische und anspruchsvolle Dialog diente dem Zweck, die Weisheit der vielen zu nutzen, um gemeinsam ein größeres Resultat zu erzielen, als ein Einzelner dies könnte.

Die Einsicht „zusammenzukommen" im Geiste der Aussage „Arts Deans helping Deans" klingt einfach; doch bis zu diesem Zeitpunkt hatte man sich sehr traditionelle Organisationen zum Vorbild genommen, und das sollte sich nun ändern.

Die Mitglieder der Gruppe setzten ihre neuen Einsichten sofort in der Jahreskonferenz um, die wenige Monate später stattfand. Ihre Intention bestimmte die Struktur der Konferenz und nicht umgekehrt. Statt sich z. B. auf fünf Veranstaltungen von je 75 Minuten zu fokussieren, fragten sie: „Welches Format wäre das geeignetste für das ‚Zusammenkommen'?" Sie stellten fest, dass nicht die Veranstaltungen den anregendsten Teil der Konferenz ausmachten, sondern die Zusammenkünfte dazwischen und beim Mittagessen oder das gesellige Beisammensein danach. Dementsprechend wählten sie eine informellere Struktur und ließen z. B. jemanden während des Mittagessens einen Vortrag halten. Sie stellten den Ablaufplan auf den Kopf und erhielten als Ergebnis das positivste Feedback, das sie je nach einer Konferenz erhalten hatten. Die Konferenz spiegle durch das Statement „Arts Deans helping Deans" zum Ausdruck gebrachte Identität der Organisation wider, und die Teilnehmer genossen es und schöpften Kraft daraus, zusammenzukommen, um ihre kollektive Identität zu stärken, Ideen auszutauschen und Probleme zu lösen.

Das „Zusammenkommen" war für den ICFAD auch ein Test dafür, ob sich seine Programme und Aktivitäten aufrechterhalten und entwickeln ließen oder ob es besser war, sie einzustellen. So schuf die Gruppe z. B. das Telefon-Mentoring-Programm wegen seiner Eins-zu-eins-Struktur ab. Diesem Mentoring fehlte das Element der Freundschaft, das ein „Zusammenkommen" der gesamten Gruppe kennzeichnete – was dadurch bestätigt wurde, dass die Mitglieder an diesem Programm nicht so viel Interesse gezeigt hatten wie an anderen Veranstaltungen, in denen die Komponente „Zusammenkommen" eine Rolle spielte. Der ICFAD begann, der „Zeit des Zusammenkommens" mehr Raum zu geben.

In jenem Jahr gab es mehr Konferenzbesucher denn je. Innerhalb von zwei Jahren nach Definition des Zwecks der Gruppe als „Arts Deans helping Deans" und der Veränderung der Struktur und Operationsweise des ICFAD stieg die Mitgliederzahl um 27 Prozent und wuchs bis 2010 noch weiter an. Die Gruppe verbesserte ganz entscheidend ihre Fähigkeit, für ihre Mitglieder da zu sein. Derzeit berät sie über zahlreiche Strategien für zukünftige Dienstleistungen, Konferenzen und Vergünstigungen für ICFAD-Mitglieder.

Die Organisation gewann Klarheit darüber, wie der Vorstand, die Ausschüsse, das Personal und die Mitglieder zusammenarbeiten könnten und auf welche Weise die Mitglieder den ICFAD nutzen könnten, um Vorschläge zur Verbesserung der landesweiten Kunsterziehung zu unterbreiten. Sie beschloss auch, wie sie diese Struktur und deren Umsetzung bei der Konferenz im Herbst 2010 beschreiben wollte.

In strategischen Konversationen in den Jahren 2005 und 2006 untersuchte die Gruppe das Gestaltbedürfnis *Energie*. Der *wirtschaftliche Motor* des ICFAD hat einen ökonomischen Antrieb (Cashflow pro Mitglied) und einen Ressourcenantrieb (Zeit, Geld und Engagement der Mitglieder), Elemente, die Collins beschreibt[68].

- Zeit – Menschen dazu gewinnen, ohne Vergütung oder zu einem nicht marktüblichen Honorar einen Beitrag zu leisten,
- Geld – nachhaltiger Cashflow (vorrangig aus Beiträgen und jährlichen Konferenzgebühren; derzeit erarbeitet der ICFAD Möglichkeiten, aus der Mitgliedschaft weitere Einnahmequellen zu generieren),
- „Markenzeichen" / Image – die tiefe Quelle des emotionalen Wertes der Organisation und die Marktbedeutung potenzieller Unterstützer und die Art und Weise, wie die Menschen die Positionierung der Organisation auf dem Markt wahrnehmen.

In den nachfolgenden Gesprächen legte die Gruppe Handlungsschritte zur Entwicklung dieser Ressourcen und zur Überprüfung der Ergebnisse fest.

Anfang 2010 konzentrierte sie sich vor allem auf das Ursprungsbedürfnis *Ausrichtung* und schuf weitere Strategien, um den *lebensbejahenden Zweck* der Organisation in Übereinstimmung mit ihrer *Identität* zu erfüllen. Die Fokussierung auf die *Ausrichtung* war zum einen der nächste logische Schritt, zum anderen wurde dieses Bedürfnis am wenigsten von allen Organisationsbedürfnissen erfüllt. Es rangierte unter den letzten drei von sechzehn bewerteten individuellen und organisationsbezogenen Bedürfnissen.

Die Ermittlung der sechs Organisationsbedürfnisse hat zu einer größeren Mitgliederzahl und einer Revitalisierung des *International Council of Fine Arts Deans* geführt. Das Council wurde zu einer effektiveren und interessanteren Ressource für seine Mitglieder wie auch zu einer wichtigen Stimme in den Gesprächen über Kunst im akademischen Bildungssystem. So entstand ein neues Gefühl der Ausrichtung und neuer Enthusiasmus für die Zukunft der Organisation.

In Kapitel 4 ging es darum, wie das Bedürfnisbewusstsein und die Sprache der Bedürfnisse auf der intrapersonalen, der interpersonalen und der organisationsbezogenen Ebene genutzt werden können, um die Produktivität zu verbessern und um zu klären, welche Schwerpunkte den Erfolg eines Teams, einer Gruppe oder einer Organisation fördern. Es wurden sechs organisationsbezogene Bedürfnisse beschrieben und dargelegt, wie Organisationen davon profitieren können, wenn sie diese für sich definieren und erfüllen.

In Teil II wird es genauer darum gehen, mithilfe welcher Instrumente und Techniken diese Informationen am Arbeitsplatz umgesetzt werden können. Dabei kommt es von einem Bedürfnisbewusstsein (needs based *awareness*) Schritt für Schritt zu einer vertieften Form dieses Bedürfnisbewusstseins (needs based *consciousness*)[69], das neben dem Wissen um die eigenen Bedürfnisse auch die Erkenntnis mit einschließt, dass wir aus diesem Bewusstsein heraus leben und Entscheidungen treffen und weil es in Teil II darum geht, wie Empathie in Aktion aussehen kann, schließt ein vertieftes Bedürfnisbewusstsein eben diese Aspekte mit ein.

Teil II

Empathie in Aktion

5. Die Steigerung der Selbstproduktivität

„Ich bin Feuer und Flamme, weil ich erkenne: Je mehr ich dafür sorge, dass meine Bedürfnisse schnell erfüllt werden, desto produktiver bin ich. Außerdem fällt mir Folgendes auf: Wenn ich innehalte und darüber nachdenke, ob etwas, das ich fühle, ein Bedürfnis ist, stellt sich heraus, dass einige der Dinge, die ich für Bedürfnisse gehalten habe, in Wirklichkeit Gewohnheiten oder einfach nur Ablenkungsmanöver sind.“

Mitglied eines Führungsteams während eines bedürfnisorientierten Leadership- und Kommunikationstrainings

Teil II (Empathie in Aktion) vermittelt spezifische Strategien und Instrumente zur Entwicklung Ihrer Fähigkeit, eine empathische Verbindung aufzunehmen und ein Bedürfnisbewusstsein [awareness] zu entwickeln, um die Produktivität am Arbeitsplatz zu steigern und das Bedürfnisbewusstsein [consciousness] zu vertiefen. Beginnen wollen wir mit der Selbstproduktivität, weil uns als Individuen eine zentrale Bedeutung auf den drei Ebenen der Kommunikation in Organisationen oder in der Arbeitswelt zukommt.

Wie an früherer Stelle beschrieben, prägt und beeinflusst das, was wir uns selbst sagen (*intra*personale Ebene), das, was wir anderen sagen und was wir glauben, sie sagen zu hören (*inter*personale Ebene). Es hat auch einen Einfluss darauf, wie wir betriebliche Daten interpretieren und auf sie reagieren, vor allem die Daten, die wir von unseren Kunden erhalten (Organisationsebene). Zudem sagt uns die Logik, dass wir in den meisten Fällen eine vollständige Kontrolle nur über uns selbst haben. Und schließlich werden wir uns öfter auf bedeutungsvolle und produktive Weise mit anderen verbinden, wenn wir uns zuerst mit uns selbst verbunden haben, dem Denken und Handeln also erst das Verbinden vorausschicken. Aus dieser Verbindung mit uns selbst erwachsen neue und wirkungsvollere Strategien, mit deren Hilfe eine größere Anzahl von Bedürfnissen erfüllt werden kann. Ohne diese Selbstverbindung sind wir wie ein Radio, bei dem ein Sender nicht richtig eingestellt ist. Unsere Mitteilungen sind dann eher unverständlich. Wenn wir aber selbst nicht richtig „eingestellt“ sind, werden wir auch Schwierigkeiten haben, genau zu verstehen, was unser Gegenüber sagt.

Ich verwende den Begriff Selbstproduktivität, weil er mich an das Konzept der Selbstsorge erinnert. Eine der unmittelbarsten Formen der Selbstsorge ist die Selbst-Empathie, jener Prozess, den wir in Form eines Ablaufdiagramms in Kapitel 3 dargestellt haben (siehe Abb. 7). Selbst-Empathie beinhaltet die Verbindung mit unseren eigenen Gefühlen und Bedürfnissen, und zwar nicht als verallgemeinertes Konzept, sondern als Prozess, zu dem wir in jedem beliebigen Moment Zugang haben.

In jedem beliebigen Moment? Wie soll das am Arbeitsplatz funktionieren, wo wir doch so beschäftigt sind? Warum ist dies für die Arbeitsproduktivität sowie für unsere eigene Produktivität und die der anderen so wichtig?

Vor Kurzem führte ich ein Online-Training für Führungskräfte durch, in dem es um empathische Führungs- und Kommunikationsfertigkeiten ging. Ich gab den Teilnehmern folgende Übung: Sie sollten zwischen zwei Trainingssitzungen darauf achten, wann bei ihnen angenehme oder unangenehme Gefühle ausgelöst wurden, und den Trigger für diese Gefühle identifizieren. Anschließend sollten sie eine Verbindung zwischen diesen Gefühlen und ihren Bedürfnissen ziehen, erfüllten oder unerfüllten.

Ein Abteilungsleiter berichtete von einem Durchbruch. Aufgrund der Beobachtung seiner Gefühle und Bedürfnisse während des gesamten Arbeitstages habe er mehr Klarheit darüber gewonnen, was er kontrollieren könne und was sich seinem Einfluss entziehe oder auch seiner Bereitschaft, Mühe hineinzustecken. Sein Gefühl der Überforderung wich der Erkenntnis, dass er über bestimmte Dinge die Kontrolle hatte und es in seiner Macht lag, sie in Angriff zu nehmen. Diese Klarheit, so der Abteilungsleiter, habe zu einem Gefühl der Erleichterung geführt und ihm mehr Energie verliehen.

5.1 Der Nutzen der Selbstverbindung

Als ich mich zum ersten Mal bewusst mit mir selbst verband, befand ich mich in einem Lebensmittelladen. Einige Stunden zuvor hatte ich mich zu einer Besprechung mit zwei anderen Beratern getroffen. Wir hatten uns zusammengetan, um ein Programm für einen Klienten zu entwickeln, und zwei von uns sollten bei einer Wirtschaftstagung für diese Gruppe sprechen. Während des Meetings erfuhr ich, dass meine Kollegin am Tag der Konferenz Geburtstag hatte. Plötzlich stellte ich mir völlig unbegründet – wie das bei solchen Gedankengängen oft der Fall ist – vor, dass sie der Star unter den Präsentatoren sein und ich in den Hintergrund gedrängt werden würde. Ich malte mir aus, wie sie unter den Klängen von „Happy Birthday“ den Festsaal betreten würde, während Hunderte von Menschen aus dem Publikum sie hochleben ließen.

Als ich durch die Gänge des Lebensmittelladens schlenderte, wurde ich mir dunkel eines scheußlichen Gefühls bewusst, das meinen ganzen Körper erfasste, so als wolle ich aus meiner Haut kriechen. Mein Unbehagen ließ mich erkennen, dass dies der ideale Moment zur Selbstverbindung war und dass ich gerade zu einem Prozess der Selbstfindung eingeladen wurde. Blitzschnell wurde mein Gefühl der Unruhe von einem Hochgefühl begleitet, als mir klar wurde, dass ich die große Chance hatte, ein unerfülltes Bedürfnis zu entdecken. Ich erinnere mich, dass ich in Gedanken frohlockte: „Ich habe ein unerfülltes Bedürfnis!" Die Intensität des Gefühls verriet mir, dass es sich um ein wichtiges Bedürfnis handelte.

Also unternahm ich den ersten Schritt zur Selbstverbindung. Ich fragte mich: „Was fühle ich?" Im ersten Moment fiel mir gar nichts dazu ein. Dann ging ich im Kopf eine Liste von Vermutungen durch. Wut? Nein. Eine Art Traurigkeit? Nein, auch das nicht. Angst? Jetzt kam ich der Sache schon näher, aber auch das traf den Nagel noch nicht auf den Kopf. Aha! Eifersucht. Ich war eifersüchtig wegen der Aufmerksamkeit, die meine Kollegin, wie ich mir ausmalte, erhalten würde. Ich freute mich, dass meine emotionale Kompetenz sich entwickelte. Ich konnte mich nicht erinnern, dass ich mir jemals zuvor meines Erlebens von Eifersucht in all seinen Komponenten bewusst gewesen wäre. Ich spürte, dass mein Puls raste, eine mächtige Welle der Energie mich durchflutete und meine Sinne betäubt waren, so als befände ich mich in einer von der Welt abgeschnittenen Blase. Ich spürte eine seltsame Mischung aus Angst, Wut und Schmerz, wobei diese drei Empfindungen miteinander um die Vorherrschaft zu kämpfen schienen. Schließlich spielte sich in meinem Kopf ein unablässiger innerer Monolog ab, den ich aber nur hören konnte, wenn ich ihm als Teil des Akts der Selbstverbindung meine Aufmerksamkeit schenkte: „Du bist nicht so gut wie sie. Die Leute mögen sie mehr als dich. Du zählst nicht."

Nachdem es mir gelungen war, meine innere Stimme zu vernehmen, konnte ich mit Logik an dieses innere Ereignis herangehen. Die Lächerlichkeit meiner Vorstellungen wurde offensichtlich. Der Anteil meiner Kollegin an dieser Sache war lediglich der, dass sie am Tag der Konferenz Geburtstag hatte! Hier ging es eindeutig um niemand anderen als um mich selbst. Ich ging zu Schritt zwei der Selbstverbindung über und fragte mich: „Wenn es hier also allein um mich geht, um welches meiner Bedürfnisse könnte es sich dann handeln?"

Ich wusste, dass ich mir meiner Gefühle stärker bewusst war als meiner Bedürfnisse. Tatsächlich musste ich mich ausdrücklich daran erinnern, dass es bei diesem Prozess nicht um das ging, was ich fühlte. Gefühle sind nichts weiter als emotionale Energie. Sie bedeuten erst etwas, wenn wir ihnen eine Bedeutung zumessen. Physiologisch können z. B. Angst und Aufregung mit denselben körperlichen Empfindungen einhergehen. Sportpsychologen helfen Athleten oft, ihre Angst in Aufregung umzulenken. Athleten brauchen den Adrenalinstoß und vielleicht sogar Schmetterlinge im Bauch, weil ihr Körper sich auf eine Spitzenleistung vorbereitet. Mit zum Schlimmsten, was man vor einem wichtigen Wettkampf erleben kann, gehört das Gefühl betäubender Lustlosigkeit. Doch die Aufregung sollte mit der Vorfreude auf die bevorstehende Leistung und nicht mit Angst verbunden sein.

Das Entscheidende an diesem Prozess sind die Bedürfnisse – die grundlegenden von Marshall Rosenberg identifizierten menschlichen Bedürfnisse, die in den vorhergehenden Kapiteln vorgestellt wurden. Nicht Wünsche oder Sehnsüchte, sondern Bedürfnisse, die in der Gänze unseres Mensch-Seins für unsere Gesundheit und unser Wohlergehen grundlegend sind.

Der gesamte Prozess meiner Selbstverbindung dauerte nur so lange, wie ich auf der Suche nach einem bestimmten Gang von einem Ende des Ladens zum anderen gebraucht hatte, also nur wenige Minuten. Hätte mich jemand beobachtet, wäre ihm nichts Ungewöhnliches aufgefallen. Doch in meinem Inneren eröffnete sich mir eine völlig neue Welt.

Das Bedürfnis, mit dem ich Kontakt aufnahm, war Anerkennung – Anerkennung für das, was ich im Unterschied zu allen anderen zu bieten hatte. Plötzlich spielte es keine so große Rolle mehr, was die Zuhörer von meiner Kollegin hielten. Ich erkannte nun, welchen Beitrag ich für sie leisten konnte, und genau das war das Entscheidende. Fast unmittelbar verwandelte sich das unangenehme Gefühl der Unruhe in ein tiefes Gefühl der Dankbarkeit, weil mein Bedürfnis nach Anerkennung mithilfe des folgenden inneren Dialogs erfüllt wurde: „Ich bin gut, so wie ich bin. Ich habe etwas Einzigartiges zu bieten, weil ich einzigartig bin. Sie ist gut, so wie sie ist, und ich wünsche ihr viel Glück zum Geburtstag!"

Für meine Beratungstätigkeit führte dieser Prozess zu zwei konkreten Ergebnissen. Erstens hielt ich vor der Gruppe einen Vortrag, den zu halten ich genoss. Und das Feedback, das ich erhielt, zeigte mir, dass das Thema – das Erkennen der Bedürfnisse, die unseren eigenen wie auch den Gefühlen anderer zugrunde liegen – für die Zuhörer von Wert gewesen war. Ich berichtete auf eine Weise von meinen eigenen Erfahrungen und meiner Verletzlichkeit, wie ich es ohne das Erlebnis der Selbstverbindung im Lebensmittelladen wohl nicht getan hätte. Zweitens war ich bereit, meine Kollegin im Geiste einer zuvor für mich nicht vorstellbaren tieferen Zusammenarbeit als Freundin zu betrachten. Von beiden Ergebnissen profitiere ich bis heute. Ich verstand plötzlich, warum Marshall Rosenberg sagt, dass Schmerz, selbst ein geringfügiger, ein Geschenk ist, das auf unsere unerfüllten Bedürfnisse hinweist und uns die Gelegenheit bietet, Strategien zu dessen Erfüllung zu entwickeln. Um sich selbst Mut zu machen, wiederholen meine Klienten oft für sich einen Satz, den ich Rosenberg habe sagen hören: „Ein unerfülltes Bedürfnis ist ein Geschenk!"

> Uns unsere Bedürfnisse zu erfüllen ist ein zugleich mitfühlender und produktiver Akt, von dem nicht nur wir selbst, sondern auch alle anderen um uns herum profitieren.

Uns unsere Bedürfnisse zu erfüllen ist ein zugleich mitfühlender und produktiver Akt, von dem nicht nur wir selbst, sondern auch alle anderen um uns herum profitieren. Wenn wir uns selbst im

Dienste der Lebensbejahung etwas geben, geben wir jedem etwas, mit dem wir in Kontakt kommen, angefangen bei den uns am nächsten stehenden Menschen bis hin zu den zufälligsten Begegnungen. Selbstverbindung ist die Grundlage für Selbstproduktivität, die wiederum die interpersonale, die Team- und die organisationsbezogene Produktivität fördert.

5.2 Die Gefahren des unbewussten Denkens

Wenn wir nicht darin geübt sind, unseren inneren Dialog wahrzunehmen, dann hat er uns im Griff. Wir sagen uns etwas und sind uns dessen nicht bewusst. Ist dies der Fall, neigen wir dazu, alles, was sich um uns herum abspielt, mit unserem inneren Erleben in Verbindung zu bringen und es für die Ursache unserer Gefühle zu halten. Am Arbeitsplatz kann dieses fehlende Bewusstsein auf breiter Front zu Chaos führen.

Effektive Team- und Organisationsleiter sind für mich mittlerweile in erster Linie diejenigen, die ihre eigenen Gedanken und Gefühle managen. So können sie die Gedanken und Aussagen anderer besser aufnehmen, ohne sie mit ihrem eigenen inneren Dialog zu verwechseln, und es gelingt ihnen besser, auf unverzerrte Weise zu beobachten.

Effektive Team- und Organisationsleiter managen in erster Linie ihre eigenen Gedanken und Gefühle und so gelingt es ihnen besser, andere auf unverzerrte Weise zu beobachten und zu hören.

In diesem Sinne erlaubt uns ein Bewusstsein für Bedürfnisse, die Realität wie Wissenschaftler objektiv zu beobachten. Wir können auch die Wirkungen unserer Entscheidungen und unseres Handelns auf die gleiche Weise beobachten wie Wissenschaftler die Wirkung einer Variablen bei einem Experiment.

Uns bei unserer Arbeit mit uns selbst zu verbinden dient dem Zweck, unsere Selbstproduktivität und unsere Entscheidungsfähigkeit zu verbessern, die wiederum unsere eigenen wie auch die Bedürfnisse unserer betriebsinternen und externen Kunden befriedigen.

Die Rolle von Gefühlen bei der Entscheidungsfindung

Gefühle spielen bei der Entscheidungsfindung eine wichtige Rolle, wenn sie nicht durch Gedanken überblendet werden. Jüngste neurowissenschaftliche Forschungsergebnisse legen nahe, dass Emotionen bei der produktiven Entscheidungsfindung eine mühevolle Analyse ausstechen. In *Wie wir entscheiden* widmet Jonah Lehrer diesem Phänomen ein ganzes Kapitel, das passenderweise *Choking: Das Versagen unter Druck* überschrieben ist. Er dokumentiert eine Reihe von Experimenten von Experten, die Warentests für die Zeitschrift *Consumer Reports* durchführten, und von Forschern des Caltech und der Stanford University. Diese Experimente zeigen, so Lehrer, „wie gefährlich es ist, in jeder Lebenslage das rationale Gehirn entscheiden zu lassen. Wir können auch *zu viele* Überlegungen anstellen. Es gibt Situationen, in denen wir besser auf die Klugheit unserer Gefühle vertrauen, denn sie können unsere Vorlieben besser einschätzen. Wenn wir lange überlegen, verkennen wir möglicherweise unsere eigenen Wünsche."[70] Grundsätzlich, so Lehrer, sollten wir immer unsere Emotionen berücksichtigen und darüber nachdenken, warum wir fühlen, was wir fühlen.

Und warum wir fühlen, hängt mit unseren Bedürfnissen zusammen, erfüllten oder unerfüllten.

5.3 Methoden der Selbstverbindung, die zu Selbstproduktivität führen

Angestellte und Manager, mit denen ich arbeite, berichten u. a., dass sie ihre Wahlmöglichkeiten im Arbeitsalltag besser erkennen, wenn sie die folgenden Methoden der Selbstverbindung praktizieren:

1. Sie machen sich einmal pro Tag etwa um dieselbe Zeit rund fünfzehn Minuten lang Aufzeichnungen zu den vier Schritten des Selbst-Empathie-Prozesses (Beobachtungen, Gefühle, Bedürfnisse, Bitten).
2. Sie nehmen regelmäßig – z. B. dreimal am Tag bei einer Mahlzeit, jedes Mal, wenn sie Wasser trinken, oder alle zwei Stunden zur vollen Stunde – eine innere Bewertung ihrer Gefühle und Bedürfnisse vor.
3. Sie unterhalten sich zehn Minuten lang mit einem vertrauenswürdigen Kollegen, einem „Empathie-Work-Buddy", wobei sie ein bis drei Minuten lang unzensiert darüber sprechen, was während der Arbeit los ist. Der Kollege versucht dann, ihre Gefühle und Bedürfnisse einzuschätzen, soweit sie sie nicht zum Ausdruck gebracht haben. Falls sie dies getan haben, wiederholt ihr Kollege sie noch einmal mit eigenen Worten. Er gibt ihnen Empathie, um ihren Prozess der Selbstverbindung zu unterstützen.
4. Sie fokussieren sich darauf, sich mit den Gefühlen und Bedürfnissen eines anderen Menschen zu verbinden. Eine meiner ersten GFK-Trainerinnen war Sylvia Haskvitz. Sie lehrte mich, dass es vielen Menschen leichter fällt, sich mit sich selbst zu verbinden, indem sie mit anderen mitfühlen. Ich erinnere mich, dass

mich einmal, lange bevor ich die GFK erlernte, etwas in meinem Leben sehr traurig gemacht hatte. Ich war völlig auf das fokussiert, was schiefllief. Schließlich gelangte ich zu der Einsicht, dass es besser sei, mich nicht länger auf mich zu konzentrieren, sondern hinzugehen und etwas zu tun, was für einen anderen Menschen, der selbst unter einer schmerzlichen Erfahrung litt, wichtig sein würde. Es funktionierte. Sofort war ich enger mit meinen Gefühlen und Bedürfnissen verbunden und fähig, Bitten an mich selbst und andere zu richten, die meine Gefühle der Hoffnungslosigkeit verschwinden ließen. Darüber hinaus profitierte die Person, die meine Unterstützung erfuhr, ebenfalls von diesem Prozess.

5. Sie meditierten oder saßen ruhig da, um sich mit ihrem Atem und ihrem Körper zu verbinden. Schon eine Minute kann meiner Erfahrung nach sehr wohltuend sein, doch viele meiner Klienten halten zwanzig Minuten pro Tag gleich nach dem Aufstehen und zusätzliche fünf Minuten zur Mittagszeit für ideal.

Ich möchte noch einmal wiederholen, dass der Prozess der Selbstverbindung – vor allem wenn er im Arbeitsalltag eingesetzt wird – keine Übung in Eitelkeit ist. Vielmehr geht es bei dieser Selbstverbindung darum, mithilfe von Bitten, die wir an uns selbst und andere richten, mehr eigene Bedürfnisse wie auch mehr Bedürfnisse der uns umgebenden Menschen zu erfüllen. Im Kern geht es bei diesem Prozess um produktiven Wandel und Fortschritt.

Die beschriebenen Übungen mögen Ihnen schwierig erscheinen. Vielleicht haben Sie, wenn Sie sie ausprobieren, ein Gefühl der Benommenheit oder Leere. Dies ist oft bei Menschen der Fall, die an ein sehr hohes Arbeitstempo und sehr enge Termine gewöhnt sind. Aber keine Sorge: Sie können zunächst einmal damit beginnen, Ihre eigenen Gefühle zu erkennen und diese Gefühle mit Ihren Bedürfnissen in Verbindung zu bringen. Oder sich auch einfach nur in der Wahrnehmung Ihrer körperlichen Empfindungen üben.

Sie können damit beginnen, Ihre eigenen Gefühle zu erkennen und diese Gefühle mit Ihren Bedürfnissen in Verbindung zu bringen. Oder sich auch einfach nur in der Wahrnehmung Ihrer körperlichen Empfindungen üben.

5.4 Wozu Emotionen uns auffordern

In *Healing through the Dark Emotions: The Wisdom of Grief, Fear, and Despair* erörtert Miriam Greenspan das, was sie als „emotionale Alchemie" bezeichnet. Wir können unsere dunklen Emotionen, so Greenspan, vor allem im Zusammenhang mit Trauer und Angst, in Dankbarkeit und Freude verwandeln und Zuversicht und Mut gewinnen. Ist uns dies gelungen, können wir diese wirkungsvollen Eigenschaften dazu nutzen, die Bedürfnisse anderer zu erfüllen. Der Prozess der Selbst-Empathie ist eine Möglichkeit, unsere „dunklen" Emotionen in produktive Energie umzuwandeln.

Einer meiner Klienten, der als führender Sales-Manager für Hewlett-Packard tätig gewesen war, beschrieb sich selbst als Ex-Militär und sehr praktisch veranlagt. Deswegen überraschte es mich, als ich ihn nach einer Trainingssitzung fragte, woraus er den größten Gewinn ziehe, und er die von mir empfohlene Lektüreliste nannte, die Greenspans Buch aufführte – auf das er gesondert hinwies. Warum er dieses Buch für so wichtig halte, wollte ich wissen. Weil die Emotionen von Menschen, so sagte er, während seiner Jahre in der Geschäftswelt und beim Militär die größten Herausforderungen für Teams dargestellt hätten. Ihm sei klar geworden, dass Menschen ein breites Spektrum an Emotionen hätten und dass dieser Teil unserer menschlichen Natur sich auf natürliche Weise bei unserer Arbeit zeige.

Wenn ich Gruppen erzähle, wie schockiert ich war, als ich Rosenberg als ehemaligen praktizierenden Psychologen sagen hörte, dass mehr als die Hälfte aller in den Vereinigten Staaten verschriebenen Medikamente Antidepressiva seien, fragen die Teilnehmer manchmal nach: „Nur die Hälfte?" Das Privatleben fließt in das Arbeitsleben mit ein. Wenn die Menschen sich außerhalb des Büros mies fühlen, wird dies auch im Büro der Fall sein. Dies zu erkennen und mit Teammitgliedern und Bürokollegen mitzufühlen ist wichtig, wenn wir bedenken, dass mehr von ihnen, als wir vielleicht annehmen, Medikamente nehmen, um mit ihren Gefühlen fertig zu werden. Hierfür möchte ich, ohne ein Werturteil zu fällen, das Bewusstsein schärfen. Emotionen haben einen Einfluss auf alles, was wir am Arbeitsplatz erleben.

Emotionen sind eine körperliche Erfahrung

„Ich kann es gar nicht oft genug wiederholen", schreibt Greenspan in ihrem Buch. „Gefühle sind eine körperliche Erfahrung. Über Gefühle zu reden ist nicht dasselbe, wie sie zu erleben. Emotionale Intelligenz ist eine körperliche Intelligenz ... [deswegen] müssen Sie lernen, auf Ihren Körper zu hören. Dies ist die Kunst des emotionalen Einfühlungsvermögens."[71]

Manchmal lasse ich die Teilnehmer der Gruppen, mit denen ich arbeite, eine Übung durchführen, die ich für mich selbst entwickelt habe. Ich gebe ihnen eine einfache Darstellung des menschlichen Körpers, und sie beginnen damit, sich in der Wahrnehmung von Gefühlen und Bedürfnissen zu üben, indem sie zuerst ihre körperlichen Empfindungen identifizieren. Dies kann z. B. so aussehen, dass sie eine Minute lang innehalten, um wahrzunehmen, an welcher Stelle ihres Körpers sie eine Anspannung spüren. Sie identifizieren dann vielleicht den Bereich von Kiefer und Mund und merken, dass die Zunge fest am Gaumen liegt statt entspannt am Mundboden. Oder sie spüren Verspannungen in den Schultern. Sie kennzeichnen die Stelle dann in der Zeichnung. Wir groß ist der angespannte Bereich? Ist es ein ständiges

Gefühl? Pulsiert die Stelle oder geschieht irgendetwas anderes? Ist diese Empfindung mit anderen Körperteilen verbunden? Wenn sie dieser Empfindung einen Namen geben müssten, wie würde dieser lauten?

Ein Teilnehmer einer meiner Gruppensitzungen machte folgende scharfsinnige Beobachtung: „Bei Arbeitsbesprechungen ist mir u. a. aufgefallen, dass die Gesichter der Leute Anspannung erkennen lassen (z. B. zusammengepresste Kiefer, gefurchte Stirn), sodass sie selbst dann, wenn sie nichts sagen, etwas sagen. Vielleicht kann ich lernen, körperliche Anspannung bei mir selbst zu identifizieren und ihr dann ein Gefühl zuzuordnen. Mein Zahnarzt hat mir gesagt, dass der Zahnschmelz an einigen meiner Zähne durch mein Zähneknirschen stark beschädigt ist. Ich habe mich dabei erwischt, dass ich auf Situationen bei der Arbeit reagiere, indem ich die Zähne aufeinanderbeiße, aber ich habe mich dann nie gefragt, was ich in diesem Moment fühle. Aha!"

Uneingestandene Gefühle können nicht nur in unseren Interaktionen zum Verhängnis werden, sondern auch unserer Gesundheit schaden. Greenspan schreibt: „Wenn wir nicht fähig sind, der emotionalen Sprache unseres Körpers zu lauschen, entstehen ‚Symptome', die uns zur Aufmerksamkeit auffordern. Da aus leichten Magenschmerzen im Lauf der Zeit ein Magengeschwür werden kann, kann ein unerkanntes Leid eine ausgewachsene Angststörung oder klinische Depression zur Folge haben. Verleugnete Angst macht sich in einem geschwächten Immunsystem und psychosomatischen Störungen bemerkbar. Verleugnete Verzweiflung lebt in unserem Körper und verleitet uns dazu, auf eine Weise zu handeln, die für uns selbst und andere gefährlich ist."[72]

Uneingestandene Gefühle können nicht nur in unseren Interaktionen zum Verhängnis werden, sondern auch unserer Gesundheit schaden.

Selbst-Empathie ist nicht nur förderlich für unsere Gesundheit. Es ist auch einfacher, uns selbst und anderen Empathie zu geben, wenn wir gesund sind, sodass Gesundheit und Empathie gemeinsam einen wertvollen Synergieeffekt erzeugen.

5.5 Empathie und Gesundheit

Viele Bücher erörtern, wie sich Ernährung auf unser Wohlbefinden auswirkt, doch ich möchte vor allem auf drei Faktoren eingehen, die unsere Fähigkeit zur Selbstverbindung beeinträchtigen.

Erstens Koffein. Kaffee und „Energy-Drinks" sind ein üblicher Ersatz für die natürliche Energie am Arbeitsplatz. Ich gebe zu, dass ich gelegentlich ebenfalls zu diesen, auf künstliche Weise Energie erzeugenden Mitteln greife. Sie überdecken meine

Müdigkeit, wenn ich z.B. für eine Reise oder einen wichtigen Termin munter sein will. Ein hoher regelmäßiger Koffeinkonsum fordert jedoch einen Preis. Bei vielen Menschen führt dieses Stimulans dazu, dass die Verbindung zwischen körperlichen Empfindungen und Emotionen gekappt wird. In Kapitel 9 werde ich beschreiben, wie dies zu sehr unproduktiven Äußerungen von Ärger und Gereiztheit am Arbeitsplatz beitragen kann.

Zweitens weißer Zucker. Meine Kollegin Sylvia Haskvitz ist geprüfte Ernährungsberaterin. In den von uns geleiteten Retreats zaubert sie während der Pausen Menüs, die wenig Zucker enthalten, aber dennoch viel Energie verleihen. Wir sehen eine direkte Verbindung zwischen dem Konsum von raffinierten Kohlenhydraten sowie weißem Zucker und der Fähigkeit der Teilnehmer, sich zu konzentrieren, präsent zu sein und während des Retreats über wichtige geschäftliche Fragen zu diskutieren.

Genau dies lässt sich auch am Arbeitsplatz beobachten. Der Akt der empathischen Verbindung erfordert Energie. Sind wir ausgelaugt und müde, sind wir höchstwahrscheinlich weniger motiviert, uns mit anderen auf diese Weise zu verbinden. Mehr über Haskvitzs Arbeit – d.h. darüber, wie Sie mithilfe der GFK eine gesündere Beziehung zum Essen entwickeln können – erfahren Sie in ihrem Buch *Ins Gleichgewicht kommen. Essen nach Wahl und nicht aus Gewohnheit.*

Drittens Gesundheitsprobleme. Während der drei Jahre, in denen ich dieses Buch geschrieben habe, hatte ich eine Reihe gesundheitlicher Probleme. Ich hatte Schilddrüsenkrebs und musste mich zwei Operationen unterziehen, litt aufgrund von Anämie und einem geschwächten Immunsystem unter Müdigkeit und zog mir mehr Erkältungen und andere Gesundheitsprobleme zu als in meinem ganzen vorherigen Leben. In dieser Zeit fiel mir auf, dass ich in Bezug auf andere Menschen über weniger Ressourcen verfügte, als ich mir wünschte. Als ich mich besser fühlte, arbeitete ich daran, mir selbst zu vergeben und mich mit anderen, so gut ich konnte, erneut zu verbinden. Ich, die ich bis dahin im Allgemeinen gesund gewesen war, machte nun die wichtige Lernerfahrung, wie ich durch Selbstverbindung mit einer hohen Arbeitsbelastung und einem stressigen Privatleben fertig werden konnte. Seit damals ist mir klar geworden, dass Kompromisse in Bezug auf meine Gesundheit wichtige Signale dafür sind, dass ich nicht genügend Unterstützung in meinem Leben erfahre, nicht um genügend Unterstützung bitte oder dass grundlegende Dinge aus dem Lot geraten sind. Ich habe auch gelernt, dass es eine äußerst anstrengende Erfahrung sein kann, mit jemandem zusammenzuleben, der ernste gesundheitliche Probleme hat, und dass man sich in einem solchen Fall Expertenrat für die Krankenpflege holen sollte. Ich bin dankbar, dass ich Entscheidungen treffen konnte, durch die ich mehr Unterstützung erfahre und infolgedessen wiederum andere besser unterstützen kann. Ich weiß jetzt, wie schwierig es für Menschen mit einer chronischen

Krankheit sein muss, die täglichen Herausforderungen des Lebens zu meistern, und ich empfinde ein tiefes Mitgefühl mit ihnen.

Ich habe am eigenen Leib erfahren, dass die Gesundheit in hohem Maß zur Kraft unserer empathischen Verbindung beiträgt und dass es wiederum für unsere Gesundheit förderlich ist, wenn wir uns mithilfe der Selbst-Empathie um unsere Emotionen kümmern.

Wir sollten unsere Gefühle nicht erst dann entdecken und anerkennen, wenn die Krankheitssymptome bereits übermächtig sind. Übungen wie die bereits vorgestellten fördern das Bewusstsein für unsere Gefühle und Bedürfnisse. Sie sind eine praktische Möglichkeit, unsere Produktivität zu erhöhen und unsere Gesundheit zu erhalten. Sie leiten uns an, Muster zu durchbrechen, und können uns so von der Gefühllosigkeit des Zu-viel-Denkens und Zu-viel-Analysierens befreien, die einhergeht mit hektischer Geschäftigkeit und zu vielen Terminen. Übungen können uns zu einer erneuten Verbindung mit unseren Gefühlen und Bedürfnissen verhelfen, aus der eine natürliche Energie statt einer durch Koffein erzeugten nervösen Energie erwächst. Wir alle haben dieses natürliche Hoch erlebt und es als etwas Wunderbares empfunden: Statt unsere Arbeit als Last zu empfinden, machte sie uns Freude. Unser emotionales und mentales Wohlergehen ist die Voraussetzung für Produktivität, die nicht nur uns selbst, sondern auch allen um uns herum zugutekommt.

In diesem Kapitel ging es darum, wie wir unsere eigene Produktivität steigern können, indem wir uns mit uns selbst verbinden und uns dadurch unserer Gefühle und Bedürfnisse bewusster werden. Im nächsten Kapitel wird erklärt, wie wir dieses Bewusstsein für eine empathische und produktive Verbindung zu unseren Arbeitskollegen nutzen können.

6. Die Steigerung der interpersonalen Produktivität

„Wann immer ein Angestellter des kalifornischen Internettechnologieunternehmens Cisco Systems einen bedeutenden Verlust wie einen Todesfall in der Familie erlitt, nahm der CEO John Chambers innerhalb von 48 Stunden Kontakt mit dem Betroffenen auf, um ihm sein Beileid zu bekunden und seine Hilfe anzubieten. Für andere Mitarbeiter war dies eine Art grünes Licht, ihren Kollegen Mitgefühl entgegenzubringen, und das Unternehmen wird von seinen Mitarbeitern durchweg als einer der besten Arbeitgeber im Land eingestuft."

Jill Suttle [73]

Die meisten von uns kennen die Redewendung „den Wald vor lauter Bäumen nicht sehen" und haben sie auch schon einmal verwendet. Am Arbeitsplatz kommt es häufig vor, dass wir „den Wald vor lauter Bäumen nicht sehen" – oder eher, dass wir die Menschen innerhalb des Systems nicht sehen. Und wenn wir die Gefühle und die uns allen gemeinsamen Bedürfnisse aus den Augen verlieren, verlieren wir auch den Blick dafür, warum wir tun, was wir tun, und warum andere tun, was sie tun. Aber nicht nur der Zweck wird verschleiert, auch das grundlegende menschliche Mitgefühl und unsere Fähigkeit, uns zu verbinden, gehen verloren. Die Menschen leiden und Arbeitsmoral und Produktivität lassen nach. Der Aspekt der Verbindung ist in der Tat so wichtig, dass er die Wissenschaftlerin Dr. Brené Brown, Professorin am *University of Houston Graduate College of Social Work,* zu der Aussage veranlasst hat: „... Verbundenheit ist der Grund, weshalb wir hier sind. Sie ist das, was unserem Leben Sinn und Zweck verleiht ... Neurobiologisch betrachtet, ticken wir so ..."[74]

Was ist der Sinn und Zweck von Organisationen? Sie alle sind Strategien zur Erfüllung menschlicher Bedürfnisse. Dabei gilt es zweierlei zu berücksichtigen. Einerseits haben Organisationen im Unterschied zum Menschen nicht von Natur aus das Recht zu existieren. Sie existieren, um Bedürfnisse zu erfüllen. Auch Forschungsteams, die unbekannte Tier- oder Insektenpopulationen studieren, existieren, um ein Bedürfnis zu erfüllen, nämlich das nach menschlichem Wissen. Wenn die Erfüllung des Bedürfnisses den Menschen nicht wichtig genug ist oder das Bedürfnis sich ändert, werden sie eine Organisation nicht oder nicht länger mit Ressourcen unterstützen, sodass sie zu existieren aufhört. Denken Sie nur an all die Unternehmen, die pleite gegangen sind oder ihre Strategien ändern mussten, wenn ihre Produkte aufgrund des technologischen Fortschritts veraltet waren.

Andererseits zeigt das Fortbestehen einer Organisation, dass sie in gewisser Weise menschliche Bedürfnisse erfüllt. Einige Menschen mögen mit ihren Strategien nicht einverstanden sein, z. B. mit der Produktion von Zigaretten, die das Bedürfnis nach Genuss auf Kosten des Bedürfnisses nach Gesundheit erfüllen. Dennoch befriedigt die Organisation menschliche Bedürfnisse – selbst wenn dies um des Profits willen auf Kosten des Verbrauchers geschieht. Andernfalls würde es sie nicht mehr geben.

Organisationen haben zwar nicht dieselben Rechte wie Menschen, teilen mit diesen als lebende Systeme jedoch z. B. den Ablauf von Lebenszyklen, den kulturellen Charakter und grundlegende Bedürfnisse. Zu diesen gehört der weiter oben beschriebene *lebensbejahende Zweck*.

Wenn die Angehörigen einer Organisation also die Verbindung zu den Bedürfnissen verlieren, denen sie dienen – ihrem gemeinsamen *lebenbejahenden Zweck* –, spiegelt sich dieser Verlust oft in ihren Beziehungen zu anderen Mitgliedern der Organisation wider. Statt dass alle für einen gemeinsamen Zweck arbeiten und sich um gegenseitiges Verständnis bemühen, zerfällt das Netzwerk in eine Ansammlung von Jobs, allein zu dem Zweck, einen Lohnscheck zu erhalten. Ist eine Organisation hingegen bedürfnisorientiert, sowohl auf der Organisations- als auch der interpersonalen Ebene, erwachsen daraus Sinnhaftigkeit und ein Gefühl der Verbundenheit, was wiederum zu mehr Produktivität führt.

Alle Organisationen sind Strategien, die menschliche Bedürfnisse erfüllen helfen. Ansonsten würden sie aufhören zu existieren.

6.1 Eine lebensverändernde Erkenntnis

Haskvitz sagt: „Der Einsatz der GFK in der Geschäftswelt führt auf schnellere Weise zu einem Systemwandel als jede andere mir bekannte Methode. Empathie ermöglicht Verbundenheit – wodurch die Arbeitswelt humanisiert und unsere Welt verändert wird." Im Folgenden beschreibt sie, wie eine bestimmte Einsicht eine Tür für Empathie und Verbundenheit öffnete – und damit für mehr Produktivität.

> Ich bot Jerry, dem Geschäftsführer eines Unternehmens mittlerer Größe, der sich sehr über einen seiner Mitarbeiter ärgerte, eine individuelle Coaching-Sitzung an.
>
> Nachdem ich mich empathisch mit ihm verbunden hatte (ihm seine Gefühle widergespiegelt hatte, damit er wusste, dass ich ihn verstand), fragte ich: „Was sind Ihrer Vermutung nach die Gefühle und Bedürfnisse dieses Mitarbeiters?"
>
> Eine Weile lang schwieg er. Dann hatte er ein „Aha"-Erlebnis. Er sagte: „Mein Gott, ich habe nie darüber nachgedacht, welche Gefühle und Bedürfnisse er haben könnte!"

Diese Erkenntnis war lebensverändernd für Jerry. Ihm wurde klar, dass er diesen Mitarbeiter einfach abgestempelt und sich nie gefragt hatte, welche Bedürfnisse er sich durch die Handlungen, die Jerrys Ärger hervorriefen, zu erfüllen versuchte. Von diesem Augenblick an hatte der Angestellte für Jerry ein menschliches Gesicht; seine Urteile änderten sich mithilfe der Empathie und es gab nun die Möglichkeit zur Verbindung und die Bereitschaft zur Zusammenarbeit.

(Die Geschichte hat sich so zugetragen, der Name des Geschäftsführers wurde jedoch geändert. Sylvia Haskvitz ist in der Liste der an diesem Buch Mitwirkenden aufgeführt.)

Wir alle kennen wahrscheinlich Menschen, mit denen wir nicht so leicht zurechtkommen wie mit anderen, die sich nicht so verhalten, wie wir uns dies wünschen, oder deren Wertvorstellungen sich von unseren unterscheiden. Wir glauben, objektiv zu sein, wenn wir diese Menschen als „schwierig" bezeichnen oder sagen, dass es „schwierig" sei, mit ihnen eine Unterhaltung zu führen. Tatsächlich sind dies, wie wir gelernt haben, unsere moralisierenden Urteile, ein verdeckter Ausdruck unserer eigenen unerfüllten Bedürfnisse. Am Arbeitsplatz können derlei Spannungen die unterschiedlichsten Folgen haben, von Verärgerung bis hin zu einer Katastrophe. Wie lassen sich solche Situationen entschärfen, oder besser noch verändern? Wir können Beobachtungen anstellen, statt Urteile zu fällen, oder unsere Urteile offen darlegen. Wir können unsere eigenen wie auch die Gefühle und Bedürfnisse des anderen Menschen berücksichtigen und klare Bitten formulieren, damit die Bedürfnisse beider Parteien erfüllt werden.

6.2 In BGBB übersetzen

Mit anderen Worten, wir übersetzen das, was wir hören, in die Sprache der BGBB (Beobachtungen, Gefühle, Bedürfnisse, Bitten). Wir können dies still tun, wenn wir kein Vertrauensverhältnis mit dem Betreffenden aufgebaut haben, oder auch offen ausgesprochen, wenn es wichtig ist, dass es keine Unklarheiten zwischen uns gibt. Die Energie unangenehmer Gefühle kann schon allein dadurch abgebaut und die Energie angenehmer Gefühle dadurch verstärkt werden, dass wir sie einfach nur laut benennen und die Verbindung zu den ihnen zugrunde liegenden Bedürfnissen herstellen. Wenn wir z. B. sagen, dass wir gestresst oder traurig sind, weil wir ein Bedürfnis nach mehr Ruhe und Spaß haben, nehmen diese unangenehmen Gefühle in der Regel einfach schon dadurch ab, dass wir sie jemandem mitteilen. Wenn wir dann auch die Verbindung zu den dahinter liegenden Bedürfnissen knüpfen, kann dies transformativ sein, denn die Äußerung unserer Gefühle und unerfüllten Bedürfnisse bietet uns oft auch die Gelegenheit, uns selbst und andere um Veränderung zu bitten. Im Fall erfüllter Bedürfnisse könnten wir darum bitten, deren Erfüllung weiterhin zu unterstützen oder das, was bereits funktioniert, beizubehalten.

Manchmal kann es also produktiv sein, jemanden zu fragen: „Sind Sie verunsichert, weil Sie sich mehr Rückversicherung wünschen?" Der Gefragte sagt dann möglicherweise „Ja", vielleicht aber auch „Nein" und erklärt, dass er sich Sorgen macht. Dann könnten Sie ihn fragen, ob er darüber reden möchte. Das Gefühl und das Bedürfnis zu benennen und dem Betroffenen die Last zu erleichtern, indem man darüber spricht, wird sich positiv auf seine Produktivität auswirken – ein unschätzbares Geschenk, das Sie einem Arbeitskollegen machen können.

Aus diesem Grund genießen das Coaching und Mentoring von Führungskräften und Teamleitern in Organisationen, die großen Wert auf Produktivität legen, höchste Priorität.

Ich werde oft gefragt, wie dieser Prozess in einen geschäftigen Arbeitstag integriert werden kann. Rob, ein Geschäftsführer, der an einem meiner Trainingskurse teilnahm, hielt den Prozess der Empathie und des Sich-Verbindens für Luxus – etwas, was schön wäre zu tun, wenn man nur die Zeit dazu hätte. Aufgrund dieser Einstellung konnte er sich nicht vorstellen, wie er auch nur den Versuch unternehmen sollte, sich mit anderen zu verbinden. Dass es sehr zeitsparend sein kann, durch die Identifizierung von Bedürfnissen zum Kern dessen vorzudringen, was andere sagen, hatte er noch nicht verstanden. Ich fragte Rob, ob er sich Unterstützung in dieser Angelegenheit wünsche, was er bejahte, und so schlug ich ihm zweierlei vor. Erstens konnte er sich selbst Empathie geben oder von jemand anderem Empathie empfangen für sein Gefühl der Überforderung und für sein Bedürfnis nach Ruhe, Fortschritt und nach mehr Zeit, um sich mit anderen zu treffen. Ich vermutete, dass er sich selbst stark antrieb. So blieb im wenig Zeit, sich mit sich selbst zu verbinden, was sich wiederum in seinem Arbeitsalltag niederschlug, in dem es nur wenig Zeit zur Verbindung mit anderen gab. Zweitens konnte er es einfach ausprobieren, sehen, wie es sich anfühlte, und das Ergebnis – für ihn selbst und für den anderen Menschen – beurteilen. Er konnte sich z. B. exakt zehn Minuten Zeit nehmen, um in einer risikoarmen Umgebung mit dieser Art von Verbindung zu spielen. Er konnte es in einer Interaktion mit einem Kollegen aus einer anderen Abteilung ausprobieren, den er wahrscheinlich nicht wiedersehen würde, oder im Rahmen einer Beziehung, in der es auf beiden Seiten genügend Vertrauen dafür gab.

> Wenn Sie jemandem helfen, seine Gefühle und Bedürfnisse zu benennen und darüber zu reden, wird dies ihm die Last erleichtern und seine Produktivität steigern – ein unschätzbares Geschenk, das Sie einem Arbeitskollegen mit einem Aufwand von nur wenigen Minuten machen können.

Am Ende dieser Trainingssitzung meinte Rob, die Ideen würden ihm gefallen und er sei bereit, eine davon bei einem Meeting im Verlauf des Nachmittags auszuprobieren. Wenige Wochen später berichtete er dem Trainingsteam, dass er unerwartet davon profitiert habe, sich auf diesen Prozess einzulassen. Ihm sei klarer geworden, in welche Veränderungen er künftig seine Zeit investieren wolle und was er künftig lassen wolle, weil es sich nicht lohne.

> Durch die Identifizierung von Bedürfnissen dringen wir zum Kern dessen vor, was andere sagen – was uns sehr viel Zeit ersparen kann. Wir können auch Zeit sparen, wenn wir damit aufhören, Dinge zu tun, die nicht dazu dienen, wichtige Bedürfnisse zu erfüllen.

Ich hatte mit den Teilnehmern während des Trainings Strategien zur zwischenmenschlichen Verbindung geteilt und ihnen zu verstehen geholfen, dass eben diese Strategien in Gruppen und Meetings nützlich sind. Wir haben keine Beziehungen mit Gruppen. Wir haben Beziehungen mit einzelnen Mitgliedern von Gruppen. Selbst wenn wir in einem Meeting eine Gruppe von Menschen ansprechen, sprechen wir tatsächlich in schneller Reihenfolge mit Einzelnen. Der Gedanke, dass wir Beziehungen mit einzelnen Mitgliedern einer Gruppe haben statt mit der Gruppe als Ganzem, ist ein wichtiges Prinzip für das Thema „Die Steigerung der Produktivität von Teams und Organisationen", dem wir uns in Kapitel 7 widmen werden. Es ist uns möglich, uns mit anderen zu verbinden, um eine Beziehung zu ihnen herzustellen, weil wir uns mit ihren Gefühlen und Bedürfnissen verbinden können. Gruppen und Organisationen haben jedoch keine Gefühle und Bedürfnisse *per se.* Ihre Mitglieder nehmen vielmehr kollektive Bedürfnisse wahr, die wir als „organisationsbezogene Bedürfnisse" bezeichnen.

Bei unseren Interaktionen mit Menschen am Arbeitsplatz können wir uns darin üben, die Bedürfnisse hinter den Worten zu hören. Wir stellen zwar oft begründete Vermutungen an, können aber auch in der Absicht, uns mit anderen zu verbinden und ihnen unsere Fürsorge zuteilwerden zu lassen, direkte Fragen stellen und damit unsere Beziehungen beleben. Oder aber wir stellen unsere Vermutungen im Stillen an. Selbst das bereichert meiner Meinung nach die Verbindung und den Austausch.

6.3 Bestätigen, dass das Gesagte auch das Gehörte ist

Wenn wir etwas äußern – ob im Einzelgespräch oder in Gegenwart der gesamten Gruppe –, das für uns oder für die Produktivität der Gruppe von Bedeutung ist, haben wir das Bedürfnis, verstanden zu werden. Deswegen sage ich oft: „Weil das, was ich gesagt habe, wichtig für mich ist und ich nicht weiß, ob ich mich verständlich gemacht habe, wäre es schön, wenn Sie mir sagen könnten, was Sie gehört haben." Dies könnte als „Technik" aufgefasst werden, solange ich nicht deutlich mache, dass mir die Klarheit sehr am Herzen liegt. Wenn die Teilnehmer erkennen, dass dies der Fall ist, antworten sie in den meisten Fällen gern. Manchmal sage ich auch: „Meine

Beziehung zu Ihnen ist mir wichtig, und das, was ich gerade gesagt habe, könnte für unsere Beziehung von Wert sein. Ich wäre Ihnen dankbar, wenn Sie mir sagen würden, was Sie gehört haben, damit ich weiß, ob ich mich verständlich gemacht habe, denn manchmal drücke ich mich nicht so klar aus, wie ich es gern möchte. Ist das in Ordnung für Sie?“ Wählen Sie Formulierungen, mit denen Sie sich wohlfühlen; allerdings bürdet die Frage „Verstehen Sie, was ich gerade gesagt habe?“ die Verantwortung dem Hörer auf, was für ihn vielleicht nicht sonderlich angenehm ist. In etwa der Hälfte aller Fälle stelle ich fest, dass der Betreffende *nicht* das gehört oder verstanden hat, was ich zu sagen geglaubt hatte. Wenn ich nicht nachfrage, lasse ich mir die Chance entgehen, eine Verbindung zu dieser Person aufzubauen und für professionelle Klarheit zu sorgen.

Viele von uns haben in ihrer Kindheit und Jugend die Erfahrung gemacht, dass man uns nicht mit der Absicht, sich mit uns zu verbinden, gefragt hat, ob wir eine Sache verstanden haben, sondern weil man uns beschämen oder bestrafen wollte. Die Absicht hinter den Worten ist und bleibt das Entscheidende; dennoch kann es sehr produktiv sein, einmal zu üben, unsere Aussagen so zu formulieren, dass sie verbindend statt trennend wirken. Dies ist vor allem wichtig, wenn wir über strukturelle Macht am Arbeitsplatz verfügen oder Leistungsbewertungen vornehmen.

6.4 Leistungsbewertungen

Die Sprache der BGBB hat sich bei Leistungsbewertungen als besonders effektiv erwiesen. Wenn wir Beobachtungen statt Urteile wählen, werden wir nicht nur mit wesentlich geringerer Wahrscheinlichkeit Konflikte, Unbehagen, eine niedrigere Arbeitsmoral und Abwehr ernten, sondern können auch die Bedürfnisse beider Parteien ermitteln und Bitten zu ihrer Erfüllung formulieren. Die Führungskräfte und Mitarbeiter, mit denen ich arbeite, berichten regelmäßig, dass sie äußerst ungerne Leistungsbewertungen abgeben bzw. erhalten. Es ist meistens das, was ihnen im Berufsleben am wenigsten gefällt. Leistungsbewertungen erzeugen wahrscheinlich mehr Ängste, mehr Distanz und ein größeres Absinken der Arbeitsmoral, als je jemand beabsichtigt hat.

Im Gegensatz zu Bewertungen kann ein Feedback in Form objektiver Beobachtungen die Kommunikation verbessern und den Mitarbeitern auf konstruktive Weise das Verständnis dafür erleichtern, was von ihnen erwartet wird. Dies zeigt die folgende Geschichte.

Jayda, eine Verwaltungsassistentin, die vor mehreren Jahren in unseren Büros arbeitete, half mir bei der Organisation eines Retreats für ein Führungsteam. Eines Tages – sie war gekommen, um sich um logistische Dinge zu kümmern –, fiel mir auf, dass sie etwas trug, was ich vorher noch nie an ihr gesehen hatte und was ihr meiner Ansicht nach ausgezeichnet stand. Ich bemerkte eher beiläufig, dass mir ihr Outfit gefiel – die Farbtöne, die Kombination und der Stil ihres Rocks – und dass sie darin professionell auf mich wirke. Dann machten wir uns an die Arbeit. Während unserer Nachbesprechung der Ereignisse des Tages fragte ich sie, ob es an diesem Tag etwas gegeben habe, das für sie wertvoll gewesen sei. Zu meiner Überraschung nannte sie meinen Kommentar über ihr Outfit. Sie erzählte mir von einer Leistungsbeurteilung in einem anderen Unternehmen, bei der man ihr gesagt hatte, dass die Kleidung, die sie im Büro trage, „unprofessionell" sei. Auf ihre Nachfrage, was an ihrem Outfit nicht gefalle, konnte ihr niemand eine konkrete Antwort geben. Es hieß nur: „Kleiden Sie sich professioneller." Nach diesem Vorfall verbrachte Jayda täglich vor der Arbeit eine geschlagene Stunde oder mehr damit, zu überlegen, was von ihrer Garderobe „professionell" war. Ihre Verwirrung und Frustration trieben ihr häufig die Tränen in die Augen. Es schockierte mich zu erfahren, dass sich dies fünf Jahre lang jeden Morgen vor der Arbeit abgespielt hatte. Mein Kommentar, dass mir ihr Outfit gefalle, begleitet von ein paar konkreten Beobachtungen, fühlte sich deswegen für sie himmlisch an. Ich hielt ihr Outfit für professionell, und als ihre Arbeitgeberin glaubte ich, ihr die Elemente nennen zu dürfen, die dieses Kriterium erfüllten.

(Der Name wurde geändert.)

Jaydas Erfahrung macht deutlich, dass Beobachtungen hilfreich sind, wenn wir bestimmte Details nennen, die uns gefallen und die wir deswegen auch in Zukunft sehen möchten, oder Handlungsweisen ansprechen, deren Veränderung wir uns wünschen. Statt zu sagen: „Ihre Berichte in diesem Quartal waren hervorragend", wäre es hilfreicher festzustellen: „Ihre Berichte in diesem Quartal enthalten drei zusätzliche Abschnitte mit Informationen und doppelt so viele Illustrationen. Ich freue mich auf den nächsten Bericht. Vielen Dank." Und statt zu sagen: „Sie haben mir diese Berichte verspätet zukommen lassen", ist es wahrscheinlich verbindender zu sagen: „Mir ist aufgefallen, dass Sie mir die Berichte, die am Mittwoch fällig waren, am Freitag gebracht haben. Sind Sie bereit, darüber zu reden, was los ist, damit wir uns auf Terminabsprachen einigen können, mit denen wir beide gut leben können?"

Die in Kapitel 3 aufgeführten Listen der Gefühle bzw. Bedürfnisse am Arbeitsplatz (auch im Anhang enthalten) dienen als Gedächtnisstützen, die uns den Kontakt mit unseren eigenen Gefühlen und Bedürfnissen sowie mit den Gefühlen und Bedürfnissen anderer erleichtern. Die Listen der „Nicht"-Gefühle und „Nicht"-Daten können uns helfen, eine empathische und damit effektive Leistungsbewertung vorzunehmen statt einer, die auf positiven oder negativen Bewertungen, Urteilen oder Schuldzuweisungen basiert.

Wichtig ist, dass Sie mit Ihren Aussagen und Ihrem Handeln deutlich machen, dass Sie die Bedürfnisse des anderen Menschen genauso wichtig nehmen wie Ihre eigenen.

State of Grace Document

In Verbindung mit der GFK ist das von Maureen K. McCarthy und Zelle Nelson entwickelte *State of Grace Document* ein wertvolles Instrument, um Gefühle und Bedürfnisse aufzudecken und damit während einer Leistungsbewertung und auch danach eine tragfähige Zusammenarbeit zu ermöglichen.

Über die Selbstwahrnehmung hinaus ist heutzutage auch eine die Gemeinschaft einbeziehende Wahrnehmung gefordert. Wie können wir diesen flotten Tanz tanzen, ohne einander auf die Zehen zu treten? Das *State of Grace Document* wird gemeinschaftlich erarbeitet. Es dient dem Aufbau und dem Erhalt unternehmensinterner und externer, auf Vertrauen und Respekt gründender Geschäftsbeziehungen und soll sich positiv auf die Gesundheit der Menschen und die Unternehmensgewinne auswirken. Jeder Beteiligte schreibt an diesem Dokument zusammen mit anderen Beteiligten, egal ob es sich um zwei oder um mehr als zwanzigtausend Menschen handelt.

In diesem Dokument wird erfasst, was den Einzelnen mit den anderen Beteiligten verbindet, welche Tätigkeit er in welchem Unternehmen oder in welcher Gruppe ausübt, wie sein Arbeitsstil und seine Erwartungen aussehen und welche Bedürfnisse er hat, wenn er unter Stress steht. Wenn das Bedürfnis dazu aufkommt, bietet das Dokument auch einen Weg, seinen Frieden wieder zu finden. Es wird oft anstelle oder als Ergänzung zu herkömmlichen Verträgen verwendet. Indem die Menschen ihre Beziehung so definieren, dass sie auf ihre Bedürfnisse zugeschnitten ist, gestalten sie selbst ihre Arbeit und müssen sie nicht in ein vorgegebenes Beziehungsgefüge pressen. Das mittlerweile in viele Sprachen übersetzte Dokument trägt dazu bei, dass Beziehungen zwischen Individuen, innerhalb von Teams sowie in Organisationen, Weltkonzernen und anderen Gemeinschaften belastbarer werden. Egal ob Leistungsbewertungen oder neue Geschäftsbeziehungen, ob Beziehungen zum Unternehmensvorstand oder zwischen Kunden und Lieferanten, das State of Grace Document bildet die Grundlage für bedürfnisorientierte Gespräche, die in unserer traditionellen Geschäftswelt oft nicht stattfinden.

Im Folgenden werden die einzelnen Bestandteile des Dokuments erläutert und daraus ergibt sich auch, wie es im Kontext einer Leistungsbewertung genutzt werden kann.

1. **Unsere Geschichte.** Sagen Sie, was Sie mit diesen Menschen und dieser Situation verbindet. Sich immer wieder neu mit dem Grund dafür zu beschäftigen und zu verbinden, warum Sie sind, wo Sie gerade sind, ist bei einer Leistungsbewertung von entscheidender Bedeutung.
2. **Interaktionsstile und Warnsignale.** Erstellen Sie einen „Entwurf von sich selbst" – wie Sie am besten arbeiten, wie Sie an einem guten Tag „aussehen" und was Sie an einem schlechten Tag brauchen könnten, worum Sie im Moment aber nicht bitten können. Diese „Entwürfe" werden entsprechend der Entwicklung und Veränderung der Beteiligten auf den neuesten Stand gebracht.
3. **Erwartungen.** Listen Sie Ihre Grundwerte und für Sie nicht Verhandelbares auf – die Struktur, die Sie benötigen, um diese Beziehung herzustellen und zu erhalten. Üblicherweise werden hier auch die Standardelemente der Leistungsbewertung aufgeführt.
4. **Fragen zum Frieden.** Jeder trägt zu einer Liste von Fragen bei, die allen Beteiligten helfen, sich wieder auf den Frieden zu besinnen, wenn dieses Bedürfnis auftaucht. Schwierige Zeiten können so verkürzt werden und sind leichter auszuhalten. Diese Liste könnte Fragen wie die folgenden enthalten: Möchten wir etwas sagen, was wir nicht gesagt haben? Was fällt uns auf? Wie fühlen wir uns angesichts dieser Situation? Wären Sie bereit ...?
5. **Kurz- und langfristige Abmachungen.** *Kurzfristige:* Sie vereinbaren, dass Sie, wenn sich etwas auch nur im Geringsten unangenehm anfühlt, nicht länger als 24 Stunden bis drei Tage warten, bevor Sie das gesamte Dokument noch einmal lesen und die Fragen zum Frieden nutzen. *Langfristige:* Sie stimmen zu, nicht länger als einen vereinbarten Zeitraum, z.B. fünf Jahre, zu warten, um wieder zusammenzukommen und Frieden zu schließen, falls Sie wider Erwarten den Fragenkatalog anscheinend nicht durcharbeiten können. Diese Vereinbarung hilft Ihnen zu vermeiden, dass Sie den Schmerz einer unangenehm verlaufenden Angelegenheit ein Leben lang in sich tragen und ihn nie auflösen. Sie ermöglicht, dass sich das Sprichwort bewahrheitet „Die Zeit heilt alle Wunden". Um den Schmerz zu minimieren, stimmen Sie auch zu, dass Sie unter Kollegen und innerhalb Ihrer Branche nicht auf eine Weise übereinander sprechen werden, die verletzend sein könnte.[75]

Traditionelle Leistungsbewertungen befassen sich mit Zielen oder Vorgaben und der Frage, inwieweit die Arbeit diesen Vorgaben gerecht wird. Würden stattdessen State of Grace Documents verwendet, und zwar in Kombination mit dem GFK-Prozess, wüssten die Beteiligten nicht allein, wie der Leistungsstand aussieht, sondern sie könnten auch einschätzen, wie ihre Beziehungen zueinander sich auf das Unternehmen auswirken. In Bewertungen wird die Verantwortung ausschließlich einer Seite zugeschrieben; im State of Grace Document hingegen wird diskutiert, welche

Verantwortung alle Beteiligten tragen, es wird herausgearbeitet, wie die Kollegen effektiv zusammenarbeiten können. In der Struktur des State of Grace Documents sind die Elemente der ursprünglichen Leistungsbewertung enthalten, und bei jeder nachfolgenden Bewertung werden alle fünf Komponenten entsprechend der Entwicklung der Beteiligten und des Projekts aktualisiert.

Das State of Grace Document ermöglicht eine echte „360-Grad-Zusammenarbeit". Es …

- fördert – im Gegensatz zu einseitigen, vorgefassten Urteilen – einen stetigen Dialog auf der Grundlage dessen, wie alle Parteien zur Erfüllung der gegenseitigen Bedürfnisse beitragen können;
- fördert einen zirkulären statt einen hierarchischen Prozess;
- richtet das Augenmerk auf eine nachhaltige Zusammenarbeit statt darauf, wie der Untergebene sich ändern „sollte";
- fungiert als Mediator, der die Beteiligten dabei unterstützt, die schwierigen Gespräche problemlos zu bewältigen;
- verhilft zu einem tieferen Verständnis des Selbst und anderer und fördert Unabhängigkeit;
- verbessert exponentiell den Prozess und den Nettogewinn.

Es ist leicht, anstelle einer herkömmlichen Leistungsbewertung das State of Grace Document einzusetzen, da deren Elemente bereits in der Struktur des Dokuments enthalten sind. State of Grace Documents sorgen für ein höheres Arbeitstempo, mehr Kreativität und Vertrauen innerhalb von Teams und bereichern die alltäglichen Interaktionen. Die Kombination des Dokuments mit dem GFK-Prozess von Beobachtungen, Gefühlen, Bedürfnissen und Bitten schafft eine verbindende und kollaborative Umgebung.

(Das *Center for the State of Grace Document* ist im Anhang unter Quellen aufgeführt; Maureen K. McCarthy und Zelle Nelson finden Sie in der Liste der an diesem Buch Mitwirkenden.)

6.5 Welche Rolle spielen Belohnungen?

Sie mögen das intuitiv ganz anders sehen, doch innerhalb eines bedürfnisorientierten Kontexts werden Lob und Belohnung im selben Licht gesehen wie Schuldzuweisung und Strafe. Warum? Weil positive wie negative moralische Urteile gleichermaßen als Bewertung gelten. Mit beiden erreicht man nur zeitweilig ein „gutes“ oder „schlechtes“ Verhalten, wenn der Betroffene nicht aus einer inneren Motivation und dem echten Wunsch heraus handelt, sich seine Bedürfnisse zu erfüllen, um zu einer Bereicherung des Lebens anderer beitragen zu können. Wer Lob oder Kritik erfahren hat und nicht aus einer Verbindung zu seinen Bedürfnissen heraus handelt, für den werden das Lob und die Kritik eine Form der Manipulation sein. Unter Manipulation verstehe ich jede Form von Handeln, mit dem wir Menschen dazu bringen wollen, aufgrund von Angst, Schuldgefühlen, Scham, Lob oder einer Belohnung etwas zu tun oder nicht zu tun; und nicht aus einer inneren Motivation heraus oder ihrem Wunsch, einen Beitrag zu leisten. Manipulation ist der Versuch, jemanden um unserer Bedürfnisse willen und auf Kosten seiner eigenen Bedürfnisse dazu zu bewegen, das zu tun, was wir wollen.

Belohnungen dienen oft dem Zweck, zu besseren Leistungen anzuspornen. Aber funktioniert das? Mit seinem bahnbrechenden Buch *Punished by Rewards* hat Alfie Kohn „unzählige Eltern, Lehrer und Manager davon überzeugt, dass es kurzfristig zu funktionieren scheint, Menschen durch Anreize zu manipulieren, dass diese Versuche letztlich jedoch scheitern und sogar dauerhaften Schaden anrichten. Vor dem Hintergrund Hunderter von Studien zeigt Kohn auf, dass Menschen sogar schlechtere Arbeit leisten, wenn sie mit Geld, Noten oder anderen Anreizen geködert werden. Je stärker wir auf künstliche Anreize zurückgreifen, um Menschen zu motivieren, desto eher verlieren sie das Interesse, das zu tun, wozu wir sie verleiten wollen ... Belohnung und Strafe sind zwei Seiten derselben Medaille – für die wir uns nicht viel kaufen können.“[76]

> Innerhalb eines bedürfnisorientierten Kontextes können Lob und Belohnungen, wenn sie auf Urteilen und Bewertungen basieren, die dem Zweck der Manipulation dienen, und nicht auf Beobachtungen, um die intrinsische Motivation für eine Tätigkeit oder eine Aufgabe zu steigern, genauso viel Schaden anrichten wie Schuldzuweisungen und Strafen.

Die Alternative zu Anreizen von außen ist die intrinsische Motivation, bei der uns die Verbindung zu unseren inneren Bedürfnissen – wie z. B. zur Bereicherung des Lebens beizutragen oder bestimmte Leistungen zu erbringen – motiviert.

Eines sei klargestellt: Ich bin nicht grundsätzlich gegen Lob oder Belohnung. Sie sollten jedoch ein Akt der Wertschätzung sein, der aus den Bedürfnissen des Gebers und Empfängers erwächst und auf Beobachtungen basiert. Ein Lob, das nicht aus einer solchen Haltung heraus gespendet wird, kann der Produktivität des Einzelnen wie auch der Gruppe genauso abträglich sein wie Kritik.

6.6 Was tun, wenn nichts funktioniert?

Was, wenn jemand so auf Belohnungen von außen gepolt ist, dass er ohne sie keine Leistung erbringt oder bei vielen Gelegenheiten die Bedürfnisse anderer entgegen seiner Aufgabenbeschreibung nicht erfüllt? Vielleicht ist es dann an der Zeit zu überlegen, ob er sich im Einklang mit den gemeinsamen Werten und der *Identität* der Organisation befindet. Und an der Zeit zu ermitteln, welche seiner Bedürfnisse nicht erfüllt werden, damit sich für ihn eine passendere Stelle finden lässt – entweder innerhalb desselben Unternehmens oder vielleicht auch in einem anderen.

Die Sache ist nicht ganz einfach. In der Beratung eines Unternehmensleiters ging es einmal um das Problem, dass er und andere wiederholt mit einem bestimmten Teammitglied unzufrieden waren. Er meinte: „Wie kann es von Mitgefühl zeugen, jemanden zu feuern?" Wir sprachen dann darüber, dass das Ziel darin bestehe, eine Strategie zu finden, die das Bedürfnis des Angestellten nach einer sinnvollen Tätigkeit, das Bedürfnis der Unternehmensleitung nach Erledigung der Arbeit und das Bedürfnis der Organisation nach Struktur und nach Klarheit über die Rollenverteilung zwischen beiden Parteien erfüllt. Manchmal dient die Konfliktbewältigung innerhalb von Organisationen dem Ziel, das Verhalten einer Person zu ändern. Wie jedoch in Kapitel 2 erwähnt, gibt Collins in *Der Weg zu den Besten* zu bedenken: Wenn wir jemanden managen müssen, fehlen ihm wahrscheinlich die für diesen Job erforderlichen Fertigkeiten. Oder seine Werte stimmen nicht mit denen der Gruppe überein. Aus diesem Grund ist es wichtig, so Collins, die „richtigen Leute an Bord zu holen".[77] Es ist viel leichter, Fertigkeiten zu verändern und zu vermitteln als Werte, die wir schon früh in unserer persönlichen Entwicklung verinnerlicht haben.

Achten Sie auf systembedingte Probleme

> Wenn wir zwischen zwei Menschen vermitteln und das System ignorieren, in dem beide arbeiten, verwenden wir Zeit und Ressourcen auf die Behandlung von Symptomen statt der Ursache.

Human-Resources-Experten wissen seit Langem, dass es weder human noch produktiv ist, jemanden in einer Stelle oder einer Organisation festzuhalten, wenn dies weder für den Arbeitnehmer noch für den Arbeitgeber eine tragfähige Lösung ist. Zunächst sollte jedoch auf jeden Fall das Arbeitsumfeld des Arbeitnehmers unter die Lupe genommen werden. Dies entspricht dem an früherer Stelle ausgeführten Gedanken, dass es sich bei den meisten zwischenmenschlichen Konflikten am Arbeitsplatz nicht um persönliche, sondern um systembedingte Probleme handelt. Wenn wir zwischen Menschen vermitteln und das System ignorieren, in dem sie arbeiten, verwenden wir Zeit und Ressourcen auf die Behandlung von Symptomen statt der Ursache. Die Probleme, die wir vermeiden wollen, werden höchstwahrscheinlich mit diesem Arbeitnehmer oder mit seinem Nachfolger erneut auftauchen.

Wenn es am Arbeitsplatz Konflikte zwischen Menschen gibt, sollten aus einer bedürfnisorientierten Perspektive heraus als Erstes die folgenden Fragen gestellt werden (Ich verwende hier den Begriff „Teammitglied“ statt „Arbeitnehmer“, weil es bereits in vielen Organisationen Bewegungen weg von der hierarchischen Vorstellung eines „Vorgesetzten“ oder Geschäftsführers und hin zu der Bezeichnung „Teammitglied“ gibt.):

1. Hat das Teammitglied ein auf Beobachtungen basierendes Training erhalten, bei dem für alle Klarheit darüber besteht, wie die Leistung auszusehen hat?
2. Gibt es ein System, um sicherzustellen, dass die Ziele des Trainings erreicht wurden und das Teammitglied diese in seinen Arbeitsprozess integrieren kann?
3. Hat das Teammitglied Zugang zu wichtigen Informationen und erhält es auf regelmäßiger und verlässlicher Basis Unterstützung, um eine gute Arbeitsleistung zu erbringen?
4. Hat das Teammitglied die erforderlichen Ressourcen, um gute Arbeitsleistungen zu erbringen?
5. Gibt es einen Kontrollmechanismus in Bezug auf das Teammitglied und seine Aufgaben oder seine Arbeitsleistung, der a) auf Beobachtungen basiert, b) ein unmittelbares Feedback liefert und c) für das Team als Ganzes transparent ist? Mit anderen Worten: Wird das Teammitglied, unterstützt durch die Transparenz der erwarteten Arbeitsleistung, zum Selbstmanagement befähigt? Hier ein Beispiel: Angenommen, ich bin die Teamleiterin von zehn Verkäufern. Statt diese zu „managen“, spreche ich zuerst mit ihnen über unsere Märkte und Ziele, damit sie unsere Richtwerte kennen. Anschließend besteht meine Aufgabe darin, sicherzustellen, dass sie ein transparentes Feedback erhalten, z. B. über Fortschritte in Richtung der angestrebten Ziele. Auf diese Weise können die Teammitglieder erkennen, ob sie und ihre Teamkollegen ihre Ziele erreichen. Wenn wichtige Informationen für alle zugänglich und durchschaubar sind, können die Teammitglieder sich selbst im Hinblick auf vereinbarte Ziele und Parameter managen.
6. Hat das Teammitglied die Autorität und Autonomie, Entscheidungen zu treffen, um die gewünschten Resultate innerhalb der Parameter des Gesamtsystems zu erzielen?

Wenn der Teamleiter oder die für das System Verantwortlichen, innerhalb dessen das Team agiert, diese Systemfragen nicht geklärt haben, werden Konfliktlösungsversuche zwischen diesem Teammitglied und anderen Teammitgliedern / dem Teamleiter ein langfristiges Problem nur kurzzeitig lösen. Zudem ist es unfair gegenüber dem Teammitglied und teuer für die Organisation, wenn Ressourcen darauf verwendet werden, das Symptom und nicht die Ursachen zu behandeln.

So wie wir es auf der interpersonalen Ebene als Geschenk betrachten können, getriggert zu werden, weil uns dies auf unerfüllte individuelle Bedürfnisse aufmerksam macht, können für uns auch Teammitglieder, die nicht die gewünschte Leistung erbringen, ein Geschenk sein, weil sie oft auf Fehler im System hinweisen. Eine Leistungsbewertung, bei der Objektivität gewahrt und der Fokus auf individuelle und organisationsbezogene Bedürfnisse gelegt werden, kann eine Chance zur Verbesserung der individuellen Leistung sein, aber auch Verbesserungsmöglichkeiten für das System aufzeigen.

6.7 Beobachtung der Bedürfniserfüllung

Bei der Beobachtung der Bedürfniserfüllung (NPO, Needs Performance Observations) handelt es sich um einen Prozess, der zu einer direkten und eine größere Verbundenheit fördernden Kommunikation ermuntert. Er wird von jeweils zwei Personen durchgeführt – von einer Führungskraft oder einem Teamleiter und einem Teammitglied bzw. von zwei Arbeitskollegen oder zwei Teammitgliedern. Auch bei einer Gruppen- oder 360-Grad-Überprüfung, bei der jeder von mehreren, von ihm selbst ausgewählten Teammitgliedern überprüft wird, wird die NPO jeweils paarweise durchgeführt. Jeder füllt den NPO-Bogen zunächst für sich und dann für die andere Person aus. In erster Linie handelt es sich um eine Selbstüberprüfung.

Unsere Klienten kombinieren die NPO mit anderen Komponenten wie z. B. einer Matrix der Verantwortlichkeiten oder Ziele. Ich verwende sie zusammen mit der Aufgabenbeschreibung und dem „Job Impact Statement (JIS)". Darin werden die Bedürfnisse aufgeführt, die der jeweilige Stelleninhaber erfüllen muss.

Wichtig für die Kombination von Aufgabenbeschreibung und JIS mit der NPO ist der im JIS enthaltene Abschnitt über die Auswirkungen der Bedürfniserfüllung. Hierzu ein kurzes Beispiel: Wenn der Verwaltungsassistent der Vorstandsvorsitzenden eines Unternehmens seiner Aufgabenbeschreibung gerecht wird, werden folgende Bedürfnisse erfüllt:

A. *Ruhe, Produktivität und Freude der Vorstandsvorsitzenden an ihren Beziehungen zu Management, Team, Klienten und Lieferanten*
B. *Ordnung im Büro*
C. *Koordination und Zusammenarbeit der Teammitglieder*

Egal ob ich Geschäftsführer oder Angestellte berate, zu den Dingen, die sie am häufigsten frustrieren, gehört Folgendes: Ein Mitarbeiter oder Kollege führt zwar im Prinzip die in seiner Arbeitsplatzbeschreibung aufgeführten Tätigkeiten aus, lässt aber gleichzeitig Bedürfnisse unerfüllt. So erstellt z. B. eine Konstruktionsingenieurin in einem Projektteam technisch akkurate Pläne. Aufgrund ihrer fehlenden Bereitschaft, für das Projekt wichtige Informationen mit anderen zu teilen, trägt sie jedoch zu mehr Verwirrung und Spannungen bei, als es anderen Teammitgliedern lieb ist. In ihrem JIS gibt es einen Abschnitt über die Auswirkungen der Bedürfniserfüllung und dort ist „Zusammenarbeit" als eines der entscheidenden Bedürfnisse benannt. Kontextabhängigen Beziehungen wird also ebenso viel Wert beigemessen wie dem Inhalt und den Ergebnissen der Arbeit.

Im Folgenden werden die Hauptabschnitte der NPO beschrieben. Diese können Sie an Ihre Gegebenheiten anpassen. Da alle Organisationen aus kleineren Teams bestehen, kann die NPO auch in größeren Organisationen genutzt werden.

Überblick über das Formular zur Beobachtung der Bedürfniserfüllung

Bevor sie mithilfe dieses Formulars in den Dialog eintreten, sollten sich beide Parteien über die Organisationsbedürfnisse im Klaren sein, vor allem über die Ursprungsbedürfnisse *Identität, lebensbejahender Zweck* und *Ausrichtung*. Fehlt diese Klarheit, können sich die Gespräche im Kreis drehen und quälend sein, weil jeder von Organisationsbedürfnissen spricht, ohne genau zu wissen, worin sie bestehen. Mit anderen Worten: Wenn es Konflikte gibt oder der Dialog nicht so angenehm verläuft, wie die Beteiligten sich dies wünschen, muss dies nicht unbedingt an den Beteiligten selbst liegen. Es kann durchaus sein, dass sich nicht alle über die Bedürfnisse und Prioritäten der Organisation im Klaren sind.

Sobald diese Klarheit sichergestellt ist, füllen die Teilnehmer die NPO-Formulare aus. Dabei arbeiten sie paarweise.

ABSCHNITT 1: Was funktioniert
Nennen Sie einander drei spezifische Beobachtungen dessen, was Sie beim anderen sehen bzw. von ihm hören und was von dem Gehörten oder Gesehenen Ihre Arbeitsproduktivität und -freude fördert. Führen Sie Verhaltensweisen auf, die Sie am anderen schätzen und deren Fortführung Sie sich wünschen. Sagen Sie auch, *warum* diese Verhaltensweisen für Sie von Wert sind – vor allem, welche Bedürfnisse sie erfüllen. Forschungsergebnisse zeigen: Liegt der Fokus auf dem, was funktioniert, wird es wahrscheinlich auch weiterhin funktionieren und wahrscheinlich dazu führen, dass noch mehr Dinge noch besser funktionieren.[78] Von entscheidender Bedeutung in diesem Abschnitt ist eine konkrete Bezugnahme auf die Ziele der Organisation und des Teams.

ABSCHNITT 2: Klarheit darüber gewinnen, wovon wir mehr sehen und hören möchten
Nennen Sie einander drei spezifische Beobachtungen dessen, wovon Sie sich bei Ihrer gemeinsamen Arbeit noch mehr wünschen würden. Hier geht es noch nicht um Strategien oder Lösungen, sondern nur um das, von dem Sie sich noch mehr wünschen.

ABSCHNITT 3: Einsichten
Sprechen Sie, nachdem Sie Abschnitt 1 und 2 gemeinsam durchgegangen sind, über alle Einsichten, die Sie aus dem, was der andere gesagt hat, gewonnen haben. Gab es Überraschungen? Sehen Sie jetzt vielleicht etwas aus einer anderen Perspektive? Was haben Sie übereinander und über die Art, wie Sie gern zusammenarbeiten würden, gelernt? (Wenn Sie unsicher sind, ob Sie neue Einsichten gewonnen haben oder zu einem neuen Verständnis gelangt sind, sollten Sie überprüfen, ob Sie in den vorherigen Abschnitten tatsächlich konkrete Beobachtungen genannt haben. Wenn wir urteilen, bewerten und vergleichen, statt konkrete Beobachtungen zu machen – d. h., das zu benennen, was wir alle sehen und / oder hören können –, ist es in der Regel schwerer, ein Verständnis für unsere eigenen Bitten und Bedürfnisse sowie die des anderen zu entwickeln.)

ABSCHNITT 4: Spezifische, umsetzbare Bitten – Strategien für die Weiterentwicklung
Was sind Sie bereit und fähig zu tun? Gehen Sie von den Erkenntnissen aus, zu denen die konkreten Beobachtungen geführt haben, und von dem, was Sie fortgeführt sehen möchten.

Wählen Sie drei *spezifische* Maßnahmen, die Sie voller Zuversicht umsetzen können und die einen Schritt in Richtung Weiterentwicklung bedeuten.

ABSCHNITT 5: Weiteres Vorgehen
Legen Sie eine Zeit und einen Ort für ein weiteres viertelstündiges Treffen innerhalb der nächsten sieben Arbeitstage fest, um zu sehen, inwieweit es Ihnen gelingt, die diskutierten Strategien umzusetzen. Messen Sie Ihre Fortschritte dabei mithilfe KONKRETER BEOBACHTUNGEN.

Sprechen Sie miteinander über den Nutzen der NPO. War sie für Sie von großem Wert, sollten Sie in sechs Monaten eine weitere NPO-Überprüfung vornehmen. War sie von geringem Wert, sollten Sie eine weitere NPO-Überprüfung für den Folgemonat planen. Wiederholen Sie sie, wann immer es nötig ist. Die NPOs werden immer weniger Zeit in Anspruch nehmen, da Sie versierter darin werden, konkrete Beobachtungen anzustellen.

6.8 Macht am Arbeitsplatz

Eines der vielen am Arbeitsplatz anzutreffenden zwischenmenschlichen Probleme hat mit struktureller Macht und Autorität zu tun. Miki Kashtan ist Mitbegründerin und leitende Trainerin von *Bay Area Nonviolent Communication (BayNVC)* sowie zertifizierte Trainerin des *Center for Nonviolent Communication*. Sie erzählt, wie sich mithilfe eines vertieften Bedürfnisbewusstseins und von Beobachtungen anstelle von Urteilen eine Zusammenarbeit am Arbeitsplatz erreichen und Machtkämpfe verhindern lassen.

Carol war eisern: „Ben hat mir nicht zu sagen, wie ich *meine* Abteilung leiten soll. Wirklich schade, dass ihm der neue Produktionsplan nicht gefällt. Es ist mein Recht, diese Entscheidungen zu treffen, und ich habe nicht vor, alles mit ihm auszuhandeln."

Ich fragte Carol, ob sie sich die Freiheit zu handeln, die Anerkennung ihrer Autorität und ein Gefühl des Im-Fluss-Seins und Vertrauens in ihrer Beziehung mit Ben wünsche. Carol bejahte dies und fügte hinzu, dass sie sich auch eine ungezwungenere Kommunikation mit Ben wünsche.

Später sprach ich mit Ben. Er erklärte mir, dass es ihm sehr wehtue, dass Carol Entscheidungen treffe, die ihm Einschränkungen in Bezug auf seinen Zuständigkeitsbereich auferlegen würden. Er berichtete mir von mehreren solcher Vorfälle. Als ich vorschlug, gemeinsam einen Weg zu suchen, wie er offen mit Carol über sein Anliegen sprechen könne, lachte er ungläubig. „Es ist unmöglich, ihr die Wahrheit zu sagen. Sie will sie nicht hören. Bei dieser Wirtschaftslage kann ich es mir nicht leisten, meinen Job zu riskieren." Ich spürte, dass Ben sehr viel am Erfolg der Abteilung und der Organisation lag und dass er sich die Autorität und die Unterstützung wünschte, seine diversen Initiativen umsetzen zu können. Er stimmte auch meiner Vermutung zu, dass er sich eine klare und prompte Kommunikation wünsche. Ohne diese war er oft auf sich gestellt, ohne Anleitung, aber auch ohne Handlungsfreiheit.

Trotz seiner Zweifel war Ben bereit, daran zu arbeiten, wie er Carol sein Anliegen vortragen könne. Wir sprachen darüber, wie er sich von seinen Urteilen über Carol frei machen und auf eine klare Beschreibung der Verhaltensweisen, die für ihn ein Problem darstellten, und darauf, was für ihn in diesen Situationen wichtig sei, fokussieren könne. Nach einigen Wochen erklärte er sich einverstanden, das Risiko einzugehen, Carol sein Anliegen vorzutragen. Zu seiner großen Überraschung war Carol völlig aufnahmebereit und gestand ganz liebenswürdig ein, dass sie nicht berücksichtigt habe, welche Auswirkungen ihre Entscheidungen für Ben hätten.

Für mich war dies keine so große Überraschung. Um Carol gegenübertreten zu können, hatte Ben einige wichtige Lektionen lernen müssen, wodurch sich seine Art, auf sie zuzugehen, grundlegend änderte. Die wichtigste Erkenntnis war die, dass seine Bereitschaft, die Folgen zu tragen und darauf zu vertrauen, dass er sie überleben würde, ihm Stärke verlieh. Er ging mit weniger Angst zu dem Treffen, war also entspannter und ruhiger, was es Carol leichter machte, ihm zuzuhören.

Als Ben begann Neugier dafür zu entwickeln, wie Carol die Situation erlebte, hatte er einen weiteren Meilenstein absolviert. Er bemühte sich, sie zu verstehen, und merkte, dass auch sie nur ein Mensch war. Als es ihm gelang, die Dinge aus ihrer Perspektive zu betrachten, fiel es ihm zudem leichter, ihre gemeinsame Zielsetzung zu verstehen und diese in jenem Gespräch mit ihr anzusprechen. Da Carol die Darstellung seiner Sichtweise nicht als Angriff empfand, brauchte sie sich nicht zur Wehr zu setzen und konnte ihm mit offenen Ohren zuhören.

Als ich mich anschließend mit Carol traf, wurde deutlich, dass sie Bens Anliegen gegenüber zwar offener war, aber immer noch befürchtete, dass er ihre Autorität nicht anerkennen könne. Sie befand sich in keinem ganz ungewöhnlichem Dilemma: Wann sollte sie Ben in ihre Entscheidungen mit einbeziehen und wann machte es mehr Sinn, Entscheidungen allein zu treffen und von Ben zu erwarten, dass er sich an sie hielt und Carols Autorität anerkannte?

Bei der Erforschung dieses Dilemmas wurde Carol klar, dass es sie teuer zu stehen kam, Ben oder jemand anderen dazu zu bringen, etwas zu tun, nur weil sie die Macht dazu hatte. Sie zahlte dafür nicht nur mit dem Verlust von Bens Wohlwollen und Produktivität. Darüber hinaus wurden ihr auch Informationen vorenthalten, wenn diese ihrer Sichtweise zuwiderliefen, was potenziell negative Folgen für die Abteilung hatte. Gleichzeitig wusste sie aber, dass viele Situationen sehr schnelle Entscheidungen verlangten; diese wollte sie treffen, ohne Ben oder sonst jemanden einbeziehen zu *müssen*. Diese Freiheit war ihr wichtig, um ihren Verpflichtungen nachkommen zu können.

An diesem Punkt gingen wir konkret auf das Problem mit Ben ein und identifizierten drei Dinge, die Carol tun konnte, um es zu lösen. Erstens konnte sie zwischen der *Bequemlichkeit* und der *Notwendigkeit* unterscheiden, Entscheidungen zu treffen, ohne Ben hinzuzuziehen. Zweitens konnte sie offener mit ihm über Entscheidungen sprechen, die sie alleine traf. Und drittens konnte sie ihn um ein Feedback dazu bitten, inwiefern ihre Entscheidungen die Ausführung seines Jobs beeinträchtigten. Im Lauf der Zeit stärkten diese Strategien das Vertrauen und führten genau zu dem, was beide sich wünschten. Bens Bereitschaft wuchs, Entscheidungen zu akzeptieren, die Carol ohne vorherige Beratung mit ihm traf, und Carols Bereitschaft wuchs, ihn in ihre Entscheidungen mit einzubeziehen.

Ist Zusammenarbeit trotz Machtunterschied möglich? Wenn Menschen in Machtpositionen ihre Macht aus Prinzip statt auf der Grundlage eines Bedürfnisses behaupten und wenn Menschen, die über weniger Autorität verfügen, aus Angst heraus agieren, wird es nicht genügend Vertrauen für eine Zusammenarbeit geben. Sind die Kommunikationsprozesse und die Übereinkünfte transparent, die Rollen klar und ist Lernen ein integraler Bestandteil der Arbeit, werden Machtunterschiede mit viel geringerer Wahrscheinlichkeit die Zusammenarbeit und das Arbeiten auf ein gemeinsames Ziel hin beeinträchtigen.

(Miki Kashtan ist in der Liste der an diesem Buch Mitwirkenden aufgeführt. In der hier beschriebenen Situation wurden Teile aus verschiedenen tatsächlich erlebten Situationen zusammengeführt. Die Namen wurden geändert.)

6.9 Eine aufschlussreiche Übung

Bei einem bedürfnisorientierten Leadership- und Kommunikationstraining bat ich die Teilnehmer, sich zu zweit zusammenzufinden und eine auf dem Prozess der GFK basierende Übung durchzuführen. Sie hatten alle die Grundlagen der GFK erlernt, waren aber noch nicht daran gewöhnt, diese Sprache einzusetzen. Bei dieser Übung sollten sie sich im Sprechen und Zuhören abwechseln und einander fragen: „Können Sie eine Sache benennen, die in den bisherigen Sitzungen für Sie von Wert war?“ Ich gab ihnen die folgenden Leitlinien:

Sprecher:

- Äußern Sie in Form einer **Beobachtung**, was für Sie von Wert war.
- Welches **Gefühl** haben Sie in Bezug auf diese eine Sache?
- Welches **Bedürfnis** wird im Zusammenhang damit erfüllt oder nicht erfüllt?
- Welche **Bitte** haben Sie an sich selbst oder jemand anderen, die dieses Bedürfnis (weiterhin) erfüllen würde?

Zuhörer:

- **Hören** Sie schweigend zu, wenn Ihnen die Beobachtung, das Gefühl, das Bedürfnis und die Bitte Ihres Gegenübers klar sind.
- Sind sie Ihnen nicht klar, stellen Sie **klärende Fragen** wie die folgenden:
  - **Beobachtung** – „Was haben Sie gehört oder gesehen, das für Sie von Wert war?"
  - **Gefühl und Bedürfnis** – „Freuen Sie sich, weil Ihnen dies Hoffnung gibt?"
- **Bitte** – „Gibt es eine Bitte, die dieses Bedürfnis (weiterhin) erfüllen würde?"

Denken Sie an WAIT

Ich gab den Teilnehmern für diese Gespräche nur wenige Minuten Zeit, doch die Ergebnisse waren für sie aufschlussreich und für mich befriedigend. Sie stellten fest, dass dieser Prozess sie zwang, darüber nachzudenken, was sie sagen wollten – das WAIT-Konzept des „Warum rede ich?" –, und ihre Gedanken zu „ordnen und zusammenzufassen", damit sie „die Sache auf den Punkt bringen" konnten. Ich erinnerte sie daran, dass Menschen nur rund vierzig Wörter auf einmal aufnehmen können, und ermunterte sie, sich kurz zu fassen.

Wir reden den ganzen Tag, oft jedoch nicht mit genügend Bewusstheit. Doch es ist wichtig, sich darüber im Klaren zu sein, was wir sagen wollen, und die tiefere Bedeutung dessen zu verstehen, was andere uns sagen möchten. Jedesmal, wenn wir den Mund aufmachen, verpflichten wir denjenigen, der hört, was wir sagen, uns zuzuhören. Ist uns nicht bewusst, warum wir etwas sagen oder welche Erwartung wir im Zusammenhang mit dem Gesagten an den Zuhörer stellen, kann dies für ihn belastend sein. Mithilfe des GFK-Prozesses gelangen wir schneller zum Kern des Gesprächs als mit unseren üblichen Kommunikationsmustern. Wir können an unsere Zuhörer eine Bitte richten und sie fragen, ob sie bereit sind, diese zu erfüllen. Denken Sie daran, dass andere sich manchmal

Wir reden den ganzen Tag, oft jedoch nicht mit genügend Bewusstheit. Doch es ist wichtig, sich darüber im Klaren zu sein, was wir sagen wollen, und die tiefere Bedeutung dessen zu verstehen, was andere uns sagen möchten.

nur wünschen, dass wir ihnen zuhören, und dass keine Notwendigkeit besteht zu antworten. Wenn wir schweigend ihre Gefühle und Bedürfnisse wahrnehmen, können wir zu einem wesentlich tieferen Verständnis dessen gelangen, was sie sagen – und wir können klärende Fragen stellen, die sich auf die Gefühle und Bedürfnisse konzentrieren, die dem Gesagten zugrunde liegen. Das hilft einem Sprecher oft, seine eigene Botschaft besser zu verstehen.

Jenseits des Ego

Die Teilnehmer schienen ehrlich überrascht zu sein, welche Aufrichtigkeit „jenseits des Ego" aus reinen Beobachtungen anstelle von Urteilen resultierte. Sie nahm ihnen die Sorge, wie ihr Gegenüber auf ihre Aussagen reagieren würde. Einer von ihnen sagte, die Reaktion seines Partners auf die offene Äußerung seiner Bedürfnisse habe ihn (angenehm) überrascht. Ein anderer bemerkte, diese Aufrichtigkeit habe schnell „zu einer Lösung geführt". Wieder ein anderer „empfand Erleichterung" und „weniger Angst". Andere erwähnten ein höheres „Maß an Vertrauen" und „Wohlgefühl". Beobachten ohne zu urteilen habe ihr geholfen, so eine der Frauen, ihr Gegenüber besser zu verstehen und zu akzeptieren. Außerdem fördere dies die Bereitschaft zur Vergebung, weil man erkenne, dass „es Faktoren gibt, von denen man nichts weiß, sodass man sich kein Urteil erlauben kann".

Angst vor den Urteilen anderer

Die Mitglieder dieses Teams reagierten auf die GFK auf eine für Erwachsene typische Art. Während wir heranwachsen, scheinen wir Angst vor den Urteilen anderer zu entwickeln, die sich während des GFK-Prozesses auf wohltuende Weise auflöst. Haskvitz erzählt uns von einem Jungen, der in die achte Klasse einer Montessori-Schule ging, an der sie als Vermittlerin tätig war. Sie hatte mit den Schülern „Empathie-Poker" gespielt, ein Spiel, bei dem die Schüler anhand von selbst gewählten Situationen Vermutungen über die Gefühle und Bedürfnisse ihrer Mitschüler anstellten. Dieser Achtklässler kam danach zu Haskvitz und sagte: „Danke." Als sie ihn fragte, was der Grund für seine Dankbarkeit sei, antwortete der Junge, dass er zum ersten Mal in der Schule habe mitmachen wollen, weil es um Gefühle und Bedürfnisse gegangen sei und er sich keine Sorgen habe machen müssen, ob seine Antworten „richtig" oder „falsch" seien. Tatsächlich hielten ihn „Falsch" und „Richtig" davon ab, sich am Unterricht zu beteiligen. Er wünschte sich einfach die Freiheit, das zu sagen, was er für wahr hielt, und damit akzeptiert zu werden ... Und genau da.

Transparenz

„Transparenz kann unangenehm sein", gab einer der Teilnehmer zu, und ja, zunächst ist sie das auch. Doch Sie werden feststellen, dass Ihre Umwelt es erfrischend findet, wenn Ihre Offenheit mit Ehrlichkeit und Ernsthaftigkeit gepaart ist und sich innerhalb des Rahmens dessen bewegt, was in Ihrem Arbeitsumfeld als professionell gilt. Offenheit kann eine unangenehme Situation wirkungsvoll zum Positiven hin verändern. Vergessen Sie nicht, dass der Prozess der empathischen Verbindung wegen unserer langjährigen Konditionierung ein revolutionärer ist. Betrachten Sie ihn als einen revolutionären Akt der Produktivität.

Was Offenheit bewirken kann, zeigt die folgende Geschichte: Rund fünfzig Bewohner einer Anlage für Wohnmobile waren wegen eines geplanten Bauvorhabens eines meiner Klienten zusammengerufen worden. Als der Teammanager des Projekts über die Auswirkungen des Bauvorhabens informierte, wurde einer der Bewohner immer aufgeregter und redete schließlich in einer Lautstärke, die meinen Kollegen und mir nicht mehr angenehm war, und er verwendete Wörter, die für den Teammanager unerfreulich sein mussten. Im Raum wuchs die Spannung.

An diesem Punkt erkannte ich eine Möglichkeit, die Situation zu entspannen. Ich tat zweierlei: Erstens übte ich mich im Stillen in Empathie mit dem Bewohner und stellte Vermutungen über seine Gefühle und unerfüllten Bedürfnisse an. Dies dauerte nur wenige Sekunden. Zweitens griff ich, da die Spannung groß war, in die Auseinandersetzung zwischen ihm und dem Teammanager ein und sagte aus meinem Bedürfnis nach Offenheit heraus zu der gesamten Gruppe: „Die Sprache, die ich gerade höre, ist mir unangenehm. Ist sie noch jemandem unangenehm?" Ich war neugierig, dies zu erfahren, weil vielleicht nur wir als Projektteam aufgrund unserer Rolle in dem Meeting uns unwohl fühlten. Doch auf meine Frage hin hoben etwa zwei Drittel der Anwesenden die Hand. Der Bewohner, der erkannte, welche Wirkung seine Art zu sprechen auf andere hatte, reduzierte seine Lautstärke und änderte seine Wortwahl. Weiter brauchte ich zu seinem Verhalten nichts zu sagen. Ich äußerte ganz offen mein Unbehagen und brachte mit meiner Frage, ob die Gruppe sich ebenfalls unwohl fühle, ehrlich mein Interesse zum Ausdruck.

> Wenn Ihre Offenheit mit Ehrlichkeit und Ernsthaftigkeit gepaart ist und sich innerhalb des Rahmens dessen bewegt, was in Ihrem Arbeitsumfeld als professionell gilt, empfindet Ihre Umwelt dies oft als anregend.

Stellen Sie sich ein Arbeitsumfeld vor, in dem die Menschen offen über ihre Gefühle und Bedürfnisse sprechen; in dem sie nachfragen, wenn ihnen etwas unklar ist, oder wissen möchten, ob andere sie verstanden haben. Sie müssten nicht raten, was andere brauchen oder verstehen, und Psychospielchen, Untertöne und Machtkämpfe wären überflüssig. Eine so entstehende Kooperation würde eine

Steigerung der Produktivität, der Arbeitsmoral und damit des Erfolgs der Organisation herbeiführen.

Absicht und Wunsch, sich zu verbinden

Wenn es Ihnen unangenehm ist, in Ihrem Arbeitsumfeld von „Gefühlen" und „Bedürfnissen" zu sprechen, dann lassen Sie es. Sagen Sie einfach: „Sind Sie frustriert, weil Sie sich eine entspanntere Kommunikation wünschen?" Was zählt, sind Ihre Intention und Ihr Wunsch, sich aus Interesse für das Erleben des anderen mit ihm zu verbinden.

2006 half ich dabei, in Indien auf der Basis des GFK / IC-Modells ein Training für eine Gruppe von „Botschaftern" einer gemeinnützigen Organisation zu entwickeln. Diese fungierten als Bindeglied zwischen der Organisation und anderen Freiwilligen sowie Gemeindemitgliedern. Eine junge Einheimische, die unserem Planungsteam angehörte, erklärte, dass sich viele Menschen bei dem Gedanken, Gefühle zu benennen oder zu diskutieren, sicherlich unwohl fühlen würden. Deswegen konzentrierten wir uns in erster Linie darauf, den „Botschaftern" bei der Identifikation der erfüllten und unerfüllten Bedürfnisse der Menschen zu unterstützen, mit denen sie arbeiteten. Wir vermittelten ihnen aber auch, wie sie individuelle und organisationsbezogene Bedürfnisse zum Ausdruck bringen konnten, sodass sie während des Trainings sowohl lernten, empathisch zuzuhören als auch sich empathisch zu äußern. Die Leiter der Workshops berichteten, dass das Training gemessen am Feedback ein Erfolg gewesen sei. Die Teilnehmer hatten mehr Klarheit gewonnen, wie sie anderen helfen gleichzeitig aber die Verbindung zu ihren eigenen Bedürfnissen und den entscheidenden Organisationsbedürfnissen aufrechterhalten konnten.

Wie dieses Beispiel zeigt, können Sie den Prozess auf die Gegebenheiten Ihres Arbeitsumfelds abstimmen.

Charisma

Wenn Menschen mit ihren eigenen Gefühlen und Bedürfnissen verbunden sind, fühlen wir uns oft stark von ihnen angezogen. Das ist ganz natürlich. Ich glaube, dass Menschen, die dieses echte, oft stille Charisma haben, das Collins in *Der Weg zu den Besten* als mit Bescheidenheit gepaarte „berufliche Entschlossenheit" beschreibt, mit ihren eigenen Bedürfnissen verbunden sind, egal ob sie über strukturelle Macht verfügen oder nicht. Verfügen sie über diese Macht, können sie sich auf ganz natürlich-menschliche Weise mit anderen unabhängig von ihrem „Rang" verbinden. Ich definiere Bescheidenheit u. a. gern als Bereitschaft, für Argumente offen zu sein, die unseren eigenen Ansichten zuwiderlaufen. Aus der tiefen Verbundenheit mit unseren Gefühlen und Bedürfnissen entsteht auf natürliche Weise eine Neugier auf das, „was in uns lebendig ist" und was in anderen vor sich geht, ohne dabei im Hinterkopf zu haben, dass der eine oder der andere recht haben muss.

Wenn Menschen mit ihren eigenen Gefühlen und Bedürfnissen verbunden sind, fühlen wir uns stark von ihnen angezogen.

Eile mit Weile

Wir leben in einer Gesellschaft, in der nicht zählt, wer wir sind, sondern was wir tun. Einer der Teilnehmer des bedürfnisorientierten Leadership- und Kommunikationstrainings sagte, er neige dazu, ohne die Berücksichtigung von Bedürfnissen zu schnell nach einer Lösung für eine Situation zu suchen. Er habe mehr zu tun, als ihm lieb sei, und wenn er nicht sofort die Zeit finde, auf die Bedürfnisse zu fokussieren, verlören sie ihre Unmittelbarkeit. Das konnte ich zwar nachvollziehen, doch ich wies ihn darauf hin, dass die Ermittlung von Bedürfnissen meiner Erfahrung nach irgendwann – d. h. in nicht allzu ferner Zukunft – zu einer großen Zeitersparnis führe. Manchmal sei es zwar nützlich und logisch, sofort auf eine Bitte einzugehen, vor allem wenn man jemanden gut kenne. Am Arbeitsplatz aber sei es sinnvoller, „nicht überhastet zu handeln". Zeit darauf zu verwenden, sich zu verbinden, erscheine ihm vielleicht als Luxus, doch es lohne sich, dies zu tun, weil dadurch eine viel größere Klarheit und Effizienz entstehen.

Ich erzählte der Gruppe von meinen Geschäftserfahrungen mit japanischen Unternehmen. Dort liegt der Schwerpunkt auf den Beziehungen. Japanische Geschäftsleute suchen zunächst nach einer Übereinstimmung von Bedürfnissen und Werten – *erst dann* kommen sie zum Geschäftlichen. Sie haben Freude daran zu hören, wo man aufgewachsen ist, welche Hobbys man hat – alles, was ihnen hilft, den ganzen Menschen und nicht nur die Geschäftsperson zu sehen. Wenn in Japan zwei Unternehmen fusionieren, ist es Brauch, dass als eines der ersten Dinge im Beisein von Vertretern beider Unternehmen ein Baum gepflanzt wird, der ihr Zusammenwachsen symbolisiert.

Ernte die Früchte

Das Feedback der Teilnehmer dieser Gruppe zeigte, dass ein bedürfnisorientiertes Bewusstsein und der Einsatz der einfachen Schritte der GFK in der Kommunikation am Arbeitsplatz, ob in ihrer Rolle als Führungskraft oder als Angestellter ...

- sie zu mehr „Empathie" mit ihrem Gegenüber befähigten, was „Verständnis, Akzeptanz und Vergebung" förderte;
- die Kommunikation „effektiver" machten, sodass „man schneller zum Kern der Sache vordrang";
- ihnen deutlich gemacht hatten, wie „wertvoll es ist, so zuzuhören, dass der Fokus vollständig auf der anderen Person liegt", ohne dabei „zu planen, was man als Nächstes sagen wird";
- etwas „Tröstliches" hatten, weil sie wussten, dass sie sich „zuerst um ihre eigenen Bedürfnisse kümmern", gleichzeitig aber „anderen helfen" konnten, „sich ihre Bedürfnisse zu erfüllen";
- zu einer „menschlichen Verbundenheit" führten, „die über das Verstandesmäßige hinausging".

Meiner Erfahrung nach kann jeder von der GFK profitieren. Es lohnt sich also, sie zu erlernen und die gesamte Organisation dafür zu begeistern. In diesem Kapitel ging es darum, wie die Verbindung mit unseren eigenen Bedürfnissen und den Bedürfnissen anderer die Produktivität am Arbeitsplatz steigert. Auf der Grundlage dieser zwischenmenschlichen Verbindung entstehen effektive Teams und effektive Organisationen, wie wir in Kapitel 7 erfahren werden.

7. Die Steigerung der Produktivität von Teams und Organisationen

„Worin besteht die Rolle eines Teamleiters [im Gegensatz zu einem traditionellen Vorgesetzten]? Drei Eigenschaften werden durchgängig ... mit den erfolgreichsten Führungskräften sowohl in traditionellen Organisationen assoziiert als auch in Organisationen, die ihren Mitarbeitern Handlungsspielräume lassen.

1. Die Fähigkeit, für großen gegenseitigen Respekt zwischen Arbeitnehmern und Führungskraft zu sorgen. 2. Sicherzustellen, dass die Arbeit erledigt wird. 3. Eine Führungsrolle bei der Lösung von Problemen zu übernehmen ... Die Arbeit des Teamleiters umfasst also Aufgaben (die Arbeit) und Beziehungen (Dinge, die beeinflussen, wie die Aufgaben erfüllt werden) sowie den Umgang mit Individuen (einen kleineren Teil der Arbeitseinheit) und Teams (einen größeren Teil der Arbeitseinheit).“[79]

Kimball Fisher, *Leading Self-Directed Work Teams*

Wie in Kapitel 4 aufgezeigt, ist eine Organisation ein Kollektiv. Ihre Mitglieder nehmen wahr, ob die sechs grundlegenden organisationsbezogenen Bedürfnisse erfüllt werden oder nicht. Alle Organisationen, Teams und Gruppen haben diese Bedürfnisse, ob sie den Menschen dort bewusst sind oder nicht. Die Organisationsbedürfnisse *Identität, lebensbejahender Zweck, Ausrichtung, Struktur, Energie* und *Darstellung* erwachsen aus den Bedürfnissen der Mitglieder sowie den Bedürfnissen der Kunden und Märkte, die sie bedienen. Die Produktivität wird gesteigert, wenn diese sechs (kollektiven) organisationsbezogenen Bedürfnisse genau definiert sind, die Mitglieder der Organisation sie verstehen und durch sie motiviert werden.

Während der Planung- und Umsetzungsphasen findet innerhalb des gesamten Systems eine Interaktion auf individueller Ebene, innerhalb von Teams und mit denjenigen statt, für die die Organisation da ist. Kennzeichnet Empathie diese Gespräche und werden sie mit der Absicht geführt, sich – indem man Beobachtungen und Bitten äußert statt Bewertungen und Forderungen – mit den individuellen Gefühlen und Bedürfnissen des Gesprächspartners zu verbinden, wird es weniger Konflikte und mehr Produktivität geben.

Wir haben gesehen, dass effektive Führungskräfte die Produktivität fördern, indem sie den Menschen helfen, sich ihre individuellen Bedürfnisse zu erfüllen, nach Autonomie und danach, etwas beitragen zu können. Sie praktizieren „Non-Management“ auf der Basis eines objektiven, bedürfnisorientierten Bewusstseins, statt zu manipulieren und zu kontrollieren, indem sie anderen Angst einjagen oder Schuldgefühle, Scham oder sogar Lob und Belohnungen zu diesem Zweck einsetzen.

Das folgende Beispiel zeigt, was passieren kann, wenn ein Unternehmen sich an dieses Vorgehen hält.

Im Unternehmen W. L. Gore & Associates, den Erfindern des unter dem Namen Gore-Tex® bekannten wasserdichten Materials und vieler anderer technologiegesteuerter Innovationen, gibt es keine hierarchische Struktur mit Vorgesetzten und Untergebenen. Stattdessen gibt es ein System von miteinander in Verbindung stehenden „Associates". Das Unternehmen legt Wert auf Beziehungen und direkte Kommunikation und vermittelt über seine Website (↗ http://www.gore.com) auf den ersten Blick, dass Verbundenheit und Zusammenarbeit eine wichtige Rolle spielen. Dort werden einige Fragen aufgeworfen, wie z. B. „Was passiert, wenn ein internationales Unternehmen fest davon überzeugt ist ... genau weiß ... deutlich zeigt, dass Menschen sein größtes Gut sind?" Oder: „Was geschieht, wenn Menschen ... ihre Geschicke selbst in die Hand nehmen dürfen?"[80]

Die Website beantwortet im Weiteren diese Fragen, die kurze Antwort allerdings lautet: Eine Menge!

2010 stand Gore zum 13. Mal hintereinander auf der vom *Fortune Magazine* herausgegebenen Liste der „100 besten Arbeitgeber" in den Vereinigten Staaten. Das Unternehmen zählt nun auch schon mehrere Jahre in Folge zu den besten Arbeitgebern in Frankreich, Deutschland, Italien und in Großbritannien. Der Unternehmensgründer Bill Gore hat einmal gesagt: „Ziel des Unternehmens ist es, Geld zu verdienen und Spaß dabei zu haben."[81]

Das Unternehmen ist sich im Klaren über seine *Identität*, seinen *lebensbejahenden Zweck* und seine *Ausrichtung*. Es hat eine einzigartige Kultur entwickelt, aus der eine organisationsbezogene *Struktur* und *Energie* hervorgehen, die seine Grundwerte und Überzeugungen stützen. Die *Darstellung* der Organisationsbedürfnisse ist nicht nur für Associates des Unternehmens, die alle aufgrund seines Beteiligungsmodells Teilhaber sind, glasklar, sondern auch für Kunden, Verkäufer und Lieferanten.

„Wie ist all dies möglich?", wird auf der Website gefragt. „Associates (nicht Mitarbeiter) werden für allgemeine Arbeitsgebiete eingestellt. Beraten durch Sponsoren (nicht Vorgesetzte) und mittels eines wachsenden Verständnisses für Anforderungen und Teamziele widmen sich Associates Projekten, die ihren Fähigkeiten entsprechen. All dies findet in einer Umgebung statt, die Freiheit mit Zusammenarbeit und Autonomie mit Synergie kombiniert." ... „Unser Gründer Bill Gore schuf eine flache Organisationsstruktur ... Gore ermutigt seine Mitarbeiter zur aktiven Innovation ... Die Sponsoren helfen den Associates, einen Kurs in der Organisation einzuschlagen, der gleichzeitig persönliche Erfüllung und einen maximalen Beitrag für das Unternehmen bringt."[82]

Organisationen erkennen in zunehmendem Maße die Bedeutung von Teams und der oben erwähnten Aussage: „Freiheit mit Zusammenarbeit". In *Immer erfolgreich* zeigen Collins und Porras eine ähnliche dynamische Beziehung zwischen zwei scheinbar gegensätzlichen Paradigmen auf. Sie schreiben: „Die Formulierung der Unternehmensphilosophie sorgt für Kontinuität und *Stabilität*", während „der

Drang nach Weiterentwicklung für unentwegte Veränderungen (neue Ausrichtung, neue Methoden, neue Strategien usw.) sorgt." Und: „Die Formulierung einer Philosophie ist als solches ein konservativer Akt", während „die Artikulierung des Drangs nach Weiterentwicklung zu grundlegenden, radikalen und revolutionären Veränderungen führen kann".[83] In der Sprache der Integrated Clarity hat die Unternehmensphilosophie die inhärenten, unveränderlichen Bedürfnisse und Werte zum Gegenstand, während der Drang nach Weiterentwicklung die Strategien zur Veränderung anspricht.

Unser nächstes Beispiel handelt von einem neu gegründeten Unternehmensverband, mit dem ich daran arbeitete, vor der Umsetzung von Strategien zunächst seine Identität und seinen Zweck zu klären.

> Ein Artikel im Wirtschaftsteil des *Arizona Daily Star* aus dem Jahr 2005 begann folgendermaßen: „Der Palo Verde Alvernon Business District steckt in einer Identitätskrise." Aufgrund von Bauarbeiten war eine wichtige Straßenüberführung zeitweilig geschlossen worden und weil sich die ansässigen Kaufleute Sorgen um die Auswirkungen auf ihre Geschäfte machten, hatten sie diesen Verband gegründet. Die neu gebildete Gruppe hatte jedoch Probleme, ihren Zweck zu definieren. Auch nach Beendigung der Bauarbeiten sollte der Verband weiterbestehen, um die mehr als 700 unterschiedlichen ortsansässigen Unternehmen zu unterstützen.
>
> Ich wurde als Beraterin hinzugezogen und bemerkte sofort, dass die Mitglieder der Gruppe sehr engagiert waren und viele Strategien und Ideen entwickelten, jedoch nicht wussten, wo sie anfangen sollten. Sie hatten sich an anderen Gruppen orientiert und versucht, deren Modelle zu übernehmen. Doch die passten nicht, und so waren sie frustriert.
>
> Ich erinnerte sie an Folgendes: Wenn sie beschlossen, was zu tun sei, ohne vorher definiert zu haben, wer sie als Gruppe sein wollten, wäre dies so, als würden sie einen Berufsweg einschlagen, ohne sich über ihre wahre Passion im Klaren zu sein. Ich half ihnen, die Organisationsbedürfnisse *Identität*, *lebenbejahender Zweck* und *Ausrichtung* durchzuarbeiten, damit sie wussten, wie die Gruppe sich gegenüber anderen Unternehmen in ihrem Gebiet darstellen konnte. Die Mitglieder stellten fest, dass ihnen der Gemeinschaftssinn wichtig war und dass der Zweck des Zusammenschlusses darin bestand, dieser Gemeinschaft eine Stimme zu geben. Jetzt war die Gruppe in der Lage, ihre Struktur weiterzuentwickeln und die anderen Unternehmen zu erreichen.
>
> Das Verbandsteam erlebte es als wertvoll, seine Bedürfnisse zu definieren, beginnend mit der *Identität* und dem *lebensbejahenden Zweck*. Aufgrund dieser Klarheit konnten sie sich effektiver um andere Bedürfnisse kümmern und schließlich der örtlichen Unternehmensgemeinschaft dabei helfen, ihre Bedürfnisse zu erfüllen.[84]

In größeren Organisationen bestimmt die Produktivität des Teams den Erfolg und die Produktivität der Organisation als Ganzes. In diesem Kapitel geht es deshalb um Anregungen dafür, wie aus Teammeetings produktivere Resultate hervorgehen können. Ebenso wird ein Mess- und Überwachungsinstrument vorgestellt: das Dashboard für Organisationsbedürfnisse,. Über das Dashboard können Daten – das organisationsbezogene Äquivalent für Gefühle – geteilt und alle Teams über erfüllte und unerfüllte Bedürfnisse informiert werden. In Kapitel 8 wird zudem ein Tool zur Entscheidungsfindung vorgestellt, das unabhängig von den Verantwortungsbereichen in Gruppen oder Teams Klarheit und Kooperation fördern kann.

7.1 Noch einmal: das IC-Konzept für gesamte Systeme

Ich möchte hier noch einmal auf die Ausrichtung der IC auf gesamte Systeme zurückkommen. Die vier Schritte des Konzepts wurden in Kapitel 4 vorgestellt und finden sich auch noch einmal im Anhang. Die vier Schritte im Hinblick auf Organisationen entsprechen den Schritten der GFK (Beobachtungen, Gefühle, Bedürfnisse, Bitten) für Einzelne. Sie sind:

1. **Identifikation von Daten**
   - Beobachtungen, die analysiert, verglichen und gemessen werden können
   - Anzeigen von Instrumenten, Maße und Messungen; Daten, die anzeigen, wo die Organisation steht, im Gegensatz zu dem, wo wir sie gern sähen, und die Etablierung von Best-Practice-Standards
2. **Identifikation von Gefühlen im Zusammenhang mit Beobachtungen und Geschäftsdaten**
   - Gefühle wie z. B. besorgt, aufgeregt, irritiert, zuversichtlich, enttäuscht, behaglich im Gegensatz zu Nicht-Gefühlen in Form von Urteilen oder Bewertungen wie z. B. inkompetent, leistungsschwach, profitabel (Um z. B. finanzielle Zusammenhänge zu beschreiben, verwenden Sie lieber Zahlen.)
3. **Verbindung von Daten und Organisationsbedürfnissen**

Ursprungsbedürfnisse	**Gestaltbedürfnisse**
Identität	Struktur
lebensbejahender Zweck	Energie
Ausrichtung	Darstellung

4. **Entwicklung von Strategien**

In Organisationen sind Bitten Strategien. Auf Systemebene sollten strategische Planungen und ihre Umsetzung die Organisationsbedürfnisse erfüllen, die die Menschen im System wahrnehmen und im Auge behalten.

Der Unterschied zwischen einer Strategie und einem Plan besteht darin, dass es sich bei einer Strategie um eine Bitte zur Erfüllung eines Bedürfnisses oder zur weiteren Erfüllung eines bereits erfüllten Bedürfnisses handelt. Ein Plan setzt sich aus einer Reihe von Strategien oder Bitten einer Gruppe oder Organisation zusammen, deren Umsetzungsschritte genau aufeinander abgestimmt sind. Wie bei einer Strategie für einen Einzelnen zeichnen den Plan folgende Elemente aus:

- konkrete Beobachtungen (z. B. wer den größten regionalen Marktanteil hat),
- positive Äußerungen (was wir tun werden, und nicht, was wir nicht tun werden),
- Bitten, die die Gegenwart betreffen („Sind wir bereit, dieser Initiative absolute Priorität einzuräumen?"), und
- Bedürfnisorientierung („Welchen menschlichen Bedürfnissen werden wir durch unser Handeln gerecht?").

Die Strategie ist eine Bitte und das Resultat ist das Ziel. Ein „positives" Resultat wird in spezifischen, beobachtbaren Begriffen definiert, weil „positiv" eine Wertung oder ein Urteil ist und unterschiedlich interpretiert werden kann. *Ergebnis-Ziele* sind definiert als das, was wir gern als Resultat sehen würden, worüber wir aber keine Kontrolle haben, wohingegen *Prozess-Ziele* Maßnahmen bezeichnen, die wir ergreifen werden und über die wir vollkommene Kontrolle haben. Das IC-Modell priorisiert Prozess-Ziele. Nicht die Resultate stehen im Vordergrund, sondern wir wollen einfach nur beibehalten, was funktioniert, und ändern, was nicht funktioniert. Viele Faktoren außerhalb unserer Kontrolle können das Ergebnis beeinflussen.

Das folgende Beispiel zeigt, wie die vier Schritte auf der Organisationsebene in Meetings oder strategischen Konversationen vollzogen werden können. Dabei geht es um ein Zusammenspiel von organisationsbezogenen und individuellen Bedürfnissen.

> 2010 war ich Moderatorin eines Retreats einer Gruppe von Führungskräften zur strategischen Planung. Auf der Fahrt zu dem Meeting informierte mich die CEO über wichtige Führungskräfte, die bei den Sitzungen anwesend sein würden. Als sie über einen bestimmten Abteilungsleiter zu sprechen begann, wurde sie sichtlich aufgeregt und seufzte mehrmals. Das Kommunikationsmuster mit diesem Mitglied ihres Teams frustrierte sie. Ich fühlte mich in ihre Hoffnungslosigkeit darüber ein, dass dieses Muster sich niemals ändern würde, und in ihr Bedürfnis nach Verbundenheit und Fortschritt. Die Gespräche drehten sich ihrer Meinung nach im Kreis, und wenn sie diese Führungskraft um Lösungen bat, wartete sie statt mit Antworten mit weiteren Fragen auf – was nicht zu der Weiterentwicklung führte, die beide sich wünschten. Als ich glaubte, dass sie dazu bereit war, fragte ich sie, ob sie Vorschläge dazu haben wolle, wie sie sich mit dieser Person verbinden könne. „Ja, gern", erwiderte sie. „Ich möchte dieses Muster unbedingt durchbrechen und mir sind die Ideen ausgegangen."
>
> Während des Meetings sprach besagter Abteilungsleiter länger, als von den anderen gewünscht. Dabei richtete er den Fokus voll und ganz auf das Budget seiner Abteilung und die einschneidende Kürzung seines Budgets aufgrund organisationsweiter Sparmaßnahmen. Er

sagte sogar: „Ich weiß gar nicht, warum ich so lange über das Budget rede, aber ich habe das Gefühl, dass diese Dinge gesagt werden und auf den Tisch kommen müssen."

Je länger er sprach und je öfter er über das Budget redete, desto mehr verlor er die Verbindung zur Gruppe. Da das Retreat gerade erst begonnen hatte, griff ich zunächst noch nicht in den Gruppenprozess ein. Das, was ich hörte, ließ mich jedoch vermuten, dass er sehr frustriert war und das unerfüllte Bedürfnis hatte, verstanden zu werden.

Beim Mittagessen bekam ich zufällig mit, wie eins seiner Teammitglieder zu einem anderen sagte, wie sehr es sich freue, dass alle trotz der ernsten finanziellen Probleme so positiv gestimmt seien – „mit Ausnahme einer Person".

Nach dem Mittagessen ergriff der Abteilungsleiter erneut das Wort und dasselbe Muster wiederholte sich. Dieses Mal unterbrach ich ihn, nicht, um die Aufmerksamkeit von ihm wegzulenken, sondern um Möglichkeiten zu finden, seine Verbindung zur Gruppe zu unterstützen, während er etwas vortrug, was ihm wichtig war. Ich sagte, mir sei seine Äußerung aufgefallen, dass er gar nicht wisse, warum er so lange rede (Beobachtung eines individuellen Bedürfnisses nach Klarheit), und wiederholte noch einmal einige von ihm genannte spezifische finanzielle Informationen (Beobachtung des Organisationsbedürfnisses nach *Energie*). Dann sagte ich ihm, mir sei ebenfalls nicht klar, warum er so lange rede, und äußerte die Vermutung, dass er sich vielleicht Sorgen (Gefühl) um seine Abteilung mache und ein Bedürfnis nach Transparenz (Bedürfnis) habe.

Dies war der Wendepunkt, der sofort zu mehr Produktivität vonseiten der Teilnehmer des Meetings führte wie auch künftig zu mehr Produktivität der Organisation. Aus meinem eigenen Bedürfnis nach Klarheit heraus fragte ich ihn, ob er eine Bitte an sich selbst und andere habe. Er überlegte einen Moment lang und sagte dann: „Oh. Eine Bitte? Ja, ich wünsche mir ein Meeting, in dem wir nicht nur mein Budget, sondern auch die Budgets anderer Abteilungen klären." Ich fragte ihn dann, mit welchen Leuten er sich dieses Meeting wünsche und wann er es gern abhalten würde. Ich unterstützte ihn darin, die Bitte zu formulieren, statt weiterzusprechen, ohne zu wissen, warum. Das Muster des Sich-im-Kreis-Drehens wurde durchbrochen, weil er nun endlich genug Klarheit besaß, um die Bitte zu formulieren, die er schon die ganze Zeit über hatte stellen wollen. Somit wurde Zeit gespart und die Produktivität für das gesamte Team erhöht.

Alle, die er um dieses Meeting bat, sagten ihre Teilnahme zu, und man lud einen weiteren Abteilungsleiter hinzu, der eine Idee hatte, wie sie gemeinschaftlich neue Kundenmärkte erschließen könnten. Außerdem bot dieser Abteilungsleiter an, ihnen zu erklären, wie er die Haushaltsrichtlinien des Unternehmens umsetzte. Das Meeting, das aus der Frustration eines Einzelnen geboren wurde, eröffnete für alle Möglichkeiten des Wachstums und der Zusammenarbeit.

Werden Meetings auf die oben beschriebene Weise abgehalten, tragen sie, wie wir gesehen haben, zur Erfüllung individueller und organisationsbezogener Bedürfnisse bei. Im Folgenden werden Richtlinien zur Moderation von Meetings mithilfe der GFK und zur Gestaltung der Gespräche im Sinne der grundlegenden Organisationsbedürfnisse (IC) vorgestellt. Diese Richtlinien werden Ihnen helfen, zügig Informationen und Meinungen zu sammeln und Entscheidungen zu treffen. Obendrein werden die Bedürfnisse aller erfüllt werden, was sich auf die Arbeitsmoral und den Zusammenhalt förderlich auswirken wird und jedem die Befriedigung verschaffen kann, Fortschritte zu machen.

7.2 Die Moderation eines Meetings

In Kapitel 4 und 6 haben wir über das Akronym WAIT gesprochen, das für „Warum rede ich?" steht. Dies ist zwar eine effektive Frage, die die Produktivität in Meetings fördert, doch ihr vorausgehen sollte die noch entscheidendere Frage: Warum halte ich ein Meeting ab? Bevor Sie ein Meeting unterstützen (oder besuchen), sollten Sie sich darüber im Klaren sein, welche Bedürfnisse es erfüllen soll. Und Sie sollten, wenn Sie ein Meeting einberufen (oder eine Einladung zu einem Meeting annehmen) – zumindest für sich selbst und wenn möglich auch mit allen Teammitgliedern –, dessen Zweck und Ihre Rolle darin klären.

In Ihren Meetings wird eine völlig andere Atmosphäre herrschen, wenn Sie Fragen stellen, die zu Verbundenheit führen und Gefühlen und Bedürfnissen nachspüren. Moderieren Sie den Prozess, lenken Sie nicht die Menschen. Jeder Mensch verfügt über eine ihm eigene Weisheit. Stellen Sie nie Fragen, auf die Sie die Antwort bereits kennen. Fragen Sie also nicht: „Welche drei Hauptpunkte haben wir letzte Woche besprochen?", sondern: „Welches sind Ihrer Erinnerung zufolge die drei Hauptpunkte, die wir letzte Woche besprochen haben?" Auf die erste Frage kann es richtige oder falsche Antworten geben, auf die zweite Frage nur richtige.

> Stellen Sie in Ihrer Eigenschaft als Moderator oder Vermittler nie Fragen, auf die Sie bereits die Antwort kennen.

Bedürfnisse: Als Moderator oder Vermittler spielen Sie die Rolle des „Verkehrspolizisten" für Bedürfnisse. Sie spüren die Bedürfnisse der Menschen auf, lassen nur eine Person oder ein Bedürfnis auf einmal durch und halten andere zurück, bis sie an der Reihe sind, damit verschiedene Bedürfnisse nicht miteinander vermengt werden. Unterscheiden Sie klar zwischen verschiedenen Themen. Überstürzen Sie nichts. Lassen Sie den Menschen Zeit, sich mit ihren Gefühlen und Bedürfnissen zu verbinden. Und stellen Sie sicher, dass jeder die Chance hat, gehört zu werden.

Sie könnten z. B. sagen: „Bevor wir hierauf zu sprechen kommen, würde ich gern verstehen, was Joe gesagt hat." Die anderen reagieren dann in der Regel auf Joes Aussage. Auf diese Weise wird berücksichtigt, was im Augenblick anliegt. Gehen Sie nie davon aus, dass alles beim Alten bleibt. Menschen ändern sich ständig, und wenn Sie als Moderator oder Vermittler auf das reagieren, was im Augenblick lebendig ist, wird man Sie als Führungsperson ansehen. Auch wenn Sie nicht der Moderator sind, können Sie dennoch zeitweise eine führende Funktion haben, indem Sie ihn dabei unterstützen, Bedürfnisse aufzuspüren.

Denken Sie daran, dass Sie keine Beziehung mit der Gruppe als Ganzes haben – nur mit Einzelnen innerhalb der Gruppe. Dennoch handelt es sich um eine interpersonale Beziehung, jedoch auf einer komplexeren Ebene. Stellen Sie während eines Gesprächs immer wieder Fragen wie: „Trägt dies zu Ihrem Bedürfnis nach Klarheit, Wohlbehagen oder Genauigkeit bei?“ Oder: „Hilft das?“ Oder: „Habe ich Ihre Frage beantwortet?“ Dieser Prozess gibt dem Gespräch Struktur und verhindert, dass man sich verzettelt.

Bitten oder Strategien. Sie könnten fragen: „Würden Sie gerne um Hilfe bitten, damit Ihr Bedürfnis nach mehr Genauigkeit erfüllt werden kann?“ Achten Sie darauf, dass Bitten sich auf den gegenwärtigen Moment beziehen (z. B. „Wären Sie bereit, diesen Bericht zu schreiben?“ statt: „Würden Sie bitte diesen Bericht schreiben?“). Prüfen Sie dann, ob die Bitten oder Strategien, die sich auf das Meeting beziehen, erfüllt wurden.

Vereinbarungen: Sagen Sie z. B. zu allen: „Wir sind uns also darin einig, dass wir ______________________.“

Unterbrechungen: Ja, manchmal ist es nötig zu unterbrechen, wenn jemand länger redet, als es den meisten lieb ist, oder über ein Thema spricht, das niemanden interessiert oder über das bereits gesprochen wurde. Zu unterbrechen ist wirkungsvoll, wenn Sie dies überlegt und auf der Basis einer Verbindung mit den Bedürfnissen tun. Sie könnten bereits im Voraus erklären: „Manchmal werde ich Sie unterbrechen, wenn ich merke, dass die übrigen Teilnehmer dem, was einer von Ihnen sagt, nicht folgen, denn ich möchte, dass die Verbindung untereinander so weit wie möglich erhalten bleibt.“ Sie können aber auch im gegebenen Moment sagen: „Ich werde Sie jetzt unterbrechen, weil ich bemerke, dass andere Ihnen nicht folgen, und ich möchte sichergehen, dass Sie von allen verstanden werden.“

Bitten Sie die Teilnehmer immer wieder, mit eigenen Worten wiederzugeben, was Sie oder andere gesagt haben, damit gewährleistet ist, dass das Gesagte deutlich wurde. Es ist die Aufgabe des Sprechers sicherzustellen, dass er sich verständlich macht, und nicht die Aufgabe aller anderen, ihn zu verstehen. Hat einer der Gruppenteilnehmer nicht verstanden, was Sie oder sonst jemand gesagt hat, geht dies den Übrigen in der Regel genauso. Als Moderator / Vermittler (oder als Teilnehmer, der von Zeit zu Zeit informell die Rolle des Moderators übernimmt) ist es Ihre Aufgabe, dafür zu sorgen, dass die Verbindungen erhalten bleiben.

BGBB. Es ist wichtig, dass der (formelle oder informelle) Moderator sich mit sich selbst verbindet und andere dazu ermuntert, die vier Schritte der GFK – Beobachtungen, Gefühle, Bedürfnisse und Bitten – zu nutzen, um die Beziehungen untereinander lebendig zu erhalten und sich nicht nur auf den Inhalt zu konzentrieren. Das ist die Grundvoraussetzung für diesen Prozess. Wenn der Fokus allein auf dem Inhalt liegt, werden die Menschen müde. Wird das Bedürfnis nach Verbundenheit erfüllt, verleiht dies ihnen Energie.

Es gibt einiges zu tun in unseren Meetings. Als ich die Teilnehmer einer meiner Gruppen fragte, warum ihrer Meinung nach nur 30 bis 50 Prozent des Gesagten gehört werden, nannten sie folgende Gründe:

- Unser innerer Dialog steht uns im Weg.
- Unsere eigenen Bedürfnisse werden zum Filter.
- Wir sind zu sehr damit beschäftigt, uns zu verteidigen oder zu überlegen, was wir antworten werden.
- Wir sind darauf fokussiert, das zu hören, was unsere eigenen Ansichten am meisten unterstützt – das, was wir hören wollen.
- Wir haben uns aufgrund vorgefasster Meinungen über die betreffende Person bereits ein Urteil über ihre Reaktion gebildet.
- Die Vortragsweise hindert uns daran, dem Gesagten zu folgen. (Der Sprecher hat sich nicht an das WAIT-Prinzip gehalten.)
- Das Ego steht im Weg. Der Sprecher ist mehr daran interessiert sicherzustellen, dass ihn alle für wichtig halten, als deutlich zu machen, was er zu sagen hat.
- Der Sprecher oder Hörer oder auch beide sind zu nervös, weil sie Angst vor den Urteilen der anderen haben.

Als Moderator können Sie den Menschen helfen, sich von derlei Denkweisen zu lösen und ein echtes Interesse dafür zu entwickeln, was andere beizutragen haben. Wenn Sie für die Befindlichkeiten der Teilnehmer empfänglich bleiben und sie dazu ermutigen, ihre Gefühle und Bedürfnisse zum Ausdruck zu bringen, entsteht eine Offenheit, die normalerweise alle Bedenken und Sorgen hinfällig macht. Der Prozess erhält ein menschliches Gesicht, weil die Teilnehmer sich empathisch verbinden. Als Folge davon herrscht in konkreten Gesprächen über spezifische Themen eine wesentlich produktivere Atmosphäre und authentische Übereinstimmung, was Zeit und Kosten sparen wird. Wenn sich die Beteiligten in der Diskussions- und Planungsphase einer Initiative nicht einig sind,

Wenn Sie für die Befindlichkeiten der Teilnehmer empfänglich bleiben und sie dazu ermutigen, ihre Gefühle und Bedürfnisse zum Ausdruck zu bringen, führt die hierdurch entstehende Offenheit zu einer authentischeren Übereinstimmung. Diese wiederum fördert die strategische Umsetzung.

ist das kontraproduktiv. Aus Angst, Schuldgefühlen oder Scham stimmen sie vielleicht zu, unterstützten die Initiative aber in der Umsetzungsphase nicht nach besten Kräften.

Hin und wieder ereignet sich in einem Meeting etwas Großes. Herrscht zwischen den Teilnehmern keine Übereinstimmung, bekommen dies vielleicht nicht alle mit. Dann entstehen schnell kleine Gruppen, die die Situation unterschiedlich einschätzen. Als Moderator könnten Sie dann sagen: „Ich möchte weiterhin dem folgen können, was die Gruppe tut, doch gleichzeitig habe ich gerade gehört ______________. Ich frage mich, ob alle anderen dies auch gehört haben."

Selbst als inoffizieller Moderator können Sie in bestimmten Situationen um Klarstellung bitten, um sich Ihre eigenen Bedürfnisse zu erfüllen. Höchstwahrscheinlich werden andere dieselben unerfüllten Bedürfnisse haben wie Sie.

Offenheit. Sie können so offen sein, wie es sich für Sie angenehm anfühlt. Das wird von anderen nicht immer als „nett" empfunden. Doch durch Offenheit dringt man schnell zum Kern einer Sache vor, was produktivitätsförderlich ist. Denken Sie noch einmal an meine Geschichte über eine strategische Konversation mit einem Führungskräfteteam, bei der einige der Abteilungsleiter weiterhin ihren Papierkram oder andere Aufgaben erledigten. Falls das, was ich zu sagen hatte, nicht von Interesse für sie war, wollte ich weder ihre noch meine Zeit vergeuden. Deswegen erklärte ich ihnen geradeheraus, dass ich ihnen etwas vermitteln wolle, was meiner Ansicht nach für sie von Wert sei, aber keinen Sinn darin sähe, damit fortzufahren, wenn ihrerseits kein Interesse daran bestünde. Damit hatte ich ihre Aufmerksamkeit – nicht weil sie plötzlich an dem interessiert waren, was ich zu sagen hatte (denn sie wussten ja nicht genau, worum es ging), sondern weil meine Offenheit sie angenehm überraschte. Das ermöglichte unsere weitere gemeinsame Arbeit, und die Verbindung, die zwischen ihnen und mir entstanden war, erwies sich für uns alle als sehr produktiv.

Mit den eigenen Bedürfnissen verbunden zu bleiben und offen zu sein heißt, ein Risiko einzugehen, doch mir gefällt die kraftvolle Reaktion, die ich in den meisten Fällen von meinen Klienten erhalte. Sie sind nicht an Authentizität, an Echtheit gewöhnt, etwas, wonach wir uns in gewisser Weise alle sehnen.

Wertschätzung. Sich auf das zu konzentrieren, was funktioniert, und es wertzuschätzen, während man sich gleichzeitig dessen bewusst ist, was nicht funktioniert, kann einen organisatorischen Wandel herbeiführen und den Mitarbeitern Energie verleihen. Wenn Wertschätzung und Anerkennung an den Bedürfnissen orientiert sind, sorgen sie für die Fortsetzung des erwünschten Verhaltens.

Die Macht der „Ziellinie". Es gibt einer Gruppe großen Auftrieb, wenn allen Teilnehmern gleichermaßen klar ist, welche Bedürfnisse mithilfe einer sinnvollen Nutzung der Ressourcen und innerhalb eines Zeitrahmens, auf den sich alle geeinigt haben, erfüllt werden. Die Vision der Ziellinie ist Teil des Organisationsbedürfnisses nach *Ausrichtung*. Klarheit und das Einvernehmen darüber, was die Teammitglieder erreichen möchten, welche Bedürfnisse sie durch ihr Handeln erfüllen werden und bis wann sie bestimmte Meilensteine erreichen möchten, können ein Team beleben. Wenn die Teammitglieder nicht nur denken, planen und handeln, sondern vor allem auch die Dimension der Verbindung berücksichtigen, können diese Projekte für sie wie auch für die Märkte, die sie bedienen, sehr belebend sein. Zu diesem Schluss kommt auch Collins in seinem Buch *Immer erfolgreich,* im Zusammenhang mit dem, was er als riskante, hochgesteckte Ziele (RHZs) bezeichnet: „Ein RHZ beflügelt die Mitarbeiter. Es ist konkret und anspornend und hochspezifisch. Es ist unmittelbar einleuchtend und bedarf keiner oder nur geringfügiger Erklärungen."[85]

Vorstellung und Resümee. Manchmal können Sie die Teilnehmer zu Beginn des Meetings bitten, etwas über sich zu erzählen. Wenn diese Art sich mitzuteilen in Ihrer Arbeitskultur unüblich und den Teilnehmern unangenehm ist, dann stellen Sie zunächst eine praktischere Frage. Ich beginne vor allem in Gruppen mit unterschiedlichen Teilnehmern, die sich zum ersten Mal begegnen, gern mit der Frage: „Was würden Sie aus diesem Meeting gern mit nach Hause nehmen?" Passt das Thema in den Rahmen des Meetings, nehmen wir es als Diskussionspunkt auf. Tut es das nicht, kommt es auf eine Liste mit Vorschlägen für ein anderes Meeting. Jede Idee und jede Bitte werden festgehalten und behandelt. Jeder lernt eine Menge über die anderen Teilnehmer, wenn er hört, was für diese von Wert wäre. Dies verbindet auf subtile Weise und bereichert damit die Diskussion.

Es gibt einer Gruppe großen Auftrieb, wenn allen Teilnehmern gleichermaßen klar ist, welche Bedürfnisse mithilfe einer sinnvollen Nutzung der Ressourcen und innerhalb eines Zeitrahmens, auf den sich alle geeinigt haben, erfüllt werden.

Geben Sie den Teilnehmern am Ende eines Meetings immer die Gelegenheit, „ein Resümee zu ziehen", indem Sie sie bitten, kurz zu sagen, was sie fühlen, was sie bei diesem Treffen gelernt haben und welche ihrer Bedürfnisse erfüllt oder nicht erfüllt wurden. Ich bitte die Teilnehmer gern, in ein, zwei Worten – buchstäblich – zusammenzufassen, was sie denken, bevor sie das Meeting verlassen. Bei fünfzehn Teilnehmern dauert dies nicht länger als eine Minute. Das hat jeder meiner Gruppen riesigen Spaß gemacht. Ich stelle es den Teilnehmern immer frei zu passen. Dies geschieht sehr selten, doch wenn einer „Ich passe" sagt, ist auch dies Ausdruck einer Verbindung zwischen ihm und der Gruppe.

7.3 Das Dashboard für Organisationsbedürfnisse

Bedürfnisse lassen sich nur erfüllen, wenn man sie kennt. Viele Teams und Organisationen verfolgen ihre wichtigsten Leistungsindikatoren mithilfe eines Dashboards, das die Informationen dokumentiert, die unbedingt alle im Auge behalten sollten. Dashboards können die Form von regelmäßigen Berichten, Tabellen oder internen Websites haben. Oft finden sich auf Dashboards als Erstes Informationen zu den Finanzen und Verkaufszahlen, weil sich Zahlenmaterial und Marktinformationen leicht in Berichte umsetzen lassen.

Ein Dashboard dient dem Zweck, Informationen so zu präsentieren, dass alle sie sehen, sie verfolgen und regelmäßig überprüfen können, ob man den vereinbarten Zielen nähergekommen ist oder sich von ihnen entfernt hat. Und es ermöglicht, operationelle und strategische Entscheidungen auf der Basis aktueller Informationen zu treffen.

Im Dashboard für organisationsbezogene Bedürfnisse sind all diese Indikatoren einem der sechs grundlegenden Organisationsbedürfnisse zugeordnet. Auf diese Weise hat das individuelle tiefere Bedürfnisbewusstsein ein organisationsbezogenes Pendant. Die Bedürfnisse von Organisation und Individuen – von Mitarbeitern und Aktionären bis hin zu Kunden und Gemeinden – können gleichzeitig mit Strategien erfüllt werden, die so viele Bedürfnisse wie möglich abdecken. Schauen Sie sich die folgenden Beispiele an:

Grundwerte. Diese fallen in die Kategorie *Identität.* Wenn wir ein vertieftes Bedürfnisbewusstsein entwickelt haben, sind diese Werte nicht etwas, das wir anstreben; vielmehr werden sie von Beginn an von allen Mitgliedern unserer Teams und Organisationen geteilt. Die Begriffe Bedürfnisse und Werte können in diesem Zusammenhang synonym verwendet werden. Welche Bedürfnisse von zentraler Bedeutung sind, erkennen wir an der Intensität der Stimulation, die ausgelöst wird, wenn eines dieser Bedürfnisse erfüllt oder nicht erfüllt wird. Viele Gruppen, mit denen ich arbeite, sind nicht mit ihren wesentlichen Werten verbunden. Stattdessen denken sie darüber nach, wer sie gern sein würden, nur um festzustellen, dass es schwieriger als gedacht ist, etwas zu werden, was sie nicht sind. Mit anderen Worten: Wenn die Werte, die sie sich gesetzt haben, nicht Teil ihrer derzeitigen Kernbedürfnisse sind, werden sie frustriert und wahrscheinlich nicht sonderlich erfolgreich sein, da sie sich nicht im Einklang mit ihrer authentischen Identität befinden.

Hierzu gibt Collins uns in *Der Weg zu den Besten* folgendes Beispiel: „Die Entscheidung, relativ hochpreisige, hochwertige Rasiersysteme zu entwickeln, anstatt sich in den Preiskampf um die Einwegrasierer zu stürzen, hing zum Großteil damit zusammen, dass man sich bei Gillette einfach nicht für Wegwerfprodukte begeistern konnte."[86] Es ist nicht leicht, von der Entwicklung niedrigpreisiger Produkte auf die Entwicklung hochpreisiger Produkte umzustellen. Es erfordert mehr Bemühungen in Forschung und Entwicklung, ein Umrüsten der Produktion, neue Marktanstrengungen usw. Das ist eine große Umstellung, doch die erforderlichen Anstrengungen und Kosten lohnen sich, wenn das Ergebnis im Einklang mit den Grundwerten steht.

Organisationsbezogene Bedürfnisse und Werte ändern sich langsamer als individuelle Bedürfnisse, weil dafür ein kollektiver Wandel in der Wahrnehmung von vielen Menschen erforderlich ist; dennoch sind sie veränderlich. So regt in Organisationen, die die Art von empathischer Verbindung zum Kunden haben, die Patnaik in *Wired to Care* beschreibt, das Eingehen auf die Bedürfnisse der Kunden schneller zu einem internen Wandel an, als das in eher introspektiven traditionellen Organisationen der Fall ist. Erstere sind kundenorientiert, Letztere managementorientiert.

> Wenn die Werte einer Organisation nicht Teil ihrer derzeitigen Kernbedürfnisse sind, wird die Organisation wahrscheinlich nicht sonderlich erfolgreich sein, weil sie sich nicht im Einklang mit ihrer wahren *Identität* befindet.

Eine kundenorientierte Organisation läuft keinerlei Gefahr, den Kontakt zu den Organisationsbedürfnissen nach *Identität* oder einem *lebensbejahenden Zweck* zu verlieren. Die Wechselwirkung zwischen dem Erhalt einer stabilen Unternehmensphilosophie *(Identität)* und der Offenheit für den Markt der Organisation *(lebensbejahender Zweck)* ist die Dynamik, die Collins und Porras in *Immer erfolgreich* so beschreiben: „Gemäß der ‚schöpferischen Kraft des Und' strebt ein erfolgreiches Unternehmen ... sowohl nach entschiedener Bewahrung seiner Philosophie als auch nach entschlossener Weiterentwicklung."[87]

Im Lauf der Zeit lassen die sich herausbildenden Muster weitere tragfähige Grundbedürfnisse erkennen, aber auch Grundwerte und Bedürfnisse, die für uns als Individuen oder für die Organisation als Ganzes eine geringere Bedeutung haben. Doch immer kann jedes dieser Bedürfnisse mal mehr, mal weniger aktiv sein, was uns dazu einlädt, für jeden Moment aufs Neue präsent zu sein.

Individuelle und organisationsbezogene Bedürfnisse ändern sich also hinsichtlich ihrer Erfüllung oder Nichterfüllung in jedem beliebigen Augenblick. Wenn wir uns dieser Tatsache bewusst sind, sind wir auch empfänglich für die jeweils aktuelle Entwicklung der uns umgebenden Menschen und Märkte.

Vertrieb. Die Informationen über den Kunden und darüber, welche seiner Bedürfnisse Ihr Produkt oder Ihre Dienstleistung erfüllt, sind Teil des *lebensbejahenden Zwecks*. Absatzziele und Zahlen fallen in die Kategorie *Energie*.

Marketing, Produktentwicklung und Innovation. Unsere Art, uns mit dem Kunden zu verbinden und mit ihm zu kommunizieren, wie auch das Feedback, das wir hinsichtlich der Erfüllung oder Nichterfüllung seiner Bedürfnisse erhalten, fallen in die Kategorie *Darstellung*. Je empathischer wir mit den Menschen verbunden sind, für die wir derzeit da sind oder künftig da sein möchten, desto eher werden wir Produkte und Dienstleistungen entwickeln, die ihr Leben oder das unserer Organisation bereichern.

Es gibt keine „richtigen" oder „falschen" Kategorien, um die wichtigsten Indikatoren innerhalb des Rahmens der Organisationsbedürfnisse aufzuspüren. Wichtig ist, dass das Dashboard bedürfnisorientiert ist und für die funktioniert, die es nutzen.

Ähnlich wie beim Konzept des wirtschaftlichen Motors – eines der drei Elemente in dem von Collins in *Der Weg zu den Besten* beschriebenen Igel-Prinzip – empfinden Menschen das Dashboard für Organisationsbedürfnisse, indem sie wichtige Indikatoren im Auge behalten und sie hinsichtlich der zu erfüllenden Bedürfnisse prüfen, als leicht handhabbar und äußerst effektiv.

In diesem Kapitel wurde aufgezeigt, wie sich die Produktivität von Teams und Organisationen auf der Grundlage eines vertieften Bedürfnisbewusstseins und mithilfe von Messinstrumenten für Fortschritte bei der Erfüllung individueller und organisationsbezogener Bedürfnisse, ankurbeln lässt. In Kapitel 8 wird erläutert, wie sich durch den Einsatz auf Bedürfnissen basierender Instrumenten zur Entscheidungsfindung die für diese Aufgabe nötige Zeit verkürzen und die Verbundenheit sowie der Zusammenhalt der Gruppe aufrechterhalten lässt.

8. An Bedürfnissen orientierte Instrumente zur Entscheidungsfindung

„Wenn wir eine Entscheidung treffen, sollten wir immer unsere Gefühle berücksichtigen und darüber nachdenken, warum wir fühlen, was wir fühlen."

Jonah Lehrer, *Wie wir entscheiden*

Sich bei der Entscheidungsfindung am Arbeitsplatz und innerhalb von Teams an Bedürfnissen zu orientieren widerspricht dem, was die meisten von uns gewöhnt sind – dass nämlich die Mehrheit entscheidet. Man hat uns nicht vermittelt, dass alle Bedürfnisse wichtig sind und dass es Strategien gibt, um sie alle gleichzeitig zu erfüllen. In unserer Arbeitswelt finden sich zuhauf Abläufe und Prozesse, die aus einem dominanzorientierten hierarchischen Denken heraus entstanden sind. Diesen liegt die antiquierte Vorstellung zugrunde, dass der Status quo von Machtsystemen erhalten bleiben und die Bedürfnisse nach Stabilität und Ordnung erfüllt werden müssen, damit die strukturelle Macht in den Händen bestimmter Gruppen bleibt.

Heutzutage setzt sich, in der Arbeitswelt und auch anderswo, immer stärker ein Bewusstsein dafür durch, dass für alle Interessengruppen – Kunden, Mitarbeiter, Aktionäre und auch diejenigen, die über strukturelle Macht verfügen – mehr zu gewinnen ist, wenn mehr Bedürfnisse von mehr mehr Menschen erfüllt werden. In der frühen Menschheitsgeschichte, in der Chaos und Unvorhersagbarkeit in den meisten Teilen der Welt an der Tagesordnung waren, waren die wenigen vorhandenen Ressourcen lebenswichtig. Laut Buckminster Fuller können erst seit zwei oder drei Jahrzehnten genügend lebensnotwendige Ressourcen – wie Lebensmittel, um die gesamte Weltbevölkerung zu ernähren – produziert werden. Deswegen ist Hunger nicht länger ein agrarwirtschaftliches Problem oder eine Frage der Ressourcen, sondern ein Verteilungsproblem und eine Frage des Bewusstseins. Diese Situation lässt sich auf unsere Arbeitsplätze übertragen. Heutzutage werden wahrscheinlich die Grundbedürfnisse der Mehrzahl der Arbeitnehmer befriedigt, Grundbedürfnisse wie ein Dach über dem Kopf, Wasser, Licht und dergleichen. Deswegen können wir uns nun in erster Linie darauf konzentrieren, uns unser Bedürfnis nach einem erweiterten Bewusstsein für unser Verbinden–Denken–Handeln zu erfüllen.

Wahrscheinlich gehören Sie Gruppen an, in denen Entscheidungen nach dem traditionellen Modell zustande kommen. Wie fühlen Sie sich, wenn die Mehrheit bestimmt und Sie in der Minderheit sind – wenn Sie mit der Mehrheitsentscheidung nicht einverstanden sind und es niemanden zu interessieren scheint, warum?

Das traditionelle Modell des Mehrheitsprinzips kennt nur Schwarz und Weiß. Sind Sie für oder gegen diesen Vorschlag? Das Ziel: mindestens 51 Prozent dazu zu bringen, dem Vorschlag zuzustimmen. Diese Vorgehensweise ist problematisch, weil die Möglichkeiten begrenzt sind, das Bedürfnis nach Weiterentwicklung und das Bedürfnis nach Gruppenzusammenhalt gleichzeitig zu erfüllen. Jeder Vorschlag birgt das Risiko in sich, dass fast die Hälfte der Gruppe, d. h. 49 Prozent, ihm möglicherweise nicht zustimmen und dann mit einem Vorschlag leben müssen, den die anderen 51 Prozent gutgeheißen haben. Das *Bedürfnis nach Weiterentwicklung* wird erfüllt, indem eine Entscheidung getroffen wurde, doch das *Bedürfnis nach Gruppenzusammenhalt* bleibt unerfüllt.

Dies kann aus dreierlei Gründen zu einem Problem werden: Erstens sehen diejenigen, die den Vorschlag ablehnen, vielleicht etwas, was sonst niemand sieht, und könnten eine alternative Sichtweise beisteuern. Meinungsvielfalt kann die Produktivität steigern. Zweitens werden diejenigen, die mit Nein gestimmt haben und deren Sichtweise unberücksichtigt blieb, der erfolgreichen Umsetzung der Entscheidung wahrscheinlich entgegenarbeiten oder zumindest nicht aktiv an ihr mitwirken. Drittens könnten sie das Gefühl haben, dass ihre Bedürfnisse ignoriert wurden. Mangels eines Bedürfnisbewusstseins wird ihren Bedürfnissen ein geringerer Wert beigemessen als dem Bedürfnis nach einer Entscheidung und nach Fortschritt. Der Gruppe als Ganzes wird Energie entzogen, weil sie die Verbindung zu denen verloren hat, die mit Nein gestimmt haben.

Das Modell des Mehrheitsprinzips misst Effektivität und Fortschritt einen höheren Wert bei als Verbundenheit und Gruppenzusammenhalt. Dem gegenüber stehen Modelle, die größeren Wert auf Gruppenprozesse als auf eine Entscheidungsfindung legen. Auch mit ihnen lässt sich jedoch das Bedürfnis nach Weiterentwicklung und Gruppenzusammenhalt nicht erfüllen. Oft dauern die Prozesse länger, als die meisten Gruppenmitglieder zu ertragen bereit sind, und in vielen Fällen macht sich bei ihnen ein Gefühl der Enttäuschung breit, wenn keine Entscheidungen getroffen werden und kein Fortschritt erzielt wird. Sie kennen sicherlich solche Meetings. Jeder scheint eine Meinung zu haben, jeder möchte gehört werden und doch hat die Gruppe kein System, die Vielfalt der Gedanken und Ideen zu strukturieren. Stattdessen scheint sich das Gespräch im Kreis zu drehen; viele der Beteiligten wiederholen bereits Gesagtes, ohne etwas Neues hinzuzufügen.

8.1 Das Einwilligungsmodell

Kommen wir zum bedürfnisorientierten Einwilligungsmodell. Ich spreche hier von Einwilligung statt von Konsens, denn in diesem Modell kommt ein durch die GFK inspiriertes Bedürfnisbewusstsein zum Einsatz, weshalb das Modell über den Wunsch nach Konsens oder Übereinstimmung hinausgeht. Vielmehr strebt es danach, ein gegenseitiges Verständnis der Beteiligten wie auch ein Verständnis des jeweiligen Sachverhalts zu erreichen. Für viele Menschen beinhaltet Konsens, dass wir alle übereinstimmen müssen. In der Arbeit mit Gruppen schafft jedoch nicht so sehr der Gedanke des „Konsens" als vielmehr der Gedanke der „Einwilligung" einen Raum für Dialog und eine Diskussion der Bedürfnisse, die den vertretenen Standpunkten und Meinungen zugrunde liegen.

Worin besteht der Unterschied? Beim Einwilligungsmodell lautet die Frage: Kann ich mit dieser Übereinkunft leben? Und mehr noch: Wie gut kann ich damit leben und welche Änderungen würden zur Erfüllung meiner Bedürfnisse beitragen? Für die Gruppe ist es wichtig, diejenigen anzuhören, die Nein gesagt haben, und herauszufinden, welche unerfüllten Bedürfnisse sie davon abhalten, Ja zu sagen. Und für diejenigen, die die Entscheidung ablehnen, ist es wichtig, von deren Befürwortern zu hören, welche Folge ihr Nein für sie haben könnte. Der Entscheidungsfindungsprozess wird zu einer strukturierten Möglichkeit, die Verbundenheit untereinander und die Verbundenheit mit den Gefühlen und Bedürfnissen der einzelnen Gruppenmitglieder zu unterstreichen – und einen Beziehungs*kontext* zu schaffen –, statt den Fokus nur auf das Thema und den Vorschlag zu legen – den *Inhalt* der Diskussion. Das bedürfnisorientierte Einwilligungsmodell misst dem Kontext der Gruppenverbundenheit und dem Inhalt des Vorschlags oder Themas einen gleich großen Wert bei. Somit wird eine Weiterentwicklung der Gruppe und des Themas gewährleistet. Indem beide Bedürfnisarten erfüllt werden, profitiert die Gruppe in höherem Maße davon, Zeit und Ressourcen in die Diskussion und Entscheidungsfindung gesteckt zu haben.

> Das Einwilligungsmodell geht aufgrund des Einsatzes eines durch die GFK inspirierten Bedürfnisbewusstseins über den Wunsch nach Konsens oder Übereinstimmung hinaus. Vielmehr strebt es danach, ein gegenseitiges Verständnis der Beteiligten wie auch ein Verständnis des jeweiligen Sachverhalts zu erreichen.

Die Instrumente „Gradients of Agreement (Grad der Zustimmung)" und „Decision-Making Spectrum" (Spektrum der Entscheidungsfindung) verhelfen zu einer bedürfnisorientierten Verbundenheit der Mitglieder einer Gruppe oder eines Teams und fördern damit Effizienz und Zusammenarbeit.

8.2 Das „Gradients of Agreement"-Tool

1996 entwickelte Sam Kaner zusammen mit Lenny Lind, Catherine Toldi, Sarah Fisk und Duane Berger eine siebenstufige Skala, die Teammitgliedern, die über einen Vorschlag oder eine Idee abstimmen, eine Reihe von Wahlmöglichkeiten zur Verfügung stellt.[88]

Es führt zu einer stärkeren Verbundenheit der Teammitglieder, wenn sie jeden Grad des Einverständnisses auf der Basis eines von der GFK inspirierten vertieften Bedürfnisbewusstseins betrachten. Auch wenn die Mitglieder einer Gruppe bei einem Vorschlag (Inhalt) vielleicht nicht übereinstimmen, arbeiten sie doch kontinuierlich daran, zu einem tieferen Verständnis der Gefühle und Bedürfnisse zu gelangen, die sich hinter ihrer eigenen Meinungen sowie den Meinungen anderer verbergen. Damit stärken sie zugleich ihre Beziehung (Kontext).

Das Einwilligungsmodell nutzt das „Gradients of Agreement"-Tool (siehe Abb. 16), das den Entscheidern eine Auswahl von sieben Stufen des „Wohlgefühls" in Bezug auf eine vorgeschlagene Entscheidung bietet. Stufe 7 bedeutet völlige Zustimmung oder ein sehr hohes Maß an Einverständnis, Stufe 1 hingegen Blockade oder großes Missbehagen. Jede Wahl außer der 7 (völlige Übereinstimmung) bietet die Chance, dass Bedürfnisse thematisiert werden, und sechs von sieben Stufen erfüllen sowohl das Bedürfnis nach Weiterentwicklung als auch nach Gruppenzusammenhalt. Diejenigen, die sich für die 1 entscheiden, sind oft bereit, auf der Skala weiter nach oben zu klettern, sobald ihre Bedürfnisse gehört wurden.

Ich habe mit Gruppen folgende Erfahrung gemacht: Für den Fall, dass wenige einen Vorschlag blockieren möchten, weil dieser wichtige Bedürfnisse unberücksichtigt lässt, fördern zwei Dynamiken die Erfüllung der Bedürfnisse der Gruppenmitglieder nach Weiterentwicklung und Zusammenhalt. Das ist einmal das Einwilligungsmodell, das sich des Gradients-of-Agreements-Tools bedient, und das sind Gefühle, die zum Ausdruck gebracht werden, und mit Bedürfnissen verbundene Gefühle. Dies zeigt die folgende Geschichte.

Konzept der Gradients of Agreement, entwickelt von Sam Kaner zusammen mit Jenny Lind, Catherine Toldi, Sarah Fisk und Duane Berger (www.communityatwork.com)

© 2011 Elucity Network, Inc., entwickelt von Marie R. Miyashiro

Abbildung 16: Gradients of Agreement

Ich moderierte den strategischen Planungsprozess eines 16-köpfigen Arbeitsteams, dessen Mitglieder vier unterschiedliche Geschäftsbereiche vertraten. Wirtschaftliche Zwänge grenzten die Möglichkeiten des Teams insofern ein, als nur bestimmte Serviceleistungen in Zukunft möglich waren. Die Ressourcen waren knapp, und jedes Teammitglied erkannte, dass jede Investition in einen Bereich weniger Ressourcen für andere bedeutete. Zwei Teammitglieder lehnten den Vorschlag ab, einen neuen Service einzurichten, einer enthielt sich und dreizehn unterstützten ihn leidenschaftlich. Nachdem sie die Meinung der anderen gehört hatten, waren diejenigen, die den Vorschlag ablehnten, bereit, sich auf der Skala nach oben zu bewegen. Sie verstanden die Bedürfnisse der anderen Teammitglieder. Entscheidend war auch, dass diejenigen, die dem Vorschlag zustimmten, die Bedürfnisse verstanden, die der

Ablehnung zugrunde lagen, und sich mit diesen Gefühlen und Bedürfnissen verbinden konnten. Wichtig ist, dass die der Zustimmung und Ablehnung zugrunde liegenden Bedürfnisse deutlich gemacht werden und dass alle Teilnehmer die Möglichkeit haben, nicht nur ihre Gedanken, sondern auch ihre Gefühle und Bedürfnisse zu äußern.

Ein Teammitglied hatte z. B. Bedenken, ausreichend qualifiziert zu sein, beim neuen Service-Programm mitzuarbeiten, sollte dieser Vorschlag angenommen werden. Doch nachdem sie seine Bedenken gehört hatten, sprachen die anderen Teilnehmer ihm ihr Vertrauen in seine beruflichen Qualifikationen aus.

Seit über vier Jahren hatte es in Bezug auf dieses Programm keine Weiterentwicklung mehr gegeben. Der Leiter der Gruppe führt das Weiterkommen der Gruppe und den Gruppenzusammenhalt auf das Einwilligungsmodell zurück und darauf, dass Gefühle und Bedürfnisse geäußert werden konnten und dass Gefühle mit Bedürfnissen verbunden wurden. Später schrieb er mir in einer E-Mail, unsere Sitzungen seien ein „wichtiger Wendepunkt in der Geschichte“ ihrer Abteilung gewesen.

Das Einwilligungsmodell fördert in Verbindung mit den Gradients of Agreement auch dann das Fortkommen einer Gruppe, wenn nicht all ihre Mitglieder einem Vorschlag voll und ganz zustimmen. Die Mitglieder geben bis zu einem gewissen Grad ihre Zustimmung und die Bedürfnisse aller werden gehört. Blockiert jemand den Vorschlag weiterhin, wird auf der Basis seines Bedürfnisses, Nein zu sagen, ein neuer Vorschlag erarbeitet, bis ein gewisser Grad der Übereinstimmung erreicht ist. Stimmabgaben oder Wahlen dienen bei diesem Modell nicht dem Zweck der Polarisierung, sondern allein dem Zweck, größere Klarheit über die Bedürfnisse zu erlangen und ein größeres Verständnis. Um dies zu erreichen, wird sichergestellt, dass die Bedürfnisse und Gefühle, die jeder nicht hundertprozentigen Übereinstimmung zugrunde liegen, von allen gehört und verstanden werden. Ich finde es interessant, immer wieder Folgendes zu beobachten: Gibt es Gruppenmitglieder, die nicht mit einer 7 abstimmen, werden die anderen sofort neugierig und wollen wissen, warum dies so ist. Sie möchten die abweichenden Standpunkte verstehen.

> Das Einwilligungsmodell und das Gradients-of Agreement-Tool ermöglichen, dass die Gefühle und Bedürfnisse aller Beteiligten gehört werden und dass eine Entscheidung getroffen wird, mit der jeder leben kann. Dadurch werden sowohl das Fortkommen der Gruppe als auch ihr Zusammenhalt gefördert.

Ich bitte meine Gruppenteilnehmer oft, auf einem Flipchart in der dort abgebildeten Gradients-of-Agreement-Skala ihren Namen an der Stelle einzutragen, die am ehesten ihr Einverständnis und ihre Zufriedenheit mit dem Vorschlag repräsentiert. In vielen Gruppen wird dies zu einem Ritual, um zu einem tieferen Verständnis zu gelangen, falls keine Übereinstimmung erzielt wurde – oder die Übereinstimmung zu feiern, falls sie erreicht wurde. Diese Übung fördert nachdrücklich die Zusammenarbeit, weil für die Gruppe auf der Basis reiner Beobachtung deutlich wird, wo ihre Mitglieder hinsichtlich des Vorschlags stehen. Dieses Modell kennt keine „Neinsager", „Quengler", „Gewinner" oder „Verlierer". Vorschläge und Meinungen sind nicht „gut" oder „schlecht". Was zählt, sind nur die Bedürfnisse hinter den Vorschlägen und die beteiligten Menschen.

Wenn ich eine Gruppe bei der Entscheidungsfindung unterstütze, wähle ich folgende Vorgehensweise:

1. Den Hintergrund oder die Geschichte eines Sachverhalts zusammenfassen.
2. Einzelheiten des Sachverhalts diskutieren.
3. Einen Vorschlag entwickeln.
4. Offene Wahl oder Abstimmung mithilfe der Gradients of Agreement.
5. Auf diejenigen eingehen, die mit einer niedrigeren Zahl als 4 abgestimmt haben – vor allem, wenn es eine 1 war. Ich frage sie, ob sie das Gefühl haben, dass ihre Bedürfnisse ausreichend gehört und verstanden worden sind. Lautet die Antwort Nein, stelle ich noch einmal Fragen zu ihren Bedürfnissen und, wenn nötig, Vermutungen dazu an, um welche Bedürfnisse es sich handeln könnte. Sagen sie Ja, frage ich, ob sie bereit sind, sich auf der Skala nach oben zu bewegen.
6. Die Entscheidung feiern oder einen neuen Vorschlag erarbeiten, beginnend mit denen, die die vorhergehenden Vorschläge abgelehnt haben.
7. Den Prozess fortsetzen, bis ein Vorschlag gefunden wird, mit dem alle leben können.

Während des Prozesses achte ich darauf, ob es Teilnehmer gibt, die mehr sagen, als die anderen aufnehmen können. Mit anderen Worten: Wenn jemand die Bedürfnisse äußert, die seiner Ablehnung zugrunde liegen, beobachte ich, ob andere hierdurch getriggert werden. Geschieht dies, bitte ich sie, über zweierlei nachzudenken. Erstens darüber, was für sie an dem, was sie glauben, gehört zu haben, schwer erträglich war, und zweitens über ihre damit verbundenen Gefühle und Bedürfnisse. Fühlt der Erste von ihnen sich verstanden, bitte ich seine Zuhörer, ihre Gefühle und Bedürfnisse in Verbindung mit dem Gehörten zu äußern. Dann fühlt der Erste, der nun zuhört, sich in sie ein usw. Wir tun dies so lange, bis ein Verständnis hergestellt ist zwischen denen, die einen Vorschlag ursprünglich abgelehnt haben, und denen, die ihm zugestimmt haben.

Statt mehrere Stunden zu benötigen, gelangen die Teilnehmer mithilfe des Einwilligungsmodells und der Gradients of Agreement normalerweise innerhalb einer halben Stunde zu einer Entscheidung über einen bestimmten Vorschlag. Miki Kashtan (↗ http://www.baynvc.com) hat für Vorschläge, Abstimmungen und Vereinbarungen einen detaillierten Prozessablauf entwickelt, bei dem spezifische Vorschlags- und Entscheidungsbäume genutzt werden.[89] Ihr Prozess unterscheidet sich zwar in einigen Punkten von dem von mir entwickelten, doch beide Prozesse sind Beispie-

Statt mehrer Stunden zu benötigen, gelangen die Teilnehmer mithilfe des Einwilligungsmodells und der Gradients of Agreement normalerweise innerhalb einer halben Stunde zu einer Entscheidung über einen bestimmten Vorschlag.

le dafür, wie in Gruppen, in denen die Meinungen weit auseinandergehen, in wenigen Minuten eine Übereinstimmung erzielt und gleichzeitig die Verbundenheit ihrer Mitglieder aufrechterhalten werden kann.

Zur Gewährleistung der Effizienz schlägt Kashtan vor: Die Teilnehmer ergreifen nur das Wort, um etwas Neues zum Gespräch beizutragen, und nicht, um etwas schon Gesagtem zuzustimmen oder es zu wiederholen. Es ist erstaunlich, wie schnell sich eine Diskussion weiterentwickelt, wenn die Beteiligten nur neue Informationen oder Gesichtspunkte einbringen.

8.3 Das „Decision-Making-Spectrum"-Tool

Die Aufstellung in Abb. 17 ist selbsterklärend. Sie basiert auf einem von der *International Association for Public Participation* entwickelten Spektrum und wurde von einer Reihe von Klienten für ihre speziellen Prozesse adaptiert.[90]

Wenn ich mit Gruppen arbeite oder bei Auseinandersetzungen zwischen Teammitgliedern vermittle, stelle ich immer wieder fest, dass viele Konflikte entstehen, weil nicht klar ist, wer in welchen Punkten über Entscheidungskompetenz verfügt. Letzten Endes ist jedes Mitglied eines Teams und jeder Mitarbeiter einer Abteilung für irgendeinen Arbeitsprozess oder ein Produkt verantwortlich. Die Entscheidungskompetenz zu klären fördert die Verantwortlichkeit des einzelnen Mitarbeiters für sein Projekt. Wenn jemand meint, er sei befugt, ein neues Vertriebskonzept zu entwerfen oder neue Verhaltensregeln aufzustellen, sein Abteilungsleiter jedoch ständig sein Veto einlegt, dann handelt es sich um einen Verfahrenskonflikt und nicht um einem interpersonalen Konflikt. Sind Menschen dazu in der Lage, die in Abb. 17 aufgeführten Unterscheidungen zu treffen, neigen sie nicht länger dazu, Probleme persönlich zu nehmen.

Zunehmender Grad an Entscheidungskompetenz

Die Entscheidungskompetenz nimmt jeweils zu und schließt die Elemente des vorherigen Grads mit ein.

Informieren-1	Konsultieren-2	Involvieren-3	Zusammenarbeiten-4	Bevollmächtigen-5
ZIEL Sie mit genauen Informationen über die Situation, Bedürfnisse, Strategien und Bitten zu versorgen.	ZIEL Feedback von Ihnen zur Situation, zu den Bedürfnissen, Strategien und Entscheidungen erhalten.	ZIEL Direkte Zusammenarbeit mit Ihnen, um sicherzustellen, dass Ihre Bedenken und Hoffnungen verstanden und durchweg berücksichtigt werden.	ZIEL Mit Ihnen zusammen eine Entscheidung zu erarbeiten, einschließlich der Identifikation von Bedürfnissen, der Entwicklung von Strategien und der Priorisierung bevorzugter Lösungen.	ZIEL Mit Ihnen zusammenzuarbeiten und Sie zu ermächtigen, Strategien zu entwickeln, Entscheidungen zu treffen und Lösungen umzusetzen.
VERSPRECHEN Wir halten Sie auf dem Laufenden.	VERSPRECHEN Wir halten Sie auf dem Laufenden, verstehen Ihre Sorgen und Hoffnungen und sagen Ihnen, wie wir Ihr Feedback genutzt haben.	VERSPRECHEN Wir arbeiten mit Ihnen zusammen, um sicherzustellen, dass sich Ihre Bedenken und Hoffnungen in den entwickelten Strategien und Entscheidungen widerspiegeln.	VERSPRECHEN Wir verlassen uns auf Ihre Ratschläge bei der Formulierung von Strategien und Entscheidungen und berücksichtigen sie so weit wie möglich.	VERSPRECHEN Wir setzen um, was Sie entscheiden.
INSTRUMENTE Rundschreiben, Memos, E-Mails über den neuesten Stand, Anleitungen zur Vorgehensweise, Bekanntmachungen, Mitarbeiter-Handbuch	INSTRUMENTE Befragungen, Fokusgruppen, Informationsmeetings, Dialoge, Eins-zu-eins-Gespräche	INSTRUMENTE Planungsmeetings, Projekt-Workshops, Abstimmungen, Projekt-Update-Meetings, interaktive Website	INSTRUMENTE Entscheidungsgremien, beratende Gremien, Budget-Teams, Partnering-Sessions	INSTRUMENTE delegierte Entscheidungen, eigenständig geführte Arbeitsgruppen, autonome Projekte innerhalb vereinbarter Parameter

In Anlehnung an die International Association for Public Participation (↗ http://www.iap2.org)

Abbildung 17: „Decision-Making-Spectrum" in Organisationen

Idealerweise setzen Sie sich mit den Mitgliedern Ihres Teams, mit Ihrem Geschäftsführer oder Ihren Mitarbeitern zusammen und gehen die Tabelle zu Beginn einer neuen Aufgabe oder als Teil einer regelmäßigen Feedback-Sitzung gemeinsam durch. Wird die Tabelle mit dem GFK-Prozess von BGBB (Beobachtungen, Gefühlen, Bedürfnissen, Bitten) verbunden, trägt dies dazu bei, Beziehungen aufzubauen (Kontext) und den Inhalt der Aufgabe oder des Auftrags zu definieren. Der Einfachheit halber behandeln manche Gruppen die Kategorien Konsultieren, Involvieren und Zusammenarbeiten in einem Schritt, die Kategorien Informieren und Bevollmächtigen hingegen jeweils separat.

Innerhalb des Spektrums der Entscheidungsfindung kommt es zu einer Wechselwirkung auf dem Gebiet der Kompetenzen. Wenn mein Teamleiter mich z. B. bevollmächtigt (erste Spalte der Tabelle), eine neue Vertriebsschiene zu entwickeln, kann ich ihn über meine Fortschritte informieren (letzte Spalte der Tabelle).

Zusammenfassend ist festzustellen, dass das Einwilligungsmodell die Sprache und den Prozess von Beobachtungen, Gefühlen, Bedürfnissen und Bitten zusammen mit den Gradients of Agreement und dem Decision-Making-Spectrum nutzt. Entscheidungen, die so zustande kommen, sorgen dafür, dass das gesamte Team vereinbarte Schritte unterstützt, und es kommt zu einem größeren Verständnis, mehr Zusammenhalt und einer größeren Verbundenheit bei den Team- oder Gruppenmitgliedern. Außerdem werden die Themen und Initiativen weiter vorangebracht, die zur Erfüllung organisationsbezogener Bedürfnisse beitragen.

In diesem Kapitel wurde eine Methode der Entscheidungsfindung erklärt, die die Bedürfnisse von Individuen und von Organisationen erfüllt. In Kapitel 9 und 10 werden Wege zum empathischen Umgang mit zwei Problemen vorgestellt, denen wir am Arbeitsplatz häufiger begegnen, als uns lieb ist: Ärger zu äußern und uns mit Menschen zu verbinden, mit denen uns dies besonders schwerfällt.

Teil III

Die Transformation unserer Arbeitswelt

9. Ärger, Schuldgefühle, Angst und Scham heilen

„Wir sind niemals wütend, weil jemand anders etwas gesagt oder getan hat … Die Ursache des Ärgers liegt in unserem Denken: in Gedankenmustern von Schuld und Verurteilung.“[91]

Marshall Rosenberg

In Teil III werde ich zum einen auf Themen eingehen, zu denen viele Arbeitnehmer und Manager Fragen gestellt oder Bedenken geäußert haben, zum anderen auf solche, die nach meinem Dafürhalten von entscheidender Bedeutung dafür sind, wie sich die empathischen Arbeitsplätze der Zukunft schaffen lassen. Aber auch unser Verständnis eines durch die Linse der GFK und IC betrachteten vertieften Bedürfnisbewusstsein wollen wir noch weiter vertiefen.

In diesem Kapitel geht es um Ärger, Schuld, Angst und Scham am Arbeitsplatz – Gefühle, von denen die Menschen mir häufig berichten, die ihnen selbst und anderen Unbehagen bereiten und sich äußerst negativ auf die Produktivität auswirken. In Kapitel 10 untersuchen wir Interaktionen am Arbeitsplatz, die uns überfordern oder mit denen wir uns nicht so wohlfühlen, wie wir es möchten. Schließlich werden wir uns in Kapitel 11 damit beschäftigen, wie wir den Prozess, einen empathischen Arbeitsplatz zu schaffen, in die Wege leiten können, und wir schauen uns an, wie sich dieses Bestreben auf einen verantwortungsbewussten Kapitalismus, eine nachhaltige Gesellschaft und unser eigenes Leben auswirkt.

9.1 Warum ärgern wir uns?

Wann haben Sie sich das letzte Mal bei der Arbeit geärgert – oder waren gereizt, frustriert, ungeduldig, aufgewühlt oder ungehalten?

Im Arbeitsumfeld ist es den Menschen zwar häufig eher unangenehm, über ihre Gefühle zu sprechen, doch bei Ärger machen sie oft eine Ausnahme. Damit haben die Menschen weniger Probleme, als ich es mir wünschen würde. Viele halten Ärger für ein zulässiges Gefühl, das zu Leistung motiviert, dem Verbraucher Qualität garantiert oder irgendwie das Unternehmen oder die Organisation schützt. Ärger wird jedoch oft auf eine eher trennende als verbindende Weise geäußert. Das liegt daran, dass wir jemand anderen oder etwas anderes für unsere Gefühle verantwortlich machen. Jemand hat etwas falsch gemacht oder verdient eine Strafe.

Wenn wir uns selbst sagen: „Du hast mich wütend gemacht", „Was du gesagt hast, hat mich verletzt" oder: „Du bringst mir nicht den Respekt entgegen, den ich verdiene", dann machen wir uns vor, die Ursache unseres Ärgers liege außerhalb und nicht in uns. Vielleicht sind wir uns zunächst nicht bewusst, dass unser Ärger seine Ursache in unserem Denken hat.

Rosenberg identifiziert drei Elemente unseres Denkens und Verhaltens, wenn wir wütend oder verärgert sind.

1. Wir wollen etwas, das wir nicht bekommen.
2. Wir sagen uns selbst, dass jemand es uns geben „sollte".
3. Wir reden oder verhalten uns auf eine Weise, die geradezu sicherstellt, dass wir nicht bekommen, was wir wollen – oder zumindest sicherstellt, dass es uns, selbst wenn wir es bekommen, nicht so gegeben wird, wie wir es uns gewünscht haben.[92]

Achten Sie in der folgenden Geschichte des Anwalts und GFK-Mediationstrainers Ike Lasater (der in Kapitel 3 vorgestellt wurde) auf diese Elemente. Lasaters Ausführungen machen deutlich, wie heftig Ärger selbst wider besseres Wissen sein kann – *und* wie wirkungsvoll sich dieses Gefühl mithilfe der GFK entschärfen lässt.

Etwa sieben Jahre nachdem ich Marshall Rosenberg zum ersten Mal begegnet war und die GFK erlernt hatte, besuchte ich die Vorstandssitzung einer Organisation, für die ich mich stark engagierte. In vielen vorherigen Vorstandssitzungen hatte die Gruppe an zwei Vorschlägen gearbeitet, die meiner Ansicht nach untrennbar miteinander verbunden waren. Der Vorstandsvorsitzende gehörte zu den Befürwortern des ersten Vorschlags, ich selbst zu den Befürwortern des zweiten Vorschlags.

Wir stimmten schließlich über den ersten Vorschlag ab. Sobald dies erledigt war, schlug der Vorsitzende vor, die Diskussion des zweiten Vorschlags auf die nächste Sitzung zu vertagen.

Ich zog sofort die Schlussfolgerung, dass es sich hierbei um eine machiavellistische Verschwörung handelte, den zweiten Vorschlag dauerhaft zu vertagen. Und ich hegte den Verdacht, dass man dies schon die ganze Zeit geplant habe und dass ich überlistet worden war, dem ersten Vorschlag zuzustimmen, ohne zu wissen, wie man mit dem Vorschlag verfahren wollte, an dem ich interessiert war. Ich misstraute den Motiven des Vorsitzenden und sofort stieg Wut in mir auf. Ich spürte, wie mein Gesicht rot anlief und wie sich mir die Nackenhaare sträubten.

Ich stand auf, um etwas zu sagen.

Zum Zeitpunkt der Sitzung hatte ich bereits sieben Jahre mein Bestes getan, um die GFK in mein Alltagsleben zu integrieren. Trotz des Ärgers darüber, was meiner Interpretation zufolge hier vor sich ging, gelang es mir, mich so weit in den Griff zu bekommen, dass ich mein Anliegen mithilfe einer Variante des klassischen GFK-Formats vortragen konnte: „Wenn ich höre ... fühle ich ... weil ich brauche ... Wären Sie bereit ...?"

Ich erklärte also, dass ich die Vertagung der Diskussion des zweiten Vorschlags auf das nächste Meeting als Teil eines Plans verstünde, diese Diskussion auf unbestimmte Zeit zu vertagen. Ich sagte, ich sei wütend darüber (was offensichtlich war, weil ich beim Sprechen spuckte und mein Gesicht rot angelaufen war) und hätte das Bedürfnis, auf das Geschehen hier zu vertrauen, könne es aber nicht. Meine Bitte lautete: „Gibt es irgendjemanden, der die Sache genauso sieht wie ich?"

Dann setzte ich mich wieder. Mir wurde schnell klar, dass ich mich gerade mithilfe des GFK-Formats laut in Selbst-Empathie geübt und mir dies geholfen hatte, mich wieder mit mir selbst zu verbinden. Statt Empathie von jemand anderem zu empfangen oder mich in stiller Empathie zu üben, hatte ich mir mein Bedürfnis nach Empathie durch das laute Äußern meiner Gefühle und Bedürfnisse erfüllt.

Als ich mich hinsetzte, war meine Wut verraucht. Sie verschwand so schnell, wie sie gekommen war. Natürlich spürte ich noch immer die Nachwirkungen der Neurotransmitter- und Hormonausschüttung in meinem Körper, aber ich war nicht mehr wütend.

Einer der Anwesenden, dem ich bedingungslos vertraute, wandte sich mir zu, sah mir direkt in die Augen und sagte: „Ich sehe die Sache anders als Sie, aber eines verspreche ich Ihnen: Wenn der Vorschlag bei der nächsten Vorstandssitzung nicht aufgegriffen und behandelt wird, werde ich gemeinsam mit Ihnen dafür sorgen, dass dies geschieht." Worauf ich erwiderte: „Okay, das ist alles, was ich brauche." Jetzt konnte ich mich wieder ganz auf die Sitzung konzentrieren, verbunden mit mir selbst und den anderen in der Gruppe.

Es erstaunte mich, wie sehr sich diese Erfahrung von früheren Situationen unterschied, bei denen ich in Meetings wütend geworden war. Als Strafverteidiger hatte ich an vielen Meetings teilgenommen und war im Vorstand vieler gemeinnütziger Organisationen gewesen. Wann immer jemand wütend geworden war, wurde anschließend viel darüber gelästert. Äußerungen von Ärger habe ich im Allgemeinen als zerstörerisch erlebt, als etwas, das viele schädliche Nach- und Nebenwirkungen hat. Das war dieses Mal nicht der Fall.

Keiner der Anwesenden sagte mir später, meine Äußerung habe ihn gestresst, und ich selbst spürte auch keine Nachwirkungen. Es war wie ein Regenschauer im Frühling; das Gewitter kam und ging, und die Luft war gereinigt. Diese Erfahrung zeigte mir die Kraft der GFK und der Selbst-Empathie, meine Wut auf eine Weise zeigen zu können, die sauber und klar war und keine dunklen Wolken hinterließ.

(Ike Lasater mit Julie Stiles, die beide in der Liste der an diesem Buch Mitwirkenden aufgeführt sind.)

Ärger ist ein wertvolles Gefühl, weil es uns signalisiert, dass etwas in uns, für uns oder um uns herum nicht funktioniert und unsere unmittelbare Aufmerksamkeit erfordert. Ärger wird in der Regel als „schlecht" beurteilt, kann jedoch produktiv sein, wenn wir wissen, wie wir mit ihm umgehen und ihn auf gesunde Weise äußern können. Wenn wir uns unserer eigenen Urteile über den Ärger bewusst werden und erkennen, dass er weder gut noch schlecht ist, sondern einfach nur unsere Aufmerksamkeit auf etwas lenkt, was nicht funktioniert oder vielleicht sogar gefährlich ist, kann er für uns von enormem Wert sein. Diese Erkenntnis ermöglicht es uns, Schritte zur Erfüllung des Bedürfnisses zu unternehmen, das diesem Gefühl zugrunde liegt.

Ich selbst hatte mit der Art zu kämpfen, wie ich meinen Ärger über andere äußerte – die wahrscheinlich den kulturellen Normen, mit denen ich aufwuchs, geschuldet war. Die GFK half mir, mich zu entwickeln, indem sie mich dieses Gefühl besser verstehen ließ und mir Möglichkeiten aufzeigte, es produktiv zu nutzen.

9.2 Der Preis des Ärgers am Arbeitsplatz

Ärger kann uns förmlich entgleisen lassen und sich äußerst demotivierend auf die Produktivität auswirken. Implizite Schuldzuweisungen und Verurteilungen schwächen die Motivation des Teams und die zwischenmenschlichen Beziehungen zu Arbeitskollegen und Kunden. In vielen Kundendienstabteilungen sucht man deshalb verzweifelt nach Wegen, den Mitarbeitern dabei zu helfen, selbst dann eine Verbindung zu ihren Kunden herzustellen, wenn diese ihren Ärger auf nur schwer erträgliche Weise artikulieren.

Meine beruflichen und privaten Erfahrungen mit Ärger lassen zudem eine Wechselbeziehung zwischen diesem Gefühl und Gefühlen wie Schuld, Angst und Scham erkennen, die am Arbeitsplatz ebenfalls Schaden anrichten können. Wenn wir etwas hören oder sehen, das wir nur schwer akzeptieren können, stehen uns – wie wir es in den vorherigen Kapiteln gelernt haben – vier Reaktionsmöglichkeiten zur Verfügung. Wir können uns selbst die Schuld geben (uns schuldig fühlen), anderen die Schuld geben (wütend sein), uns mit unseren Gefühlen und Bedürfnissen verbinden (Selbst-Empathie üben) oder uns mit den Gefühlen und Bedürfnissen anderer verbinden (Empathie üben).

Wenn jemand (vor allem jemand, der strukturelle Macht besitzt) seinen Ärger über einen anderen Menschen vor einer Gruppe äußert, um ihn zu beschuldigen, zu bestrafen oder zu demütigen, kann dies nicht nur bei dem Betroffenen Scham auslösen, sondern auch bei den Zeugen dieser Szene. Darüber hinaus löst Ärger auch leicht Angst aus.

Wie wir Äußerungen von Ärger interpretieren, hängt von vielen Faktoren ab. Zu diesen gehören unsere Erfahrungen im Allgemeinen, unsere Erfahrung mit dieser bestimmten Person und andere Faktoren in unserem Leben wie z. B. unsere Gesundheit oder unsere Belastbarkeit. Macht jemand seinem Ärger auf eine Weise Luft, die uns nicht gefällt, sagen wir gern, dass er sich „falsch“ oder auf „unangemessene Weise“ verhält. Im Rahmen meiner Arbeit interagiere ich oft mit Menschen, die äußerst aufgebracht sind, die die Stimme heben oder ein Vokabular verwenden, das manch einer sicher als unangenehm empfindet. Im Stillen Vermutungen über ihre Gefühle und Bedürfnisse anzustellen hilft mir dann, mit ihnen verbunden zu bleiben. Ich sage mir, dass ihr Verhalten nichts mit mir zu tun hat, sondern mit ihren eigenen Gefühlen und Bedürfnissen. Sie begegnen mir häufig zum ersten Mal, sodass wir keine gemeinsame Geschichte haben.

Wenn wir als Folge von Stress und Überlastung keine Zeit haben, für uns selbst zu sorgen, und auch nicht dafür, mit uns selbst, geschweige denn mit anderen in Verbindung zu gehen, werden wir eher aufgewühlt sein und auf den Ärger einer anderen Person überreagieren. Vielleicht werden wir auch selbst Ärger empfinden und artikulieren.

Wie in Kapitel 5 erläutert, können auch bestimmte Ernährungsgewohnheiten unser Bemühen sabotieren, ruhig zu bleiben und uns in Empathie zu üben. Ich habe mit Führungskräften gearbeitet, die sich täglich mit sechs bis acht Tassen Kaffee aufputschten, und einem Berater, der bis zu sechs doppelte Espresso am Tag trank! Einige von ihnen achteten eine Zeit lang auf den Zusammenhang zwischen ihrem Kaffeekonsum und ihrer Ungeduld oder Unruhe, beides Formen von Erregung, und alle fühlten sich ruhiger und konnten leichter mit Stress am Arbeitsplatz umgehen, nachdem sie ihren Koffeinkonsum gesenkt hatten. Koffein kann auch zu Schlafmangel und damit auch tagsüber zu leichterer Reizbarkeit beitragen. Nicht in jedem Fall trägt Koffein zu mehr Ärger bei, es regt aber das Nervensystem an und lässt dieses leichter auf Stimuli reagieren. Aufkommender Ärger fällt leicht stärker aus und unsere Reaktionen werden heftiger, sodass sie von anderen wahrscheinlich als Wut interpretiert werden.

Für Judith Orloff Faulk, die ein „Choices“ genanntes Programm entwickelt hat, ist Ärger eher ein „überdeckendes“ und nicht so sehr ein authentisches Gefühl. Ärger verdeckt andere Gefühle wie z. B. Verletztheit, Traurigkeit oder Angst. Möglicherweise ist es uns zur Gewohnheit geworden, Ärger zu empfinden, um nicht den Schmerz dieser Gefühle spüren zu müssen. Bei einigen Menschen könnte dieser Mechanismus auch auf Gefühle der Scham und der Schuld zutreffen.

Auch Angst kann das Bemühen um Selbst-Empathie und Empathie mit anderen sabotieren. Denken Sie an die Aussagen der Teilnehmer einer meiner Gruppen (vgl. Kapitel 7) im Zusammenhang mit der Frage, warum wir nur 30 bis 50 Prozent von dem hören, was gesagt wird. Weil das Gehörte Angst macht! Angst kann eine Kampf- oder Fluchtreaktion auslösen. Diese verhindert, dass wir uns mit anderen auf authentische Weise verbinden.

Angst ist der Widersacher der Liebe, wie Dr. Tania Singer erklärt: „Die Fähigkeit, Mitgefühl mit anderen zu zeigen, muss in dem Sinne kultiviert werden, dass [wir] lernen müssen, mit [unserer] Angst umzugehen." Wächst unsere Angst, so Singer, nimmt unsere Fähigkeit zu Mitgefühl ab. Diese beiden Elemente bilden „immer ein dialektisches Gleichgewicht". Um unser Mitgefühl kultivieren zu können, müssen wir also unsere Ängste erkennen und lernen, sie „herunterzuregeln", damit unser Herz sich der Außenwelt öffnen kann, weil wir keine Angst mehr um uns selbst oder vor einem Verlust haben.[93]

Wir haben es sicher alle schon einmal erlebt, dass in uns Angst, Schuld oder Scham oder mehrere dieser Gefühle gleichzeitig ausgelöst und dass wir wütend wurden, statt diese Gefühle anzuerkennen und sie mit unseren unerfüllten Bedürfnissen in Beziehung zu setzen. Und schon fiel es es uns schwerer, uns empathisch mit anderen aus dem Team oder mit Kunden zu verbinden.

9.3 Ärger vollständig „ausdrücken" und aushalten

Rosenberg sagt: „Um Ärger vollständig auszudrücken, brauchen wir ein klares Bewusstsein für unser Bedürfnis. Zusätzlich brauchen wir Energie, um unser Bedürfnis zufriedenzustellen. Der Ärger jedoch zieht uns Energie ab, indem er sie in Richtung ‚Leute bestrafen' statt ‚Bedürfnisse erfüllen' lenkt."[94]

Statt uns in dem zu ergehen, was Rosenberg „gerechtfertigte Empörung" nennt, können wir uns mit unseren eigenen unerfüllten Bedürfnissen empathisch verbinden. Die Effektivität dieser Vorgehensweise kann ich aus eigener Erfahrung nur bestätigen. Hier ein Beispiel dazu.

> In meiner Arbeit habe ich es oft mit großen Bauprojekten und Teams mit bis zu vierzig Menschen in vielen unterschiedlichen Positionen und mit unterschiedlichem Background zu tun. Sie sind in Ingenieurbüros tätig oder als Community-Relations-Manager und sie alle arbeiten an Projekten, bei denen es um Summen von über 100 Millionen Dollar geht. Ein sehr einflussreicher Teamleiter, mit dem ich wenig direkten Kontakt hatte, kommentierte einmal in einer E-Mail an das gesamte Team eine meiner Empfehlungen. Er wusste nicht, als wie erfolgreich sich der Einsatz von Empathie in anderen Projekten bei der Gestaltung der Beziehungen zur Gemeinde erwiesen hatte. Einige Menschen würden in dieser Situation vielleicht Ärger oder „gerechte Empörung" empfinden. Schließlich hatte man mich engagiert, um das Team mit meinen Spezialkenntnissen zu begleiten. Doch ich registrierte, dass ich Scham empfand, obwohl es dafür keinen Grund gab (andere Teammitglieder waren von meinen Ideen überzeugt) und ich verstandesmäßig wusste, dass der Teamleiter mich nicht hatte beschämen wollen. Ich erkannte, dass sich hinter diesem Gefühl – das oft auch dann auftaucht, wenn ich die

Bedürfnisse aus den Augen verliere, um deren Erfüllung es mir als Teil eines Teams geht – mein Bedürfnis nach Respekt und Unterstützung verbarg.

Als ich mich wieder mit meinem Bedürfnis verbunden hatte, die von dem Bauvorhaben betroffenen Geschäftsinhaber, Angestellten und Manager zu unterstützen, sah ich die Kommentare dieses Teamleiters mit einem Mal anders. Statt das Gesagte als Kritik aufzufassen, stellte ich nun Vermutungen darüber an, dass er beunruhigt war und ein Bedürfnis danach hatte, vorhersehen zu können, wie die umliegende Nachbarschaft reagieren würde. Vielleicht war er auch gestresst, weil er das Bedürfnis empfand, kompetent zu sein, jemand seine Kompetenz jedoch einmal infrage gestellt hatte. Oder er war nervös, weil er die Interaktionen mit Menschen in meiner Funktion in der Vergangenheit als unangenehm empfunden hatte und seine Ruhe haben wollte.

Um es klar zu sagen: Natürlich war er nicht verantwortlich für meine Gefühle der Scham oder Schuld und mein Bedürfnis nach Respekt. Er trug zwar zu diesen Gefühlen und diesem Bedürfnis bei, war aber nicht für sie verantwortlich.

In dieser Situation übte ich mich zuerst in Selbst-Empathie. Als das Gefühl, beschämt zu werden, einem Gefühl der Wertschätzung für diese Arbeit und meinen Anteil daran wich, war ich in der Lage, diesem Teammitglied Mitgefühl entgegenzubringen. Als ich mich empathisch mit mir selbst und mit ihm verband, hatte ich nicht länger das Bedürfnis, verstanden zu werden oder meine Seite der Geschichte darzustellen. Auch meine Schuldgefühle und meine Scham verschwanden. All dies war das Ergebnis eines inneren Prozesses. Die reale Situation war nach wie vor dieselbe, doch durch meinen inneren Dialog hatte sich alles verändert.

Ich empfinde diesen Prozess als hilfreich und empfehle meinen Klienten, sich in Momenten, in denen sie durch den Ärger oder die Schuldzuweisungen eines anderen Menschen getriggert werden, in gesundem Maße in Selbst-Empathie zu üben oder andere um Empathie zu bitten, *bevor* sie Strategien entwerfen, mit dem Betreffenden zu kommunizieren. Der Grund? Wenn unsere Bedürfnisse auf andere Weise erfüllt werden, brauchen wir oft keine Bitten mehr an andere Menschen zu richten, sondern nur noch an uns selbst. Da ich diesem Teammitglied nicht direkt unterstellt war und meine Auftraggeber mir versicherten, dass eine Umsetzung meiner Empfehlungen erwünscht war, schuf ich eine Verbindung zu diesem Menschen mithilfe stiller Empathie.

Wenn ich nach dem Prozess der Selbst-Empathie und der Empathie für den anderen Menschen noch immer Ärger verspüre und das Bedürfnis habe, diesen zu äußern, kann ich erneut dem BGBB-Prozess folgen und mir selbst Empathie geben. Führen die Bitten, die ich nun an mich richte (z. B. spazieren zu gehen) noch immer nicht zur Erfüllung meiner Bedürfnisse, kann ich denjenigen, der diese Gefühle in mir hat hochkommen lassen (so behutsam wie möglich) darum bitten, meine Gefühle äußern zu dürfen. Andere sind für unsere Gefühle zwar nicht verantwortlich, doch sie können sie bei uns auslösen.

Ich würde dann ...

1. meine Bitte, diesen Menschen zu treffen oder mit ihm zu sprechen, in einen persönlichen Zusammenhang einbetten, indem ich betone, wie wertvoll mir unsere Beziehung ist oder wie sehr ich bestimmte Dinge an ihm schätze;
2. eine reine Beobachtung dazu anstellen, wodurch meine Gefühle ausgelöst wurden;
3. sagen, was ich empfunden habe und welche angesprochenen Bedürfnisse unerfüllt blieben – sowohl eigene Bedürfnisse als auch solche der Organisation oder des Teams;
4. diesen Menschen darum bitten: mir erstens zu bestätigen, dass das, was ich gesagt habe, auch das war, was er gehört hat, und dass meine Absicht deutlich wurde, mich mit ihm zu verbinden, und nicht, ihm Vorwürfe zu machen; mir zweitens zu sagen, was er gedacht hat, und drittens zu erforschen, welche Bitten jeder von uns möglicherweise hat, um zu sehen, was uns im weiteren Verlauf am besten helfen könnte.

Gefühle des Ärgers, der Schuld, Angst oder Scham entstehen aufgrund der Art und Weise, wie wir Gesehenes oder Gehörtes interpretieren. Sie werden zwar durch äußere Stimuli ausgelöst, haben ihren Ursprung aber ins uns. Dementsprechend haben wir die Macht, den mit diesen Gefühlen verbundenen Schmerz durch Selbst-Empathie oder die empathische Verbindung mit anderen umzuformen und zu heilen.

Meinen Klienten fällt es manchmal schwer, die obige Erklärung für die wahre Ursache des Ärgers zu akzeptieren. „Wenn aber jemand etwas Furchtbares getan hat? Ist das kein Grund, wütend zu sein?“, fragen sie dann. Ja, viele Situationen in unserem Berufs- und Privatleben können sehr große grundlegende Bedürfnisse in uns wachrufen. Doch erinnern Sie sich nur an die Lunch-Date-Übung aus Kapitel 3. Die dort vorgestellten Argumentationsschritte können Sie in jeder Situation vollziehen, in denen Ihr Ärger ausgelöst wird. Die Umstände sind nie so schwarz und weiß, wie wir es gern glauben. Menschen handeln immer, um ihre Bedürfnisse zu erfüllen, und wir interpretieren das Handeln anderer auf der Grundlage unserer eigenen Bedürfnisse.

Vielleicht gibt es aber auch Situationen, in denen wir uns entscheiden, das zu nutzen, was Rosenberg die „beschützende Anwendung von Macht“ nennt. Das heißt, dass wir einseitig handeln müssen, ohne die Bedürfnisse des anderen Menschen zu berücksichtigen. In *Worte, die im Business wirken,* erklärt Lasater, wie er die Sache sieht: „Wenn ich vergeblich versucht habe, die Bedürfnisse der anderen zu berücksichtigen, mir über meine Bedürfnisse klar zu werden und diese auch mitzuteilen, Bitten vorzutragen und immer neue Vereinbarungen zu treffen, dann komme ich zu dem Punkt, an dem ich die Lust daran verliere, mich in weiteren Kommunikationsprozessen für die anderen zu engagieren. Die Frage ist nur, mit welcher Einstellung handle ich jetzt? Wenn ich den schützenden Einsatz von Macht wähle, dann tue ich es möglichst ohne Ärger und ohne jeglichen Versuch, den anderen zu bestrafen, ihm Schuld zuzuweisen oder ihn gar in Depressionen zu stürzen. Ich handle gemäß meiner inneren Einstellung voller Mitgefühl für mich und den anderen. Ohne Mitgefühl wird es immer die im Berufsleben leider typische Problemlösung sein: einseitige Machtausübung über andere."[95]

In *Worte, die im Business wirken,* geht es darum, wie wir die GFK am Arbeitsplatz in Situationen einsetzen können, in denen wir mit Ärger, Vorurteilen oder schwer zu ertragendem Humor konfrontiert werden, und im Umgang mit Machtstrukturen, Beschwerden, nicht eingehaltenen Vereinbarungen, beim Beantworten von E-Mails und vielem mehr.

9.4 Heilsames für den Arbeitsplatz

Allein und auch gemeinsam mit meinen Klienten habe ich das erforscht, was ich als „Gegenmittel" oder Arznei gegen Ärger, Schuldgefühle, Angst und Scham bezeichne. Dabei haben sich die folgenden Rezepturen als wertvoll erwiesen. Vielleicht haben Sie Ihre eigenen Strategien oder können durch Versuch und Irrtum herausfinden, was am besten für Sie funktioniert.

Gefühle am Arbeitsplatz	Gegenmittel
Ärger (Gereiztheit, Verdruss, Ungeduld)	Wertschätzen, was funktioniert/was wir haben
Schuld	Selbstakzeptanz
Angst, Müdigkeit	Selbstfürsorge
Scham	Selbstwertschätzung

Abbildung 18: Gegenmittel gegen demotivierende Gefühle

Selbstwertschätzung könnte mehr Achtsamkeit für die Wörter bedeuten, mit denen wir uns selbst beschreiben, auch wenn wir dies nur im Stillen tun. Selbstfürsorge könnte heißen, dass wir auf unsere Gesundheit achten, uns ausruhen, wenn wir müde sind, und uns gesund ernähren. Selbstrespekt könnte schließlich heißen, dass wir für uns selbst eintreten, unseren Werten treu bleiben und wissen, dass wir es genauso verdienen, respektvoll behandelt zu werden wie jedes andere menschliche Wesen.

Bei der Anwendung dieses Prozesses in meiner Arbeitsumgebung und in meinen persönlichen Beziehungen finde ich am schwierigsten, mir zu vergeben, wenn ich Entscheidungen getroffen habe, die nicht mit meinen Werten im Einklang stehen. Wenn ich nicht so mit mir selbst verbunden oder mit anderen nicht so einfallsreich bin, wie ich es mir wünsche, empfinde ich Bedauern. Statt jedoch Schuld oder Scham zu empfinden, arbeite ich daran, mir Empathie für die Bedürfnisse zu geben, die zu erfüllen ich versucht habe, und um die Bedürfnisse zu trauern, die ich nicht erfüllt habe. Dies ist der Prozess, den Rosenberg Trauern und Selbstvergebung nennt.

Auch viele meiner Klienten sehen sich zunächst der Herausforderung gegenüber, in diesem Prozess authentisch zu sein. Wie an früherer Stelle bereits erwähnt, haben wir alle fest eingefahrene Sprachgewohnheiten und Verhaltensweisen. Das bedeutet, dass dieser Prozess viel Übung erfordert, denn mit alten Gewohnheiten lässt sich bekanntlich nur schwer brechen. Es braucht ein „Geschlecht von Rebellen", um diese neue Dimension der Verbundenheit in unserer Arbeitswelt zu etablieren und zum Vorbild für andere zu werden. Doch es wird sich immer mehr auszahlen, Zeit und Mühe aufzuwenden, um diese neue Fertigkeit zu praktizieren, weil immer mehr Menschen deren Effektivität erkennen und „Feuer und Flamme" sein werden, wie einer meiner Gruppenteilnehmer sagte. Wenn der Funke überspringt, kann sich innerhalb der Organisation ein Wandel vollziehen, der zu Harmonie, gesteigerter Produktivität und wahrem Wohlstand führt. Es geht nicht darum, den Prozess perfekt zu vollziehen. Es geht darum, ihn zu vollziehen. Punkt.

In diesem Kapitel haben wir erfahren, wie wir, statt Gefühle zu äußern, die am Arbeitsplatz demoralisierend und trennend wirken, ein Verständnis für die ihnen zugrunde liegenden Bedürfnisse entwickeln können. In Kapitel 10 geht es darum, wie wir uns mit dem einen Menschen bzw. den wenigen Menschen verbinden können, die wir noch nicht erreichen können, weil uns anscheinend nicht genügend Mittel und Wege in Sachen Verbindung zur Verfügung stehen.

10. Wie wir uns mit Menschen verbinden können, die unsere Fähigkeiten herausfordern

„Ein schwieriger Mensch ist jemand, der uns mit Themen oder Verhaltensweisen konfrontiert, die uns angesichts unserer derzeitigen Fähigkeiten überfordern, sodass wir nicht offen auf sie reagieren können: Die Schwierigkeit liegt in uns, nicht in dem anderen Menschen.“[96]

Inbal Kashtan, Miki Kashtan, BayNVC

Seit vielen Jahren lese ich immer wieder Buchtitel oder Überschriften zum Thema Konfliktlösung wie z. B.: „Mit schwierigen Menschen kommunizieren“ oder „Wie handhabe ich schwierige Gespräche?“. Derartige Überschriften stempeln entweder vorschnell einen Menschen als „schwierig“ ab und unterstellen damit, dass das Problem bei unserem Gegenüber liegt, oder aber sie beurteilen ein Gespräch vorschnell als „schwierig“. Demgegenüber werden beim IC / GFK-Prozess Bewertungen – sogar positive – zugunsten reiner Beobachtungen vermieden.

Die Überschrift zu diesem Kapitel habe ich deshalb so gewählt, weil ich betonen wollte, dass Menschen nie schwierig sind; vielmehr übersteigt es unsere derzeitigen Fähigkeiten, uns mit ihnen zu verbinden, sie zu verstehen und mit ihnen zu kommunizieren. Tatsächlich sind Interaktionen mit Menschen, die uns in unserer Findigkeit und in unserem Einfallsreichtum herausfordern, ein Geschenk, denn sie weisen uns auf wichtige unerfüllte Bedürfnisse hin. Noch einmal: Wären die angesprochenen Bedürfnisse befriedigt worden, würden wir uns nicht unbehaglich und unsicher im Umgang mit diesen Menschen fühlen. Der Grund für unser Unbehagen ist daher nicht „die schwierige Person“ oder „das schwierige Gespräch“, sondern unsere mangelnde Fähigkeit, zu unseren eigenen Gefühlen und unerfüllten Bedürfnissen und zu denen unseres Gegenübers Kontakt aufzunehmen. Zwei Tatsachen belegen dies. Erstens zeigt die Lunch-Date-Übung aus Kapitel drei, dass verschiedene Menschen auf ein und dieselbe Situation unterschiedlich reagieren. Zweitens gibt es höchstwahrscheinlich irgendwo jemanden, der den Menschen, den wir als „schwierig“ beurteilen, als „nett“, „lustig“ oder „liebenswert“ empfindet. Unsere Wahrnehmung anderer hängt also zu großen Teilen von unserer eigenen Geschichte ab.

10.1 Warum erleben wir manche Menschen als „schwierig"?

Meines Erachtens tragen hauptsächlich vier Ursachen dazu bei, dass wir andere am Arbeitsplatz auf eine Weise erleben, die uns abverlangt, an unseren Fähigkeiten und Ressourcen zu arbeiten, um die erwünschte Art von Verbindung herstellen zu können.

1. Ähnliche unbefriedigte Bedürfnisse

Fühlen zwei Menschen sich in ihren Interaktionen unwohl, weil Spannungen oder Konflikte in der Luft liegen, haben sie oft, wenn auch nicht immer, ähnliche unerfüllte Bedürfnisse. Wenn Sie und ich zum Beispiel das unerfüllte Bedürfnis haben, sich verstanden zu fühlen, werden diese Bedürfnisse bei unserem Austausch wahrscheinlich aufeinanderprallen. Da wir beide den Wunsch haben, verstanden zu werden, hören wir vielleicht mit der Absicht zu, zu antworten, nicht aber mit der Absicht, uns in die Gefühle und Bedürfnisse unseres Gesprächspartners einzufühlen.

Mitarbeitern im Kundendienst und in der Personalabteilung passiert das häufig. Zufriedene Kunden neigen seltener dazu, den Kundendienst anzurufen, als unzufriedene Kunden oder solche, die Fragen haben. In Schulungen für Mitarbeiter, die mit Kundenbeschwerden zu tun haben, betone ich, wie wichtig es ist, mit Menschen, die ihre unerfüllten Bedürfnisse äußern, zunächst eine Ebene der Verbundenheit und Empathie herzustellen, bevor man auf ihre Fragen antwortet oder Informationen weitergibt, auch dann, wenn die Kunden in erster Linie um Informationen gebeten haben. Bevor man erklärt, rechtfertigt, unterrichtet und informiert, ist der gut etablierte Kontakt zum Kunden die Grundlage für die Antworten auf seine Fragen oder für die von ihm gewünschten Informationen.

Wenn zum Beispiel eine Kundin anruft und sagt: „Ihre Firma muss mir ein neues Produkt zusenden. Es wurde beim Versand beschädigt. Wann kann ich ein neues bekommen?", könnte man darauf reagieren, indem man sich zunächst empathisch mit den Gefühlen und Bedürfnissen der Kundin verbindet: „Sind Sie jetzt enttäuscht, weil Sie das Produkt sofort benutzen wollten?"

> Ich empfehle, eine Ebene der Verbundenheit und Empathie mit Menschen herzustellen, die unerfüllte Bedürfnisse äußern, bevor man ihre Fragen beantwortet oder ihnen Informationen liefert.

Wir merken, wenn Menschen sich gehört fühlen, weil sie beim Sprechen kurz innehalten oder eine leichte Veränderung ihres Energielevels spürbar wird. Die meisten Menschen lassen sich eher auf ein Gespräch oder eine Interaktion ein, wenn sie sich ausreichend verstanden fühlen. Die Zeichen mögen subtil sein, aber es gibt sie.

Wir könnten die Kundin auch fragen, ob sie sich Verständnis für ihre Enttäuschung und Frustration wünscht. „Würde es Ihnen helfen, wenn ich genauer verstehe, wie es für Sie war, ein beschädigtes Produkt zu erhalten?" Sie könnte mit Ja antworten oder aber sagen: „Nein, ich habe schon genug Zeit auf diese Sache verschwendet. Das Produkt sollte mir gebrauchsfertig geliefert werden, aber es funktioniert überhaupt nicht." Diese Antwort deutet auf viele denkbare unerfüllte Bedürfnisse hin, zum Beispiel das nach Effektivität, Leichtigkeit oder Integrität.

Wenn sie Ja sagt, könnten wir sie bitten: „Erzählen Sie doch bitte, was passiert ist." Während sie sich mitteilt, können wir uns still in sie einfühlen und Vermutungen über ihre Gefühle und Bedürfnisse anstellen. Sobald sie alles gesagt zu haben scheint und wir uns ziemlich sicher sind, dass sie sich verstanden fühlt, können wir fragen: „Darf ich Ihnen erklären, welche Möglichkeiten es gibt, das Produkt zu ersetzen?"

Die meisten Menschen lassen sich eher auf ein Gespräch oder eine Interaktion ein, wenn sie sich ausreichend verstanden fühlen.

Wenn wir den Ton, die Absicht oder die Botschaft der Kundin als Vorwurf, Urteil oder Ärger deuten, könnte es leicht passieren, dass wir selbst frustriert sind und ebenfalls verstanden werden möchten. Haskvitz bezeichnet eine solche Situation als „Empathiekollision": Beide Personen wünschen sich zur gleichen Zeit Empathie und Verständnis und keine kann der anderen in diesem Moment das Gewünschte entgegenbringen. Dann droht eine Gefühlskollision.

Wenn ich also ratlos bin, warum ich nicht so leicht die gewünschte Art von Verbindung mit jemandem aufbauen kann, stelle ich im Stillen Vermutungen zu einem möglichen gemeinsamen unerfüllten Bedürfnis an. Da ich zu meinen eigenen Gefühlen und Bedürfnissen leichter Zugang habe, geben mir diese Anhaltspunkte für die Bedürfnisse des anderen. Auch wenn es nur reine Vermutungen sind: Sie geben mir mehr Struktur, wenn ich mich auf den anderen einlasse, und das ist das Entscheidende. Liege ich falsch und ist das Bedürfnis meines Gegenübers ein ganz anderes, als ich mir vorgestellt habe, kann ich jetzt immerhin einige denkbare Bedürfnisse ausschließen. Allein das kann dazu beitragen, dass ich mich wohler und damit dem anderen enger verbunden fühle. Möglicherweise lege ich meine Vorurteile über diesen Menschen sogar ganz ab.

Immer wieder beobachte ich, wie sich die Kraft der GFK und der IC zunächst innerhalb einer kleinen Kerngruppe von Menschen entfaltet und sich dann in ganzen Teams und Organisationen ausbreitet. Es braucht nur einige wenige Menschen, die von diesen Methoden überzeugt sind, sie verstehen und anwenden.

2. Wenn „Kulturen“ oder Werte aufeinanderprallen

Ein zweiter Grund dafür, dass wir einer Interaktion mit bestimmten Menschen nicht gewachsen sind, hat mit den Kulturen von Organisationen oder Teams zu tun. Dies spielt vor allem dann eine Rolle, wenn besonderer Wert auf Vielfalt und Inter- oder Multikulturalität von Teams gelegt wird. Die unterschiedliche Rangordnung von Bedürfnissen zeigt sich dann möglicherweise nicht nur, wenn es zu einer Fusion zweier Unternehmen mit verschiedenen Kulturen kommt, sondern auch innerhalb einzelner Organisationen. Der Bezugsrahmen der sechs grundlegenden Organisationsbedürfnisse hilft uns, sowohl die Bedürfnisse größerer Organisationen als auch die ihrer Abteilungen und Teams, die vielleicht noch zusätzliche wichtige Bedürfnisse im Zusammenhang mit ihren beruflichen Rollen haben, zu erkennen und uns mit ihnen zu verbinden. Buchhalter werden dem Bedürfnis nach Detailliertheit und Genauigkeit vielleicht einen anderen Wert beimessen als Außendienstmitarbeiter, für die die Verbindung zum Kunden und eine umfassendere Vision von der Zukunft von größerer Bedeutung sind. Entscheidend ist also, dass wir die Bedürfnisse und Werte wahrnehmen, die der Betreffende aufgrund seiner Rolle innerhalb der Organisation hat.

> Achten Sie auf Werte und Bedürfnisse, die ein Mensch im Zusammenhang mit seiner Rolle am Arbeitsplatz haben könnte.

3. Ständige Veränderungen

Drittens kann unsere eigene Geschichte von Interaktionen mit dieser Person oder mit Menschen, die uns an diese Person erinnern, unsere momentanen Interaktionen beeinflussen. Aus diesem Grund erinnert uns Rosenberg immer wieder daran, dass jede Interaktion mit jedem Menschen neu ist, weil wir nie wissen können, was in diesem Moment in ihm vor sich geht. In der einen Minute mag er sich ruhig und ausgeglichen fühlen und das Bedürfnis nach Kommunikation verspüren. Im nächsten Moment bekümmert ihn etwas und er hat das Bedürfnis, eine Lösung zu finden. Auch jedes Gefühl ist in jedem Moment neu, weil sich unser Empfinden dafür, ob unsere Bedürfnisse befriedigt werden verändert, und zwar abhängig von dem, was wir uns selbst sagen oder was wir glauben, dass andere uns sagen.

Mit diesem Wissen können wir uns leichter von dem Mythos befreien, wir könnten aufgrund von bisherigen Erfahrungen jemals „wissen, wie jemand ist“, oder ein bestimmtes kollektives Verhalten von Menschen erwarten, die einer Organisation angehören. Es gibt keine „guten“ oder „schlechten“ Menschen oder Organisationen – nur Entscheidungen oder Verhaltensweisen, die wir akzeptieren oder nicht.

Alle Menschen und Organisationen handeln im Interesse ihrer eigenen Bedürfnisse, selbst wenn sie Entscheidungen treffen, die wir ablehnen, weil sie nicht die Bedürfnisse befriedigen, die uns oder anderen wichtig sind.

Als Teil unserer Evolutionsgeschichte ist das Bedürfnis, einen Beitrag für andere zu leisten, in jedem von uns genetisch angelegt. Wir lernen also nicht etwas Neues, sondern erinnern uns an etwas, das wir vergessen haben.

Haben wir ein vertieftes Bedürfnisbewusstsein entwickelt, streben wir nach Strategien, um alle Bedürfnisse zu erfüllen. Das ist möglich, weil das Bedürfnis, einen Beitrag für andere zu leisten, als Teil unserer Evolutionsgeschichte in jedem von uns angelegt ist. Wir sind Angehörige einer sozialen Spezies. So gesehen ist es ein natürlicher Akt, andere möglichst eingehend verstehen zu wollen. Wir lernen nicht etwas Neues, sondern erinnern uns an etwas, das wir vergessen haben. Deswegen machen uns Menschen, die uns dazu herausfordern, an unserer Verbindungsfähigkeit zu arbeiten, das Geschenk der Erinnerung.

4. Unser eigener Energielevel

Ein letzter Grund dafür, dass wir in Situationen geraten können, in denen es uns schwerfällt, uns in andere einzufühlen, hängt mit unserem eigenen physischen, mentalen und emotionalen Energielevel zusammen. Man braucht Energie, um sich mit einem anderen Menschen zu verbinden – oder auch nur verbinden zu wollen. Das Bedürfnis nach Verbundenheit ist zwar natürlich, weil wir von Natur aus soziale Wesen sind, doch unser Energielevel kann jederzeit niedriger sein, als es uns gefällt. Wie wir in Kapitel 5 im Abschnitt über Empathie und Gesundheit erfahren haben, kann das Sich-Verbinden mit einem anderen Menschen, je nachdem ob wir ausgeruht und zufrieden oder müde und gestresst sind, völlig unterschiedlich ausfallen.

Dasselbe gilt für das organisationsbezogene Bedürfnis nach *Energie*. Einer Organisation kann zu jedem beliebigen Zeitpunkt weniger *Energie* (die Kombination von finanziellen, personellen und technologischen Ressourcen gemäß dem Konzept der Integrated Clarity) zur Verfügung stehen, als es die Mitarbeiter der Organisation für wünschenswert halten. Wenn die Mitglieder einer Organisation oder eines Teams das Gefühl teilen, mit Arbeit überhäuft zu sein, und das Bedürfnis nach Fokussierung verspüren, werden sie als Kollektiv anders reagieren, als wenn sie sich energiegeladen fühlen und ihr Bedürfnis nach sinnerfüllender Arbeit befriedigt ist.

Unser eigener schwankender Energielevel und die organisationsbezogenen Bedürfnisse nach *Energie* können die Leichtigkeit beeinflussen, mit der wir uns mit Kollegen oder Kunden verbinden.

Jeder der oben genannten Gründe hat etwas mit uns und unserer Organisation und unseren Teams zu tun und nicht mit einer anderen Person oder anderen Personen. Die Person an sich ist nicht schwierig. Der Kunde ist nicht anspruchsvoll. Die Firma ist nicht schlecht. Nein, wir sind es, die sich in Situationen wiederfinden, in denen wir nicht die gewünschten Fähigkeiten oder die Energie haben, um auf eine für uns entspannte und angenehme Weise Verbindungen herzustellen und zu interagieren.

10.2 Unserer Fähigkeiten erweitern, Verbindung herzustellen

Um uns mit Menschen verbinden zu können, die etwas sagen oder tun, was unsere unerfüllten Bedürfnisse anrührt, müssen wir selbst oder zuweilen auch die Organisation Energie investieren. Dann müssen wir uns für das empfundene Unbehagen Empathie geben, um uns voll und ganz auf ein Gegenüber konzentrieren zu können. Es ist jedoch ein Balanceakt, uns auf den anderen Menschen einzulassen und uns gleichzeitig in stiller Empathie zu üben, um herauszufinden, warum wir uns so unwohl fühlen. Wir machen in diesem Moment quasi einen Spagat, wenn wir einerseits zu uns selbst Kontakt aufnehmen und uns andererseits in den anderen Menschen einfühlen. Diese beiden Prozesse können während ein und derselben Interaktion ablaufen; mit etwas Glück haben wir aber auch zwischen zwei Interaktionen Zeit dafür.

Kommt noch eine Gruppendynamik, z. B. in einem Meeting, hinzu, sind auch organisationsbezogene Informationen zu verarbeiten und alle drei Ebenen der Kommunikation (intrapersonal, interpersonal und organisationsbezogen) gleichzeitig aktiv. Werden wir in derartigen Situationen getriggert, können Interaktionen ziemlich unübersichtlich werden.

Hilfreiche Strategien

Die folgenden Strategien können uns helfen, mit Situationen umzugehen, in denen wir uns überfordert fühlen:

1. Wann immer möglich, sollten wir Interaktionen mit anderen meiden, wenn wir stark stimuliert und verärgert, ungeduldig, erschöpft, überfordert oder dergleichen sind. Ich habe die Erfahrung gemacht, dass es sich, sofern dies möglich ist, lohnt, einen neuen Termin für ein Meeting anzusetzen, um dann im Sinne von mehr Produktivität für alle etwas Zeit für eine intensivere Verbindung mit sich selbst zu gewinnen. Wir sind nicht produktiv, wenn wir in diesem Triggerzustand sind, weil wir dann dazu neigen, uns zu verteidigen, zu rechtfertigen oder Erklärungen abzugeben, statt uns auf das zu konzentrieren, was im Moment vor sich geht.

2. Kann ich mir – wie so oft – diese Zeit nicht verschaffen, horche ich während eines Meetings still in mich hinein. Das ist von außen nicht erkennbar, und ich tue es immer dann, wenn dadurch meine Aufmerksamkeit nicht so stark in Anspruch genommen wird, dass ich nicht länger zum Meeting beitragen könnte, ein paar Sekunden hier, ein paar Sekunden da. Kurz bevor wir anfangen, wenn wir schon sitzen, beteilige ich mich beispielsweise nicht am Small Talk. Stattdessen nehme ich, etwas abgewandt von den anderen, einen Schreibblock heraus und zeichne eine dreispaltige Tabelle mit den Überschriften G für Gefühle, B für Bedürfnisse und B für Bitten. Wenige Sekunden reichen für ein paar Vermutungen. Menschen, denen ich diese Technik beigebracht habe, finden wie ich, dass schon 30 Sekunden ausreichen, um ein beachtliches Maß an Verbindung zu sich selbst herzustellen. Die Meetings gestalten sich anschließend sowohl für einen selbst als auch für die Gruppe produktiver.
3. Wenn ich keine Zeit, Energie oder Motivation habe, mich in mich selbst einzufühlen, sage ich mir: „Na gut. Ich lasse meine Gefühle und Bedürfnisse mal einen Moment beiseite und sehe, ob ich mir vorstellen kann, welche Gefühle, Bedürfnisse und Bitten dieser Mensch haben könnte.“ An dieser Stelle konzentriere ich mich auf WATT (Why Are *They* Talking? / Warum reden *sie*?) statt, wie in Kapitel 6 erörtert, auf WAIT (Why Am I Talking? / Warum rede *ich*?).
4. Einen Kollegen, dem wir vertrauen, oder jemanden, der nicht aus unserem Arbeitsumfeld stammt, um „Speed-Empathy“ oder eine kurze Zeit des Zuhörens zu bitten ist auch eine gute Strategie. Ich rufe dann z. B. einfach einen Arbeitskollegen an oder es ruft mich jemand an, der fragt: „Hast du mal drei Minuten Zeit mir zuzuhören?“ Das dauert tatsächlich nur wenige Minuten. Aber es ist sehr aufbauend, wenn man aus keinem anderen Grund gehört wird als aus dem, dass man gehört werden möchte. Und auch der Zuhörer profitiert davon.
5. Dann gibt es noch die Möglichkeit, sich geschlagen zu geben. Manchmal beachte ich einfach all die Wörter und Prozesse nicht und sage mir: „Ich weiß einfach nicht mehr weiter. Was soll ich denn jetzt tun?“
   Dies ist eine Form der Empathie, bei der ich akzeptiere, dass ich mit meinem Latein am Ende bin. Doch auch daraus kann man seinen Nutzen ziehen, weil sich so ungeahnte Möglichkeiten auftun können. Anders als wir denken, dass wir nämlich wüssten, was von uns am Arbeitsplatz erwartet wird, wissen wir tatsächlich längst nicht alles und werden es auch niemals wissen. Wenn ich so an manche Situationen herangehe, empfinde ich Erleichterung und habe das Gefühl, einen Samen für viele Möglichkeiten zu säen.

Es macht uns stark, wenn wir uns vorstellen, dass unsere Schwierigkeiten in Interaktionen mit anderen Menschen ihren Ursprung in uns selbst haben. Denn wenn die Schwierigkeiten in uns entstehen, sind wir es, die sie meistern können.

In diesem Kapitel lag der Fokus darauf, dass es keine „schwierigen“ Menschen oder „schwierigen“ Gespräche gibt, sondern lediglich Menschen und Situationen, die uns herausfordern, unsere Empathiefähigkeit zu erweitern. In Kapitel 11 geht es um alles, was wir bislang behandelt haben, in Verbindung mit Begriffen wie „bewusster Kapitalismus“ und „soziale Verantwortung von Unternehmen“. Darüber hinaus erfahren Sie, was Sie und Ihre Organisation tun können, um diese Dimension eines vertieften Bedürfnisbewusstsein und menschlicher Verbundenheit zu untersuchen und erste Schritte in diese Richtung unternehmen.

11. Auswirkungen auf die Zukunft unserer Arbeitswelt

„Die Suche nach Ethik und Sinn in der Arbeit, ebenso wie der Wunsch, den Frieden und die Bestimmung des Heiligen in der stresserfüllten Welt der Wirtschaft zu erfahren, sind ‚innere' Wahrheiten, die in den Herzen von Millionen Menschen lebendig sind. Diese inneren Wirklichkeiten üben einen tief greifenden Einfluss auf unser Verhalten aus – zum Beispiel auf die Entscheidung, in ein Unternehmen zu investieren, das höhere soziale, umweltbezogene und ethische Maßstäbe anlegt als vergleichbare Unternehmen; die Entscheidung, nur für eine Firma zu arbeiten, die Ihrer empfindsamen kreativen Intuition Anerkennung zollt; oder der Entschluss, nur bei Händlern zu kaufen, die Geschäfte mit ausbeuterischen Betrieben ablehnen."[97]

Patricia Aburdene

11.1 Ein Blick in die Zukunft

Viele Bücher und auch viele Berater beschäftigen sich heutzutage gezielt mit Themen wie „verantwortungsvolle Unternehmensführung" und „bewusster Kapitalismus". Solchen Tendenzen kann ein an Bedürfnissen orientiertes Bewusstsein zugrunde liegen, denn im Kern führen uns beide Themenbereiche unmittelbar zurück zu den grundlegenden Bedürfnissen, die wir alle haben, und zeigen damit einen Weg auf, im 21. Jahrhundert und über dieses hinausgehend wirtschaftlich tätig zu sein.

In *The Change Handbook* haben Rosenberg und ich mit Blick auf das Thema Verbundenheit und Kommunikation am Arbeitsplatz den Wunsch geäußert, jede Organisation möge Klarheit über ihre grundlegenden Organisationsbedürfnisse gewinnen und all ihre Mitarbeiter, Aktionäre, Kunden und anderen Interessengruppen Klarheit über ihre individuellen Bedürfnisse und Werte. „Wenn dies geschieht, wird jeder Arbeitnehmer leichter seinen Platz in einer Organisation finden, die seine Bedürfnisse erfüllt. Jede Organisation wird die Menschen anziehen, die sich am stärksten mit ihr identifizieren."[98] Mit wesentlich geringerer Wahrscheinlichkeit wird es dann zu Konflikten aufgrund von unterschiedlichen Wertvorstellungen kommen.

In der Einleitung zu ihrem Buch *Megatrends 2020* hebt Patricia Aburdene, die bereits als Co-Autorin am *New-York-Times*-Bestseller *Megatrends 2000* beteiligt war, mehrere Punkte hervor, die im Einklang mit der in diesem Buch vorgestellten vertieften Form des Bedürfnisbewusstsein stehen:

- Ohne menschliches Bewusstsein wäre keine Erfindung möglich – weder im Geschäftsleben noch in der Technologie.

- Technologie ist in der Außenwelt umgesetztes Bewusstsein.
- Die innere Welt der Ideale und Überzeugungen gestaltet unsere Handlungen.
- Diese inneren Wahrheiten sind unsere Werte – und sie spielen eine entscheidende Rolle für den Wandel.
- Die Synergie aus sich wandelnden Werten und wirtschaftlicher Notwendigkeit wird den Kapitalismus transformieren.[99]

Empathiefähigkeit wird meiner Überzeugung nach in den nächsten fünf bis fünfzehn Jahren mit zu den von großen Unternehmen, Universitäten, gemeinnützigen Organisationen, Behörden und kleinen Unternehmen am meisten nachgefragten Qualitäten zählen. Der Ruf nach Rückkehr zu dem, was für uns natürlich ist – uns empathisch zu verbinden –, wird immer lauter. Die Gründe dafür liefern um sich greifende Bilanzskandale, der Zusammenbruch der Finanzmärkte und wachsende Defizite, aber auch der Wunsch, in unserer Arbeit mehr Sinnhaftigkeit zu finden und im Lauf eines Arbeitstages einen maßgeblichen Beitrag zu leisten.

Was ist also zu tun, um das alte Paradigma hinter sich zu lassen und als Organisation in diese neue empathische Dimension einzutreten? In diesem Kapitel wird aufgezeigt, was zu erwarten ist und wie die nächsten Schritte aussehen können.

11.2 Wie wir GFK und IC in unsere Organisationskultur integrieren können

Zunächst müssen wir uns klarmachen, dass der Wandel in uns selbst beginnt, bevor er sich in der gesamten Organisation ausbreiten kann. Im Lauf der Zeit wird er in der alltäglichen Kommunikation und in den normalen Arbeitsabläufen seinen Niederschlag finden. Der Prozess des Wandels beginnt mit einer Kerngruppe von Führungskräften und Mitarbeitern, die die GFK gemeinsam erlernen und praktizieren, um sie als Kommunikationsinstrument und strukturellen Bezugsrahmen für Teams und Organisationen nutzen zu können. Ein Moderator / Vermittler oder eine kleine Gruppe von in der GFK geübten Menschen erklären deren Schlüsselkonzepte. Sind die Führungskräfte schließlich mit dem Prozess vertraut und wissen ihn in Beziehung zu den Bedürfnissen der Organisation zu setzen (IC), leben sie diesen Prozess vor und werden selbst zu Moderatoren / Vermittlern. GFK und IC werden nicht so sehr auf traditionelle Weise vermittelt als vielmehr gelebt.

Es ist hilfreich, eine unterstützende Infrastruktur zu schaffen, die Folgendes mit einschließt:

- eine Bewertung des derzeitigen Organisationsstatus (ein verkürztes Bewertungstool finden Sie im Anhang);
- regelmäßiges, fortlaufendes Training in GFK und IC;
- die Konzepte anwenden, überprüfen und in Beziehung zur Organisation setzen;
- strategische Konversationen zur Ermittlung der Organisationsbedürfnisse mithilfe von GFK- und IC-Tools;
- ein Mittel zur Überwachung des Erfolgs, wie z. B. das Dashboard für Organisationsbedürfnisse;
- Nachkontrolle mit regelmäßigen Bewertungen, um festzustellen, welche Bedürfnisse in größerem bzw. in geringerem Maße erfüllt werden.

Die Sprache der GFK

Es ist wichtig, die Sprache und den Prozess der Empathie in unser Bewusstsein zu integrieren und sie auf ganz natürliche Weise einsetzen zu können, damit sie nicht als „Technik" zur Manipulation anderer wahrgenommen wird. Es geht hier darum, andere darin zu unterstützen, ihre individuellen Bedürfnisse und die Bedürfnisse ihrer Organisation, wie wir sie in diesem Buch definiert haben, zu erfüllen. Je stärker die Mitglieder einer Organisation sich auf ehrliche, empathische Weise miteinander und mit ihren Kunden verbinden, desto lebendiger wird ihre Organisation, weil sie auf das reagieren, was in anderen „lebendig" ist. Wenn die Menschen die Möglichkeit haben, selbstverantwortlich zu handeln, und spüren, dass ihr Bedürfnis nach Respekt zufriedengestellt wird, steigt die Produktivität.

Organisationsbedürfnisse

Am Anfang von allem stehen die Ermittlung, Klärung und Artikulation der Ursprungsbedürfnisse nach *Identität, lebensbejahendem Zweck* und *Ausrichtung.* Es ist wichtig, strategische Konversationen über diese Organisationsbedürfnisse zu führen, bevor man in Arbeitsprozesse und die Infrastruktur investiert – die Gestaltbedürfnisse nach *Struktur, Energie* und *Darstellung.* Sobald diese sechs grundlegenden Bedürfnisse ermittelt sind, sollte ihre Erfüllung unbedingt sichergestellt werden. Hier gilt es, alle notwendigen Weiterbildungen, die nicht an den IC-Prozess gebunden sind (z. B. Vermittlung technischen Know-hows), und Sachmittel bereitzustellen – alles, was die Mitarbeiter kompetent und handlungsfähig macht. Im Rahmen des IC-Prozesses entscheiden die Beschäftigten mit über die Investitionen in Schulungen.

Wie viel Zeit wird dieser Integrationsprozess in Anspruch nehmen?

Diese Frage wird oft gestellt, lässt sich jedoch nur schwer beantworten, weil es so viele Unterschiede gibt. Es hängt davon ab, wie groß eine Organisation ist, wie stark das jeweilige Engagement ist und mit welcher Ausgangsbasis man es zu tun hat. Darüber hinaus wird der Prozess ständig von jedem, der ihn nutzt, verfeinert. Und auch die Organisationsbedürfnisse werden im Lauf der Zeit immer wieder überdacht, um den Wandel in Gang zu halten.

In *Leading Self-Directed Work Teams* schlägt Kimball Fisher vor, etwa zehn bis zwanzig Prozent der Arbeitszeit eines Menschen dem Lernen zu widmen.[100] Auch wenn es bei Fisher in diesem Zusammenhang um Modelle für eigenverantwortlich arbeitende Teams und um Empowerment geht und nicht um das Erlernen von GFK und IC, lässt sich dieser Wert als Richtschnur übertragen. Die Prozesse von GFK und IC in ihre Organisation zu integrieren, heißt, Zeit für Präsenzschulungen, Übungsgruppen, Coaching, Mentoring und Teammeetings zu investieren. Das Training konzentriert sich jedoch immer – und das ist der maßgebliche Unterschied – auf arbeitsbezogene Aufgaben, sodass die Menschen, während sie lernen, ihre Arbeit verrichten, und das mit immer besseren Ergebnissen. Da das IC-Konzept Organisationsbedürfnisse und individuelle Bedürfnisse berücksichtigt, lässt sich diese bedürfnisorientierte Methode im Kontext der täglichen Arbeit und der Unternehmensziele erlernen.

Sobald eine Organisation oder ein Team die sechs Organisationsbedürfnisse ermittelt und (zumindest im Ansatz) erfüllt, diese der gesamten Organisation kommuniziert (oder zumindest das, was für jede Geschäftseinheit relevant ist) und einen Standard für Schulungen in GFK und IC etabliert, wird der Prozess schließlich von einer kritischen Masse von Mitarbeitern genutzt werden. An diesem Punkt wird der Wandel in puncto Harmonie, Produktivität und Gewinn offenkundiger werden. Die Organisation wird zudem neue Mitarbeiter und Kunden anziehen, die sich im Einklang befinden mit ihrer für alle deutlichen *Identität*, ihrem *lebensbejahenden Zweck* und ihrer *Ausrichtung*.

Ein Rahmenmodell, das die Bedürfnisse einer Organisation mit denen der Individuen verknüpft, ermöglicht es, diesen auf Bedürfnissen beruhenden Ansatz im Kontext der täglichen Arbeit und der Ziele der Organisation zu erlernen, sodass Lernen und Arbeiten Hand in Hand gehen.

Kundenfokus

Ich weise meine Klienten und Kollegen darauf hin, dass die in diesem Buch vorgestellten Ideen nicht neu sind. Die Prinzipien sind seit vielen Jahrzehnten bekannt. Neu ist jedoch die Art von Organisation, die David Lei und Charles R. Greer in ihrem Forschungspapier „The Empathetic Organization“ beschreiben. Lei und Greer, die Unternehmen wie *The Container Store, Apple Computer, Harley-Davidson* und *Mary Kay* analysierten, schreiben: „Jede Organisation und jedes Unternehmen strebt zwar danach, eng mit seinen Kunden zusammenzuarbeiten, doch die empathische Organisation versucht, einen Wettbewerbsvorteil zu erzielen, indem sie das nutzt, was sie von jedem ihrer Kunden lernt, um völlig neue Produkte und Lösungen zu entwerfen, die letztlich einen Leistungsmaßstab für die Branche bilden ... Aus Sicht des Unternehmens sind Kunden eine reiche Quelle des Wissens und der Erkenntnisse, die dem *Container Store* helfen, neue Lagerungs- und Aufbewahrungskonzepte zu entwickeln. Eine der Grundprämissen des *Container Stores* ist die Erkenntnis von Führungskräften und Mitarbeitern, dass der Kunde nicht allein daran interessiert ist, ein Produkt zu kaufen. Kunden wünschen sich vielmehr Informationen, Ideen und das Gefühl, verstanden zu werden, indem sie die Hilfe erhalten, die sie brauchen, um ihre persönlichen Erfahrungen zu machen und ihre emotionalen Bindungen zu knüpfen und zu gestalten ... Als Folge davon verlassen Kunden den *Container Store* mit dem Gefühl, sie seien die kreative Kraft hinter der Arbeit.“[101]

Auch in anderen Sparten und Berufszweigen wächst das Interesse am Nutzen der Empathie. Auf dem Gebiet der traditionellen Gesundheitsfürsorge und Medizin wird Empathie nun im Rahmen neuer klinischer Schulungsmodelle erforscht. Johanna Shapiros Studie „How Do Physicians Teach Empathy in the Primary Care Setting?“ ist nur eine von vielen zu diesem Thema.[102]

Die Erfüllung der Kundenbedürfnisse ist das Entscheidende. Manche Organisationen sind so auf die empathische Verbindung unter ihren Mitgliedern fokussiert, dass die empathische Verbindung zu ihren Kunden verloren geht oder zu kurz kommt. Diese Organisationen legen den Schwerpunkt auf ihre eigene Heilung als Teil ihrer *Identität* und messen dem Kunden eine geringere Bedeutung bei. Doch wenn der Zweck einer Organisation darin besteht, die Bedürfnisse ihrer Kunden zu erfüllen, ist es nur logisch, hierauf das Hauptaugenmerk zu richten. Die heilenden Effekte für Mitarbeiter oder Teammitglieder und der Nutzen, den sie daraus ziehen, sind Nebenprodukte des *lebensbejahenden Zwecks* und der *Ausrichtung* der Organisation, Kundenbedürfnisse zu befriedigen.

Forscher suchen nun nach Möglichkeiten, Menschen, die in den Bereichen der traditionellen Gesundheitsfürsorge und Medizin tätig sind, in Empathie zu schulen.

Wieder einmal zeigt sich, dass die GFK im Gegensatz zu anderen Konzepten ein sinnvolles Trainingskonzept zum Erlernen der Empathie bereitstellt.

Unterstützende Arbeitsumgebungen

Erfolgreiche Unternehmen kombinieren die Elemente des bedürfnisorientierten Bewusstseins und der empathischen Verbindung. In neu entstehenden Märkten wie z. B. Brasilien findet man einige der ungewöhnlichsten Herangehensweisen, erfolgreiche Arbeitsplätze zu schaffen. Man denke nur an *SEMCO, S. A.*, ein Unternehmen ohne die üblichen Hierarchien und ohne festgelegte Büro- oder Arbeitszeiten. Die Mitarbeiter erstellen ihre eigenen Arbeitszeitpläne und setzen sogar ihre eigenen Gehälter fest. Sie sind ermächtigt, dies zu tun, um ihre eigenen Bedürfnisse wie auch die Bedürfnisse der Kunden und des Unternehmens zu befriedigen.[103]

Was aber, wenn die „Mitglieder einer Organisation oder Gesellschaft erwarten und sich darin einig sind, dass Macht bestimmten Gruppen vorbehalten und auf der höheren Ebene einer Organisation oder Regierung konzentriert sein sollte"?[104] Die Studie des *Center for Creative Leadership* „Empathy in the Workplace"[105] stellt fest, dass Manager, die in stark paternalistischen Organisationskulturen wie z. B. in China, Hongkong, Polen, Singapur, Malaysia und Taiwan arbeiten, Empathie als eine entscheidende Fähigkeit betrachten, um eine unterstützende und schützende Umgebung zu schaffen.[106] Selbst in hierarchischen Systemen war man sich der positiven Wechselwirkung zwischen Empathie und Leistung bewusst: Je empathischer die Menschen waren, desto höher war das Leitungsniveau von Führungskräften und Managern.

Selbst in hierarchischen Systemen war man sich der positiven Wechselwirkung zwischen Empathie und Leistung bewusst: Je empathischer die Menschen waren, desto höher war das Leitungsniveau von Führungskräften und Managern.

Einsatzgebiet sozialer Sektor

Wenn eine Organisation und ihre Mitglieder ihr Bewusstsein erweitert haben, bis hin zur Ebene des Bedürfnisgewahrseins und der empathischen Verbindung, lassen sich auch auf dem sozialen Sektor, in Einrichtungen wie z. B. Schulen, Universitäten oder Sozialprogrammen Best-Practice-Beispiele aus der Geschäftswelt einsetzen, ohne dass man hier befürchten muss, Erwartungen irgendeines Gewinns könnten ihre soziale Mission korrumpieren oder verzerren. Wenn Organisationen und ihre Mitarbeiter auf der Basis eines Gewahrseins für individuelle und organisationsbezogene Bedürfnisse arbeiten, kommt dies nicht nur ihnen selbst zugute, sondern auch ihren Kunden, der Gemeinde und einem größeren Umfeld.

Egal ob die Menschen diese Fertigkeiten in einer gewinnorientierten oder einer gemeinnützigen Organisation nutzen: Wenn sie mit ihnen am Arbeitsplatz vertraut werden, wird sie das vielleicht ermutigen, sie auch in ihr Privatleben zu übertragen.

Dies ist nur einer der Gründe dafür, warum viele der GFK- und IC-Trainer hoffen, dass eine kritische Masse von Praktizierenden einen Paradigmenwechsel zugunsten eines Bedürfnisbewusstseins und empathischer Verbindungen herbeiführen kann.

Erfolgreiche, glückliche Menschen

Ich habe Tausende von Mitarbeitern und Führungskräften interviewt, getroffen, gecoacht und unterstützt. Dabei hat sich ein herausragendes Merkmal von erfolgreichen, glücklichen Menschen gezeigt: In ihrem Denken ist kein Platz für Schuldzuweisungen. Sie messen persönlicher Verantwortung wie auch Ermutigung, Empathie und Mitgefühl einen hohen Wert bei.

Diese Menschen zeigen, dass wir uns, wenn wir erfolgreich und glücklich sein wollen, für Empathie entscheiden können statt dafür, „recht" zu haben, was bedingt, dass jemand anders „unrecht" hat. So sagt Gerald Jampolsky sehr treffend: „Du kannst recht haben oder glücklich sein."

Wenn Sie Zweifel daran haben, dass man mithilfe einer auf den vorgestellten Prinzipien basierenden Geschäftsphilosophie nicht nur erreichen kann, dass ein Unternehmen erfolgreich ist, sondern auch, dass seine Mitarbeiter glücklich sind, kann ich Ihnen nur *Joy at Work* empfehlen. In diesem Buch berichtet Dennis Bakke von seinen Erfahrungen als CEO von AES, einem Energieversorgungsunternehmen mit einem Firmenkapital von 8,6 Milliarden Dollar, das 2002 vierzigtausend Mitarbeiter hatte. Die ungewöhnliche Arbeitsplatzkultur, für die Bakke eintrat, brachte auch beachtliche finanzielle Gewinne ein. Bakke sagt jedoch: „Gewinnen, vor allem in finanzieller Hinsicht, ist im besten Fall ein zweitrangiges Ziel. Unsere Zielsetzung sollte es sein, gemäß zeitloser, wahrer und transzendenter Werte zu arbeiten." Bakke schlägt Folgendes vor: „... eine umfassendere Definition von Leistung und Erfolg einer Organisation, eine Definition, in der hohe Priorität auf ein Arbeitsumfeld gelegt wird, in dem der normale Mitarbeiter Freude an der Arbeit hat. Ein solcher Ort bietet allen Arbeitern die Gelegenheit, ihre Talente und Fertigkeiten auf die bestmögliche Weise zu nutzen, um wichtige Entscheidungen zu treffen und bedeutende Schritte einzuleiten."[107]

Abschließend möchte ich noch betonen, dass mehr Erfolg, Produktivität, Profitabilität sowie eine Fülle an Empathie, Mitgefühl und Sinnhaftigkeit möglich sind, wenn wir danach streben, die Fähigkeit zur empathischen Verbindung als berufliche Fertigkeit zu betrachten, die es zu erlernen lohnt. Wir können diese Fertigkeit, während wir lernen und wachsen, immer weiter kultivieren. Und wenn wir etwas nicht schaffen, können wir es erneut versuchen, gestützt auf unsere Widerstandskraft, unsere Demut und unseren Mut. Die Arbeitsplätze, von denen wir träumen, können Wirklichkeit werden, wenn wir das auf diesen Seiten vorgestellte Konzept nutzen. Lassen Sie uns alle Siege feiern, große wie kleine, die unsere Fortschritte auf unserem Weg hin zu einer Welt der tiefen empathischen Verbundenheit kennzeichnen, der Verbundenheit mit uns selbst und miteinander.

Im Anhang dieses Buches finden Sie Quellen, die für Sie bei Ihrem persönlichen Wandel wie auch dem Ihrer Organisation hilfreich sein werden. Ich danke Ihnen für Ihr Interesse und bin zuversichtlich, dass es für Sie eine bereichernde und bedeutungsvolle Erfahrung sein wird, diesen Weg einzuschlagen.

Anhang

Gefühle am Arbeitsplatz

TRAURIG
beschämt
niedergeschlagen
untröstlich
deprimiert
enttäuscht
entmutigt
verzagt
schwach
hilflos
gekränkt
einsam
miserabel
benommen
verletzlich

FROH
erfreut
erwartungsvoll
ermutigt
aufgeregt
glücklich
hoffnungsvoll
inspiriert
optimistisch
stolz
erleichtert
zufrieden
begeistert

WÜTEND
aufgewühlt
erbost
verärgert
verbittert
angewidert
aufgebracht
frustriert
entrüstet
ungeduldig
erzürnt
eifersüchtig
pessimistisch
gereizt

MÜDE
ausgebrannt
zerstreut
ausgelaugt
ermüdet
lustlos
erschöpft
hoffnungslos
gleichgültig
lethargisch
nicht zentriert
ruhelos
abgespannt

BESORGT
beunruhigt
beklommen
bekümmert
verstört
vorsichtig
nervös
überwältigt
panisch
verängstigt
schockiert
argwöhnisch
angespannt
angstvoll
misstrauisch

VERWIRRT
zaghaft
hin- und hergerissen
voller Zweifel
zögerlich
ratlos
unwillig
skeptisch
zwiegespalten
verstört
unwohl
unbehaglich
unruhig
unsicher

RUHIG
gefesselt
ehrfurchtsvoll
glückselig
behaglich
zuversichtlich
zufrieden
erfüllt
liebevoll
friedlich
entspannt
sicher
heiter

FREUNDLICH
verständnisvoll
herzlich
liebevoll
dankbar
offen
aufgeschlossen
sensibel
gesellig
empfindsam
vertrauensvoll
warmherzig

AUFGEREGT
abenteuerlustig
erstaunt
kreativ
neugierig
energiegeladen
vertieft
beschwingt
fasziniert
frei
inspiriert
interessiert
mitgerissen
belebt
leidenschaftlich

Bedürfnisse am Arbeitsplatz

RESSOURCEN
PHYSISCHE BEDÜRFNISSE
Luft / Nahrung / Wasser
Behaglichkeit / Leichtigkeit
Beständigkeit
Ausrüstung / Instrumente
Gesundheit
Bewegung / Sport
Privatsphäre
respektvoller körperlicher Kontakt
Ruhe / Entspannung
Geborgenheit / Sicherheit
Hilfs- und Betriebsstoffe
Zeit / Effizienz

KOMMUNIKATION
MENTALE BEDÜRFNISSE
Bewusstheit
Klarheit / Zielgerichtetheit
Daten / Forschung
Entscheidungsfindung
Urteilsvermögen
Ausbildung / Training
Informationen
Reflexion
Anregung / Herausforderung

AUTORITÄT
EMPOWERMENT
Autonomie
Wahlmöglichkeiten
gemeinsames Erarbeiten von Strategien
Zusammenarbeit
Disziplin
Freiheit *(emotionale, spirituelle und physische)*
Individualität
Abgeschiedenheit

VERANTWORTLICHKEIT
INTEGRITÄT
Authentizität
einen Beitrag leisten
Effektivität, Fortschritt
Feedback / Ablaufverfolgung
Ehrlichkeit
Bescheidenheit, Selbstreflexion
Anstand
Pünktlichkeit
Qualität
Selbstwert
Aufrichtigkeit

INTEGRATION
INTERDEPENDENZ
Akzeptanz
Wertschätzung
Klarheit
Nähe
Gemeinschaft
Mitgefühl
Verbindung
Rücksichtnahme
Zusammenarbeit
emotionale Sicherheit
Empathie
Harmonie
Einbindung
Vertrautheit
Liebe
Bestärkung
Respekt
Unterstützung
Vertrauen
Verständnis
Bestätigung
Wärme

SELBSTAUSDRUCK
KREATIVITÄT
Gestalten, Hervorbringen
Wachstum, Fortschritt
Lernen, Können
Bedeutung
Spiel, Spaß, Lachen
Lehren

SELBSTAUSRICHTUNG
NATÜRLICHE ENERGIE
Schönheit
Gleichwertigkeit, Gegenseitigkeit
Harmonie, Frieden
Inspiration
Ordnung
Zielsetzung, Bedeutung
Respekt

KENNZEICHNUNG VON ÜBERGÄNGEN
NEUANFÄNGE FEIERN
Zeremonie / Ritual
Freude
Vergnügen
Begeisterung
Heilung
Humor
Leidenschaft

ZU ENDE GEGANGENES ANERKENNEN
Lernen akzeptieren
Grenzen akzeptieren
Bedauern eingestehen
unerfüllte Träume betrauern
beendete Beziehungen betrauern

Die vier Schritte des Integrated-Clarity®-Konzepts

Eine bedürfnisorientierte Betrachtungsweise der Produktivität am Arbeitsplatz

<table>
<tr><th>Orientierung am Einzelnen
Gewaltfreie Kommunikation (GFK)</th><th>Orientierung am gesamten System
Integrated Clarity (IC)</th></tr>
<tr><td>1. Beobachtungen anstellen
■ Was sehe oder höre ich?
■ objektiv, konkret, sachlich</td><td>1. Daten identifizieren
■ Beobachtungen, die analysiert, verglichen, gemessen werden können: Maße, Anzeigen von Instrumenten</td></tr>
<tr><td colspan="2">2. Gefühle identifizieren
■ Gefühle vs. gefühlsfreie Urteile oder Bewertungen der Beobachtungen und Geschäftsdaten</td></tr>
<tr><td>3. Die Verbindung ziehen zwischen Gefühlen und menschlichen Bedürfnissen
Grundlegende Bedürfnisse, die alle Menschen teilen, wie Respekt, Lernen, Zielsetzung und Autonomie</td><td>3. Die Verbindung ziehen zwischen Daten und organisationsbezogenen Bedürfnissen
Ursprungsbedürfnisse: a. Identität; b. lebensbejahender Zweck; c. Ausrichtung
Gestaltbedürfnisse: d. Struktur; e. Energie; f. Darstellung</td></tr>
<tr><td>4. Bitten stellen, um unsere Bedürfnisse zu erfüllen
Beispiele für eine Bitte: „Wären Sie bereit …
a. mir zu sagen, was Sie mich sagen gehört haben?“
b. diesen Bericht fertigzustellen und ihn mir bis fünf Uhr zukommen zu lassen?“</td><td>4. Strategische Ziele entwickeln
In Organisationen sind Bitten Strategien. Die Planung und Umsetzung von Strategien auf der Ebene des gesamten Systems soll die organisationsbezogenen Bedürfnisse erfüllen, die von den Mitgliedern der Organisation ausgemacht und im Auge behalten werden.</td></tr>
</table>

Integrated Clarity® – sechs grundlegende Organisationsbedürfnisse

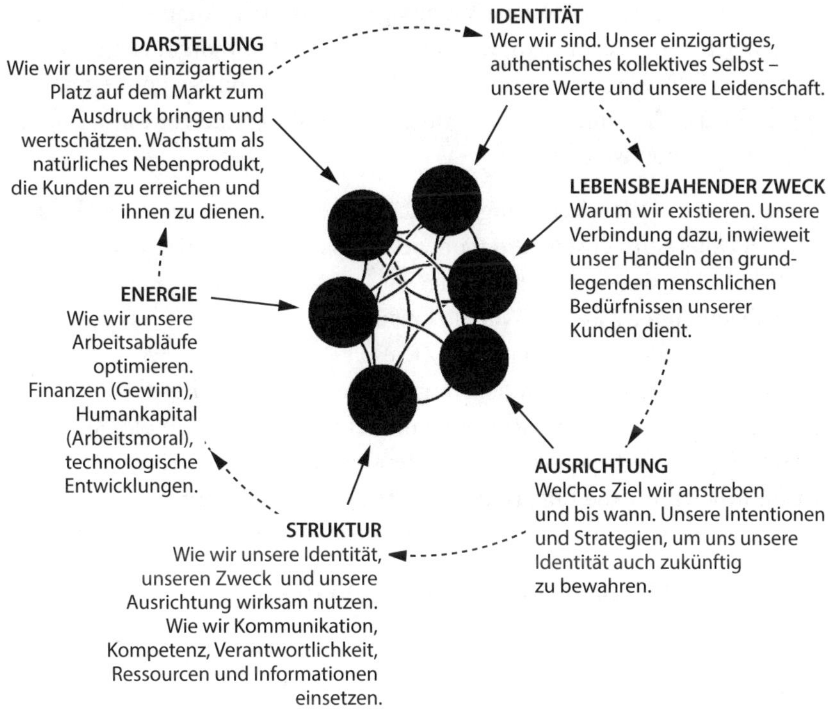

„10 Minutes to Clarity®“ – eine Einschätzung der Organisationsbedürfnisse

In dem von Elucity Network, Inc., entwickelten Online-Tool „10 Minutes to Clarity“ werden sechzehn wichtige Aspekte der Effektivität eines Teams, einer Unternehmenseinheit oder eines gesamten Systems gemessen. Die Analyse liefert wertvolle Ausgangswerte, um zu ermitteln, welche individuellen und organisationsbezogenen Bedürfnisse erfüllt werden. Auf der Grundlage der Ergebnisse können dann Empfehlungen für das Training, für die strategische Planung und für Management-Entscheidungen gegeben werden.

Gemessen wird die Wahrnehmung von acht Schlüsselbedürfnissen oder -aspekten von Teams, Unternehmenseinheiten oder der gesamten Organisation:
- **Identität** – Wer sind wir als Kollektiv?
- **Lebensbejahender Zweck** – Warum existieren wir?
- **Ausrichtung** – Welches sind unsere Ziele?
- **Struktur** – unsere Balance von Verantwortlichkeit und Autorität
- **Energie** – die Kraft unserer Ressourcen, Menschen und Technologien
- **Darstellung** – Wie treten wir auf unseren Märkten in Erscheinung?
- **Kommunikation** – die Effektivität unserer Kommunikation
- **Change-Management** – Wie gut kommen wir mit Veränderungen zurecht?

Auch die Wahrnehmung von acht individuellen Bedürfnissen wird gemessen:
- **Respekt**
- **Vertrauen**
- **Anerkennung**
- **Lernen**
- **Arbeitsmoral**
- **Persönliche Produktivität**
- **Bescheidenheit**
- **Sinnhaftigkeit der Arbeit**

Diese Analyse stützt sich auf wichtige Erkenntnisse der Organisationsforschung und kombiniert sie mit dem vertieften Bedürfnisbewusstsein des GFK- und des IC-Modells. Die Bedürfnisse von Individuen und Organisationen können nahtlos zugunsten von bewusstem Wachstum, Profit und Nachhaltigkeit verschmelzen.

Die folgenden Fragen sind Beispiele dafür, was mit dem Tool **„10 Minutes to Clarity“** gemessen wird. Fragen Sie sich, wie Sie, Ihr Team oder Ihre Organisation die folgenden Aussagen einstufen würden. Ausführlichere Informationen zu diesem Prozess finden Sie unter: survey@empathyfactoratwork.com.

Bewerten Sie jede der unten stehenden Aussagen mit einer Zahl von 1 bis 7.
1 = dem widerspreche ich ganz entschieden
2 = dem widerspreche ich entschieden
3 = dem widerspreche ich
4 = neutral; ich stimme weder zu noch widerspreche ich
5 = ich stimme zu
6 = ich stimme weitgehend zu
7 = ich stimme uneingeschränkt zu

- Die Leute wissen, wofür unsere Organisation steht – sie kennen deren Grundwerte, Kultur, Auftrag usw.
- Die Positionen sind mit Menschen besetzt, die die Fertigkeiten und das Potenzial haben, auf höchstem Niveau zu arbeiten.
- Die Bedürfnisse, Erwartungen und Erfahrungen von neuen und zukünftigen Kunden oder Klienten zu verstehen ist ein wichtiger Teil der täglichen Arbeitsroutine.
- Die Mitarbeiter kennen das auf die nächsten drei Jahre ausgelegte Gesamtziel unserer Organisation.
- Bei organisatorischen Veränderungen unterstützt die Organisation ihre Mitarbeiter dabei, hiermit zurechtzukommen.
- Die Mitarbeiter können selbst entscheiden, wie sie ihre Arbeit ausführen, ohne die Zustimmung eines Vorgesetzten einholen zu müssen.
- Die Mitarbeiter wissen, womit ihre Organisation Geld verdient, und kennen ihre eigene Rolle dabei.
- Ein ständiges Feedback und die Messung der Zufriedenheit zeigen den Mitarbeitern, welche Auswirkung ihre Arbeit auf ihre Kunden und Kollegen hat.
- Unsere Organisation stellt ihren Mitarbeitern Material zur Verfügung und bietet ihnen Schulungen, um die einzigartigen Stärken und Qualitäten der Organisation nach außen hin kommunizieren zu können.
- Die Kommunikation funktioniert in der gesamten Organisation reibungslos.
- Unsere Kontakte mit Klienten oder Kunden sind in der Regel erfolgreich.
- Die Mitarbeiter haben Zugang zu allen Informationen, die sie benötigen, um ihre Arbeit gut auszuführen.
- Sind die Anstrengungen eines Mitarbeiters von Erfolg gekrönt, nimmt er diesen nicht für sich allein in Anspruch.
- Die Mitarbeiter füllen ihre Rolle in unserer Organisation mit Leidenschaft und Begeisterung aus.
- Die Mitarbeiter bitten um Feedback, geben Feedback und arbeiten an sich selbst.

- Die Mitarbeiter sehen ihre Arbeit im Dienste eines übergeordneten Ziels – etwas, das mehr umfasst, als eine Dienstleistung zu erbringen, die finanzielle Nachhaltigkeit aufrechtzuerhalten oder sogar die Besten auf ihrem Gebiet zu sein.
- Wenn Entscheidungen anstehen, berücksichtigen die Mitarbeiter deren mögliche Auswirkungen auf die Kunden oder auf andere Mitarbeiter der Organisation.
- Die Mitarbeiter vertrauen darauf, dass der andere das tut, was er zugesagt hat, und seine Arbeit erledigt.
- Die Mitarbeiter haben Zugang zu allen Ressourcen, die sie benötigen, um ihre Arbeit gut auszuführen.
- In unserer Organisation ist es üblich, dass die Mitarbeiter ihrer Wertschätzung und Anerkennung Ausdruck verleihen.
- Die Mitarbeiter sind bereit, sowohl persönliche (Kommunikation, Arbeit im Team usw.) als auch technische Fertigkeiten zu erlernen, um ihre Arbeitsleistung zu verbessern.

Mehr Information zum Online-Tool „10 Minutes to Clarity", entwickelt von Elucity Network, Inc., finden Sie unter:

survey@empathyfactoratwork.com
↗ http://www.empathyfactoratwork.com

Anmerkungen

Kapitel 1 – Die dritte Dimension und Integrated Clarity®

1 Abbot, *Flächenland.*
2 Ebenda, S. 123.
3 Ebenda, S. 122.
4 Abott, *Flächenland*, S. 170.
5 Schwab & DeGioia: *Faith and the Global Agenda. Values for the Post-Crisis Economy,* World Economic Forum 2010, S. 5.
6 Fuller, *Critical Path.*
7 Russell, *Waking Up in Time: Finding Inner Peace in Times of Accelerating Change.*
8 Wiseman, *So machen Sie Ihr Glück. Wie Sie mit einfachen Strategien zum Glückspilz werden,* S. 141 ff.
9 Marshall Rosenbergs GFK-Workshop, Phoenix, AZ, April 2005.
10 Jahresbericht 2006 des Center for Nonviolent Communication.
11 Holman, Devane, Cady (Hg.), *The Change Handbook: The Definitive Resource on Today's Best Methods for Engaging Whole Systems.*

Kapitel 2 – Aus der menschlichen Komponente Nutzen ziehen

12 In der Empfehlung für das Buch: Sisodia, Wolfe & Sheth, *Firms of Endearment: How World-Class Companies Profit from Passion and Purpose.*
13 Gabel und Walker, „Leadership By Design: How One Individual Can Change The World-Leadership Principles of Buckminster Fuller", 2006.
14 Fisher, *Leading Self-Directed Work Teams: A Guide to Developing New Team Leadership Skills,* S. 122. Fisher zitiert die Arbeit von Pamela Posey und Janice Klein von der Harvard Business School.
15 Salovey und Mayer, Emotional Intelligence, in: *Imagination, Cognition and Personality,* Bd. 9, Nr. 3, 1989–90, S. 185–211.
16 Goleman, Emotionale Intelligenz – Zum Führen unerlässlich, in: *HARVARD BUSINESS manager,* 3 / 1999, S. 4.
17 Ebenda, S. 9.
18 Martinuzzi, What's Empathy Got To Do With It?
19 Gallup-Polls, Why People Follow, 2008.
20 Stawiski, Deal & Ruderman, Building Trust in the Workplace, Center for Creative Leadership, April 2010.
21 PR Newswire, Survey by Center For Creative Leadership Shows „Soft Skills" Make a Difference in Tough Times, 14. Januar 2002.
22 „Fortune 500" ist ein Ranking von 500 Top-Unternehmen in den USA, einmal jährlich durchgeführt von dem Magazin „Fortune".

23 Collins, Der Weg zu den Besten, S. 38 f.

24 Ebenda, S. 54.

25 Ebenda, S. 117.

26 Wikipedia über Pixar. http://en.wikipedia.org/wiki/Pixar. Aufgerufen am 14. Februar 2011.

27 Fisher, *Leading Self-Directed Work Teams,* S. 31.

28 Ebenda, S. 31.

29 Ebenda, S. 32.

30 Ebenda, S. 31.

31 Collins, *Der Weg zu den Besten,* S. 21.

32 Deming, ↗ http://www.deming.org

33 Collins, *Der Weg zu den Besten,* S. 128 ff.

34 Covey, *Die 7 Wege zur Effektivität. Prinzipien für persönlichen und beruflichen Erfolg,* S. 163–199.

35 Davenport, Five Ways Pixar Makes Better Decisions, 15. Juli 2010, Blogbeitrag für die *Harvard Business Review.*

36 ↗ http://www.kellogg.northwestern.edu/execed/Programs/SOUL.aspx

37 Sisodia, Wolfe und Sheth; *Firms of Endearment,* S. 4.

38 In der amerikanischen Originalversion spricht die Autorin von „source needs“, von „Quellbedürfnissen“. Diese Bedürfnisse sind nach eigenen Angaben die ursprüngliche Quelle, aus der alles andere fließt, von der alles andere gespeist wird. Wie eine Quelle in der Natur sind auch diese Bedürfnisse etwas ganz Natürliches für Menschen in einer Organisation (Anm. d. V.).

39 Gestaltbedürfnisse werden im Original „leveraging needs“ genannt. „Leveraging“ hat eigentlich die Bedeutung: „aufbauen, unterstützen, zum Durchbruch verhelfen“. Nach Angaben der Autorin sind „leveraging needs“ Gestalt annehmende Ursprungsbedürfnisse, die ihre Wirkung in der Welt entfalten (Anm. d. V.).

40 Bridges, *Managing Transitions: Making the Most of Change,* S. 143.

Kapitel 3 – Die Grundprinzipien der Gewaltfreien Kommunikation

41 Boroditsky, Lost in Translation, in: *The Wall Street Journal,* 24. Juli 2010, S. 4 f.

42 Patnaik, Innovation Starts with Empathy, 2009.

43 Martinuzzi, What's Empathy Got to Do With it? 2006.

44 Robinson, What Leaders Must Do Next, in: *Gallup Management Journal,* 11. Juni, 2009.

45 Interview mit Singer, 2010. http://ccare.stanford.edu/node/89

46 Covey, *Die 7 Wege zur Effektivität: Prinzipien für persönlichen und beruflichen Erfolg,* S. 270.

47 Interview mit Michelle Peluso in der Morgenausgabe von National Public Radio, 14. April 2005.

48 Berry, Empathy as a Key to Business Success, 13. Januar 2009.

49 Patnaik, Innovation Starts with Empathy.

50 Boroditsky, Lost in Translation, S. 5.

51 Ebenda, S. 3.

52 Patnaik, *Wired to Care: How Companies Prosper When They Create Widespread Empathy.*
53 Patnaik, Innovation Starts with Empathy.
54 De Waal, *Das Prinzip Empathie. Was wir von der Natur für eine bessere Gesellschaft lernen können,* S. 63.
55 PR Newswire, Survey by Center for Creative Leadership Shows „Soft Skills" Make a Difference in Tough Times, 14. Januar 2002.
56 Lasater, *Worte, die im Business wirken. Gewaltfreie Kommunikation – bewährte Techniken für den Arbeitsalltag,* S. 101.

Kapitel 4 – Bedürfnisbewusstsein am Arbeitsplatz

57 Collins, *Der Weg zu den Besten. Die sieben Management-Prinzipien für dauerhaften Unternehmenserfolg,* S. 234 f.
58 Aburdene, *Megatrends. Sieben Trends, die unser Leben und Arbeiten verändern werden!* S. 37–39.
59 Lehrer, *Wie wir entscheiden,* S. 39.
60 Ebenda, S. 26–32.
61 Miyashiro & Rosenberg, *The Change Handbook,* S. 126 f.
62 Collins, *Der Weg zu den Besten,* S. 111–139.
63 Ebenda, S. 117.
64 Collins & Porras, *Immer erfolgreich. Die Strategien der Top-Unternehmen,* S. 128–157.
65 Fisher, *Leading Self-Directed Work Teams: A Guide to Developing New Team Leadership Skills,* S. 15f.
66 Collins, *Der Weg zu den Besten,* S. 17.
67 „Arts Deans helping Deans" = „Dekane von Kunst-Colleges helfen Dekanen" (Anm. d. V.).
68 Collins, *Good to Great and the Social Sectors: A Monograph to Accompany Good to Great,* S. 19.
69 Den feinen, aber entscheidenden Unterschied zwischen „awareness" und „consciousness" kann man im Deutschen nur schwierig zum Ausdruck bringen. Der Unterschied ist hier aber sehr wichtig, weshalb wir künftig von einem „vertieften Bedürfnisbewusstsein" sprechen, das eine tiefere Form der Erkenntnis einschließt. (Anm. d. V.)

Kapitel 5 – Die Steigerung der Selbstproduktivität

70 Lehrer, *Wie wir entscheiden,* S. 183.
71 Greenspan, *Healing through the Dark Emotions: The Wisdom of Grief, Fear and Despair,* S. 80f.
72 Ebenda, S. 81.

Kapitel 6 – Die Steigerung der interpersonalen Produktivität

73 Suttie, Compassion across Cubicles, in: Greater Good, Frühjahr/Sommer 2006, S. 31.
74 Brown, TEDxTalks: ↗ http://www.youtube.com/watch?v=X4Qm9cGRub0&feature=player_embedded
75 ↗ http://www.stateofgracedocument.com/WkspDlds/SoGDComponents2007.pdf
76 Kohn, Punished by Rewards: *The Trouble with Gold Stars, Incentive Plans, A's, Praise, and Other Bribes,* Cover-Rückseite.
77 Collins, *Der Weg zu den Besten,* S. 62.
78 What is Appreciative Inquiry? ↗ http://appreciativeinquiry.case.edu/intro/whatisai.cfm

Kapitel 7 – Die Steigerung der Produktivität von Teams und Organisationen

79 Fisher, *Leading Self-Direct Work Teams: A Guide to Developing New Team Leadership Skills,* S. 122 f.
80 ↗ http://www.gore.com/en_xx/index.html
81 Working in Our Unique Culture, ↗ http://www.gore.com/en_xx/careers/whoweare/ourculture/gore-company-culture.html
82 ↗ http://www.gore.com/de_de/aboutus/culture/corporate_culture.html
83 Collins & Porras, *Immer erfolgreich,* S. 121.
84 Velez, Diverse Business Group Needs to Shape Its Identity, *Arizona Daily Star,* 17. Januar 2005.
85 Collins & Porras, *Immer erfolgreich,* S. 132.
86 Collins, *Der Weg zu den Besten,* S. 129.
87 Collins & Porras, *Immer erfolgreich,* S. 121.

Kapitel 8 – An Bedürfnissen orientierte Instrumente zur Entscheidungsfindung

88 Kaner mit Lind, Toldi, Fisk und Berger, *Facilitator's Guide to Participatory Decision Making.*
89 Kashtan, ↗ http://www.baynvc.com
90 International Asscociation for Public Participation. ↗ http://www.iap2.org

Kapitel 9 – Ärger, Schuldgefühle, Angst und Scham heilen

91 Marshall Rosenberg, *Gewaltfreie Kommunikation. Eine Sprache des Lebens,* S. 163 f.
92 Informationsblatt des *Center for Nonviolent Communication.* Direkte Anfragen an: ↗ http://www.cnvc.org
93 Interview mit Singer (2010): http://ccare.stanford.edu/node/89
94 Rosenberg, *Gewaltfreie Kommunikation,* S. 165.
95 Lasater, *Worte, die im Business wirken. Gewaltfreie Kommunikation – bewährte Techniken für den Arbeitsalltag,* S. 100.

Kapitel 10 – Wie wir uns mit Menschen verbinden können, die unsere Fähigkeiten herausfordern

96 Kashtan & Kashtan, Informationsblatt „Responding to Challenges from Participants: Preparation Notes", S. 1.

Kapitel 11 – Auswirkungen auf die Zukunft unserer Arbeitswelt

97 Patricia Aburdene, *Megatrends 2020. Sieben Trends, die unser Leben und Arbeiten verändern werden!*, S. 22.

98 Miyashiro & Rosenberg, *The Change Handbook*, S. 132.

99 Aburdene, *Megatrends 2020. Sieben Trends, die unser Leben und Arbeiten verändern werden!*, S. 20–23.

100 Fisher, *Leading Self-Directed Work Teams: A Guide to Developing New Team Leadership Skills*, S. 148.

101 Lei & Greer, The Empathetic Organization, in: *Organizational Dynamics*, Bd. 32, Nr. 2, 2003, S. 142 f.

102 Shapiro, How Do Physicians Teach Empathy in the Primary Care Setting?, in: *Academic Medicine*, Bd. 77, Nr. 4, April 2002.

103 Semler, *Das SEMCO-System. Management ohne Manager*, S. 15 f.

104 House, Hanges, Javidan, Dorfman & Gupta, *Culture, Leadership and Organizations: The GLOBE Study of 62 Societies*, S. 12.

105 Gentry, Weber & Sadri, Empathy in the Workplace, Diskussionspapier, Center for Creative Leadership, New York 2007, S. 5 f.

106 Ebenda, S. 11.

107 Bakke, *Joy at Work. A Revolutionary Approach to Fun on the Job*, S. 18.

Bibliografie

Bücher

Abbott, Edwin A. (2009): *Flächenland* – Ein Märchen mit vielerlei Dimensionen, Neuenkirchen.

Aburdene, Patricia (2008): *Megatrends 2020. Sieben Trends, die unser Leben und Arbeiten verändern werden!* Bielefeld.

Bakke, Dennis (2009): *Joy at Work: A Revolutionary Approach to Fun on the Job,* Seattle.

Bridges, William (2009): *Managing Transitions: Making the Most of Change,* Cambridge, MA.

Collins, Jim (2005): *Good to Great and the Social Sectors: A Monograph to Accompany Good to Great,* Boulder, CO.

Collins, Jim (2008): *Der Weg zu den Besten. Die sieben Management-Prinzipien für dauerhaften Unternehmenserfolg,* München.

Collins, Jim & Porras, Jerry I. (2005): *Immer erfolgreich. Die Strategien der Top-Unternehmen,* München.

Covey, Stephen R. (2005): *Die 7 Wege zur Effektivität: Prinzipien für persönlichen und beruflichen Erfolg,* Offenbach.

De Waal, Frans (2011): *Das Prinzip Empathie. Was wir von der Natur für eine bessere Gesellschaft lernen können,* München.

Fisher, Kimball (2000): *Leading Self-Directed Work Teams: A Guide to Developing New Team Leadership Skills,* New York.

Fuller, R. Buckminster (1981): *Critical Path,* New York.

Greenspan, Miriam (2004): *Healing through the Dark Emotions: The Wisdom of Grief, Fear, and Despair,* Boston.

Haskvitz, Sylvia (2006): *Ins Gleichgewicht kommen. Essen nach Wahl und nicht aus Gewohnheit,* Paderborn.

Holman, Peggy; Devane, Tom & Cady, Steven (Hrsg.) (2007): *The Change Handbook: The Definite Resource on Today's Best Methods for Engaging Whole Systems,* 2. Auflage, San Francisco.

House, Robert J.; Hanges, Paul J.; Javidan, Mansour; Dorfman, Peter W. & Gupta, Vipin (2004): *Culture, Leadership and Organizations: The GLOBE Study of 62 Societies,* Thousand Oaks, CA.

Kaner, Sam mit Lind, Lenny; Toldi, Caterine; Fisk, Sarah & Berger, Duane (1993): *Facilitator's Guide to Participatory Decision Making,* Philadelphia.

Kohn, Alfie (1993): *Punished by Rewards: The Trouble with Gold Stars, Incentive Plans, A's, Praise, and Other Bribes,* New York.

Lasater, Ike K. (2011): *Worte, die im Business wirken. Gewaltfreie Kommunikation – bewährte Techniken für den Arbeitsalltag,* Paderborn.

Lehrer, Jonah (2009): *Wie wir entscheiden. Das erfolgreiche Zusammenspiel von Kopf und Bauch,* München.

Patnaik, Dev. (2009): *Wired to Care: How Companies Prosper When They Create Widespread Empathy,* Upper Saddle River, NJ.

Rosenberg, Marshall B. (2010): *Gewaltfreie Kommunikation: Eine Sprache des Lebens*, Paderborn.

Russell, Peter (2008): *Waking Up in Time: Finding Inner Peace in Times of Accelerating Change*, Novato, CA.

Semler, Ricardo (1993): *Das SEMCO-System. Management ohne Manager*, München.

Sisodia, Rajendra S.; Wolfe, David B. & Sheth, Jagdish N. (2007): *Firms of Endearment: How World-Class Companies Profit from Passion and Purpose*, Upper Saddle River, NJ.

Wiseman, Richard (2004): *So machen Sie Ihr Glück. Wie Sie mit einfachen Strategien zum Glückspilz werden*, München.

Artikel und andere Quellen

Association for Federal Information Resources Management Conference, Washington D.C., C-Span, 19. Oktober 2010.

Berry, Tim (2009): „Empathy as a Key to Business Success", 13. Januar, ↗ http://timberry.bplans.com/2009/01/empathy-as-a-key-to-business-success.html

Boroditsky, Lera (2010): „Lost in Translation", in: *The Wall Street Journal*, 24. Juli.

Brown, Brené, Ph. D., Professorin, University of Houston Graduate College of Social Work, TEDxTalks: www.youtube.com/watch?v=X4Qm9cGRub0&feature=player_embedded

[The] Center for Nonviolent Communication, Jahresbericht 2006.

[The] Center for Nonviolent Communication, www.cnvc.org., Informationsblatt.

Davenport, Tom (2010): „Five Ways Pixar Makes Better Decisions", 5. Juli, Blog für die *Harvard Business Review*, ↗ http://blogs.hbr.org/davenport/2010/07/how_to_make_good_decisions_les.html

Deming, W. Edwards., ↗ http://www.deming.org

Gabel, Medard & Walker, Jim (2006): Leadership By Design: How One Individual Can Change The World – Leadership Principles of Buckminster Fuller ", ↗ http://www.readyaiminspire.com/Buckminster_Fuller_Leadership_By_Design.html

Gallup Polls (2008): „Why People Follow", ↗ http://strengths.gallup.com/private/Resources/Followers_Study.pdf

Gentry, William A.; Weber, Todd J. & Sadri, Golnaz (2007): „Empathy in the Workplace", Diskussionspapier, Center for Creative Leadership, New York.

Goleman, Daniel (1998): „What Makes a Leader?", in: *Harvard Business Review*, ↗ https://www.mercy.edu/faculty/Georgas/inbs640/files/WhatMakesaLeader.pdf

International Association of Public Participation, ↗ http://www.iap2.org

Lei, David & Greer, Charles R. (2003): „The Empathetic Organization", in: *Organizational Dynamics*, Bd. 32, Nr. 2, Elsevier Science, Inc..

Martinuzzi, Bruna, Gründerin von Clarion Enterprises, Ltd., „What's Empathy Got to Do With It?", www.mindtools.com/pages/article/newLDR_75.htm

Miyashiro, Marie & Rosenberg, Marshall (2007): „Energizing How We Talk and What We Talk about in Organizations", in: Peggy Holman, Tom Devane & Steven Cady (Hrsg.), *The Change Handbook: The Definitive Resource on Today's Best Methods for Engaging Whole Systems*, 2. Auflage, San Francisco.

Patnaik, Dev. (2009): Wirtschaftsstratege und Adjunct Faculty Member der Stanford University, Gründer und CEO von Jump Associates, „Innovation Starts with Empathy", ↗ http://designmind.frogdesign.com/articles/thesubstance-of-things-not-seen/innovation-starts-with-empathy.html

Peluso, Michelle, interviewt von National Public Radio, Morgenausgabe, 14. April 2005.

PR Newswire, „Survey by Center For Creative Leadership Shows ‚Soft Skills' Make a Difference in Tough Times", 14. Januar 2002.

Robison, Jennifer (2009): „What Leaders Must Do Next", in: *Gallup Management Journal,* 11. Juni, ↗ http://gmj.gallup.com/content/120791/leaders-next.aspx

Rosenberg, Marshall, GFK-Workshop, Phoenix, AZ, April 2005.

Salovey, Peter & Mayer, John D. (1989-1990): „Emotional Intelligence", in: *Imagination, Cognition and Personality,* Bd. 9, Nr. 3.

Schwab, Klaus & DeGioia, John J. (2010): „Faith and the Global Agenda: Values for the Post-Crisis Economy", Weltwirtschaftsforum, ↗ http://www.weforum.org/pdf/faith/valuesreport.pdf

Shapiro, Johanna (2002): „How Do Physicians Teach Empathy in the Primary Care Setting?", in: *Academic Medicine,* Bd. 77, Nr. 4.

Singer, Tania, Ph.D., Direktorin am Max-Planck-Institut für Kognitions- und Neurowissenschaften, 2010. Interviewt vom Center for Compassion and Altruism Research and Education der Stanford University, 2010, ↗ http://ccare.stanford.edu/node/89

Stawiski, Sarah; Deal, Jennifer J. & Ruderman, Marian (2010): „Building Trust in the Workplace", Center for Creative Leadership, Apri, http://www.ccl.org/leadership/pdf/news/BuildingTrustIntheWorkplace.pdf

Suttie, Jill, (2006): „Compassion across Cubicles", *Greater Good,* Frühjahr/Sommer. ↗ http://greatergood.berkeley.edu/greatergood/archive/2006springsummer/SpringSummer2006_Suttie.pdf

Velez, Tiana (2005): „Diverse Business Group Needs to Shape Its Identity", in: *Arizona Daily Star,* 17. Januar.

„What is Appreciative Inquiry?", ↗ http://appreciativeinquiry.case.edu/intro/whatisai.cfm

Wikipedia über Pixar, ↗ http://en.wikipedia.org/wiki/Pixar, aufgerufen am 14. Februar 2011.

↗ http:// www.baynvc.com

↗ http:// www.gore.com

↗ http:// www.kellogg.northwestern.edu/execed/Programs/SOUL.aspx

↗ http:// www.stateofgracedocument.com/WkspDlds/SoGDComponents2007.pdf

Weiterbildungsangebote

Elucity Network, Inc.
Elucity Network, Inc. bietet strategische Planung, Training und Weiterbildung für Führungsteams und Arbeitsgruppen, Kommunikationstraining für Arbeitnehmer, Schulungen zur Kommunikation und Gesprächsführung im Kundenkontakt, Change-Management-Workshops sowie Schulungen zur Steigerung der Produktivität von Einzelnen und Teams. Marie R. Miyashiro, die Gründerin von Elucity, hält Vorträge bei Konferenzen, mit denen sie eine große Bandbreite von geschäftlichen oder gemeinnützigen Themen abdeckt, und bietet im Rahmen ihrer Beratungsaufträge für Klienten Workshops an.

Website: ↗ http://www.empathyfactoratwork.com
E-Mail: info@empathyfactoratwork.com
Telefon: 001-520-777-7271
Adresse: P.O. Box 64338, Tucson, AZ 85728, USA

Center for Nonviolent Communication (CNVC)
Das Center for Nonviolent Communication ist eine weltweit agierende Organisation, die das Erlernen und die Verbreitung der GFK unterstützt und Menschen dabei hilft, Konflikte im persönlichen, organisatorischen und politischen Umfeld auf friedliche und effektive Weise zu lösen. Auf der CNVC-Website sind zertifizierte Trainer, GFK-Ausbildungsorganisationen und andere Informationen zu GFK-Trainingsmöglichkeiten und -Ausbildungsmaterial aufgeführt.

Website: ↗ http://www.cnvc.org
Telefon: 001-505-244-4041
Adresse: 5600 San Francisco Rd. NE, Suite A
Albuquerque, NM 87109, USA

PuddleDancer Press
PuddleDancer Press veröffentlicht Bücher und andere Materialien zum Thema Gewaltfreie Kommunikation für Anfänger, Geübte und Fortgeschrittene.

Websites: ↗ http://www.puddledancer.com;
↗ http://www.nonviolentcommunication.com

NVC Academy
Die NVC Academy ist ein Online-Schulungszentrum für GFK. Zu den Angeboten gehören Fernlehrgänge, Audio- und Videoaufnahmen, Mentoring sowie andere Übungs- und Ausbildungsmittel.

Website: ↗ http://nvcacademy.com
Telefon: 001-928-774-5210
Adresse: 212 Quincy Avenue, #204 Long Beach, CA 90803, USA

NVC Toolkit for Facilitators
Hierbei handelt es sich um eine 506 Seiten umfassende Materialsammlung für Menschen, die die GFK verbreiten und vermitteln. Sie kann angefordert werden über:

↗ http://www.nvc.toolkit.org
↗ http://www.cnvc.org
↗ http://www.amazon.com

Bay Area Nonviolent Communication oder BayNVC
Website: ↗ http://www.baynvc.org
E-Mail: nvc@baynvc.org
Telefon: 001-510-433-0700
Adresse: 55 Santa Clara Ave, Suite 203, Oakland, CA 94610, USA

Center for the State of Grace Document
Das Center for the State of Grace Document unterstützt weltweit eine nachhaltige Zusammenarbeit, indem es neue Modelle entwickelt, um stabile geschäftliche und persönliche Beziehungen zu schaffen.

Website: www.stateofgracedocument.com
Maureen K. McCarthy und Zelle Nelson
E-Mail: maureen@stateofgracedocument.com
E-Mail: zelle@stateofgracedocument.com
Telefon: 001-847-859-9046
Adresse: 2021 Greenville Highway, Flat Rock, NC 28731, USA

The Center for Collaborative Communication
(vormals bekannt als Brooklyn Nonviolent Communication)
Website: ↗ http://www.collaborative-communication.org
E-Mail: info@collaborative-communication.org
Telefon: 001-718-797-9525
Adresse: 340 Decatur Street, Brooklyn, NY 11233, USA

Eat by Choice Movement
Website: ↗ http://www.eatbychoice.net
E-Mail: silgiraffe@aol.com
Telefon: 001-520-572-9295
Adresse: 6301 N. Panorama Drive, Tucson, AZ 85743, USA

Oregon Network for Compassionate Communication
Website: ↗ http://www.orncc.net
E-Mail: info@orncc.net
Telefon: 001-503-450-9909
Adresse: 1430 Willamette St. #4, Eugene, OR 97401, USA

Mitwirkende an diesem Buch

Raj Gill B.Sc,. ART., CPCC
Vom *Center for Nonviolent Communication* zertifizierte Trainerin für mitfühlende Kommunikation; zertifizierte Trainerin / Referentin von *Prosperity Circles Coaching International*

E-Mail: raj.gill@telus.net
Telefon: 001-604-531-2564

Raj Gills NVC-Toolkit for Facilitators ist erhältlich über ↗ http://www.nvctoolkit.org.

Sylvia E. Haskvitz
Zertifizierte Trainierin des *Center for Nonviolent Communication*
Website: ↗ http://www.eatbychoice.net
E-Mail: silgiraffe@aol.com
Telefon: 001-520-572-0295

Sylvia Haskvitz gehört seit 1989 zu den ersten zertifizierten Trainern des *Center for Nonviolent Communication.* Sie ist verantwortlich für die Bildungsangebote von *Elucity Network, Inc.,* arbeitet mit Familien und coacht Einzelpersonen oder Paare persönlich oder telefonisch. Haskvitz, die Autorin des Buches *Essen nach Wahl und nicht aus Gewohnheit* samt der [nicht ins Deutsche übersetzten] Begleitbücher für Erwachsene und Kinder, bietet in den USA Essen-nach-Wahl-Workshops an, die Menschen dabei unterstützen, ein gesundes Verhältnis zu ihrem Körper und zum Essen zu entwickeln.

Miki Kashtan, Ph.D.
Zertifizierte Trainerin des *Center for Nonviolent Communication,* Leitende Trainerin des *Bay Area Nonviolent Communication* (BayNVC)
Website: ↗ http://www.baynvc.org
Adresse: 55 Santa Clara Ave. #203, Oakland, CA 94602, USA

Blog – The Fearless Heart: ↗ http://baynvc.blogspot.com
TV-Show – The Conflict Hotline: ↗ http://bit.ly/conflict-hotline
Consciousness Transformation Community: ↗ http://ctc.learnnvc.org
Zertifizierte Trainerin des Center for Nonviolent Communication:
↗ http://www.cnvc.org

Miki Kashtan war Mitbegründerin von Bay Area Nonviolent Communication (BayNVC). Sie arbeitet gern mit Organisationen, die daran interessiert sind, in ihrer Unternehmenskultur mehr Zusammenarbeit zu fördern.

Dian Killian, Ph. D.

Vom *Center for Nonviolent Communication* zertifizierte Trainerin, Leiterin des *Center for Collaborative Communication*
Website: ↗ http://www.collaborative-communication.org
Telefon: 001-719-797-9525

Dian Killian bietet auf den Kunden zugeschnittenes Training in Kollaborativer Kommunikation an, Kommunikationscoaching auf der Führungsebene, Kommunikations-Audits sowie Retreats für Führungskräfte und zur Teambildung. Zu ihren Klienten gehören Fortune-500-Unternehmen, das Entwicklungsprogramm der Vereinten Nationen sowie gemeinnützige Organisationen und Bildungseinrichtungen.

Ike Lasater

Autor von *Worte, die im Business wirken. Gewaltfreie Kommunikation – bewährte Techniken für den Arbeitsalltag*
Websites: ↗ http://www.wordsthatwork.us; ↗ http://www.nvcmediation.com

Ike Lasater ist Co-Facilitator von GFK-Mediationsprogrammen in Australien, Polen und den USA. Er war 20 Jahre lang als Anwalt für Firmen mit hohem unternehmerischen Risiko und bei Umweltprozessen in Kalifornien tätig und war Mitbegründer einer Anwaltskanzlei mit 20 Mitarbeitern, bevor er begann, ein Mediationstraining auf der Grundlage der GFK anzubieten. Sechs Jahre lang war er Vorstandsmitglied des *Center for Nonviolent Communication.*

Kathleen Macferran

Zertifizierte Trainerin des *Center for Nonviolent Communication*
Strength of Connection
Website: ↗ http://www.strengthofconnection.com
E-Mail: kathleen@strengthofconnection.com
Telefon: 001-206-780-1021
Adresse: PO Box 10009, Bainbridge Is, WA 98110-0009

Kathleen MacFerran wurde 2003 vom *Center for Nonviolent Communication* (CNVC) als Trainerin zertifiziert und berät Unternehmen, Schulen, medizinisches Personal, Gemeindeorganisationen, Familien und Gefängnisinsassen. Sie ist auch Trainerin für *CNVC International Intensive Trainings* und Mitglied der Prüfungskommission beim CNVC.

Maureen K. McCarthy und Zelle Nelson
Center for the State of Grace Document
Website: ↗ http://www.stateofgracedocument.com
E-Mail: maureen@stateofgracedocument.com
E-Mail: zelle@stateofgracedocument.com
Telefon: 001-847-859-9046
Adresse: 2021 Greenville Highway, Flat Rock, NC 28731, USA

Das *Center for the State of Grace Document* unterstützt weltweit eine nachhaltige Zusammenarbeit, indem es neue Modelle entwickelt, um stabile geschäftliche und persönliche Beziehungen zu schaffen.

Julie Stiles, M. A.
Webseite: ↗ http://www.juliestiles.com
E-Mail: jlstiles24@gmail.com
Blog: ↗ http://oceanrosetale.wordpress.com/

Julie Stiles ist Autorin und Assistentin der Geschäftsleitung von Words *That Work* (↗ http://www.WordsThatWork.us). In Dying for Now: *Living Your Transformative Journey* beschreibt sie die Transformation des Bewusstseins und sie hilft Fachleuten bei der Formulierung ihrer Ideen für die Veröffentlichung. Julie schreibt einen Blog über den Verlust und die Zurückeroberung der weiblichen Macht und ist Beraterin für ganzheitliche Gesundheit.

Die Autorin

Marie R. Miyashiro, A. P. R., ist die Gründerin und Präsidentin von Elucity Network, Inc., einem Beratungs- und Schulungsunternehmen mit Sitz in Tucson, Arizona, dessen Arbeit auf dem Einsatz von Empathie gründet. Miyashiro, die sich der einfühlsamen Kommunikation verschrieben hat, erwarb einen Bachelor in Kommunikationswissenschaften an der Northwestern University und ist bei der in New York ansässigen Public Relations Society of America akkreditiert. Darüber hinaus besitzt sie ein Zertifikat für Planung von der International Association for Public Participation und hat beim bekannten Berater für Unternehmensentwicklung, Sam Kaner, Ph. D., vom internationalen Beratungsunternehmen Community At Work studiert.

Seit 1985 ist Miyashiro für Elucity Network, Inc. sowie Marie Reiko Public Relations and Communications als Beraterin von Fortune-500-Unternehmen, kleinen Firmen, gemeinnützigen Organisationen, Universitäten und Regierungsbehörden in den USA und Asien tätig.

2004 entwarf Miyashiro das Konzept der Integrated Clarity® (IC), einen Prozess, der aus der aktuellen Organisationsforschung das herauskristallisiert und in einen bedürfnisorientierten Bezugsrahmen bringt, was Organisationen beständig macht und Spitzenleistungen erbringen lässt. IC ist darauf angelegt, sowohl persönliche als auch organisationsbezogene Bedürfnisse zu erfüllen, und nutzt die Gewaltfreie Kommunikation als Mittel, Empathie als berufliche Fertigkeit in das Arbeitsleben hineinzutragen. Einen wichtigen Einfluss auf die Arbeit der Autorin hatten auch Marshall Rosenberg *(Gewaltfreie Kommunikation. Eine Sprache des Lebens)*, Jim Collins *(Der Weg zu den Besten)*, Kimball Fisher *(Leading Self-Directed Work Teams)*, William Bridges *(Managing Transitions)*, Marshall Thurber, Judith Orloff Faulk sowie die Trainerinnen des Center for Nonviolent Communication Sylvia Haskvitz und Miki Kashtan. Die Klienten der Autorin berichten begeistert von der Effektivität dieses bedürfnisorientierten Prozesses, von erhöhter Produktivität, signifikanten Erfolgen und dem tieferen persönlichen Sinn, den sie durch ihre Arbeit erfahren.

Eine Zusammenfassung des Integrated-Clarity-Konzepts findet sich in der zweiten Auflage von *The Change Handbook: The Definitive Resource on Today's Best Methods for Engaging Whole Systems* (Berrett-Koehler Publishers, Inc., 2007) im Kapitel „Integrated Clarity: Energizing How We Talk and What We Talk About in Organizations" von Marie Miyashiro und Marshall Rosenberg.

Elucity Network, Inc.

Elucity Network, Inc., bietet Beratung in puncto Organisationsentwicklung, Unterstützung und Beratung bei der strategischen Planung und der Entwicklung von Führungsqualitäten und Teamarbeit sowie Kommunikationstraining für Unternehmen, gemeinnützige Organisationen, Behörden, Universitäten und Gesundheitsorganisationen.

Das Unternehmen arbeitet mit Organisationen weltweit, unter ihn das Center for Collaborative Communication in New York City, New York, Bay Area Nonviolent Communication in der Region Oakland / San Francisco Bay, Kalifornien, Basileia in Charlottesville, Virginia, Community At Work in San Francisco, Kalifornien, und Trainern und Beratern in Kanada, Australien und Westeuropa.

Um mehr über Elucity Network, Inc., oder Integrated Clarity zu erfahren, besuchen Sie bitte die Internetseite ↗ http://www.EmpathyFactorAtWork.com. Gern können Sie Marie Miyashiro auch kontaktieren, um Fragen zu stellen oder ihr ein Feedback zu den Informationen in diesem Buch zu geben.

Schreiben Sie eine E-Mail an info@EmpathyFactorAtWork.com oder rufen Sie an unter 001-520-777-7271.

Index

Über die Gewaltfreie Kommunikation

In Schlafzimmern wie in Sitzungssälen, in Klassenzimmern wie in Kriegsgebieten: Tag für Tag verändert die Gewaltfreie Kommunikation (GFK) das Leben vieler Menschen. Dabei erweist sie sich als leicht zu erfassende, effektive Methode, die auf friedliche Weise an die Wurzel der Gewalt und des Schmerzes geht. Indem wir die hinter unserm Handeln stehenden unerfüllten Bedürfnisse untersuchen, können wir mithilfe der GFK zu weniger Feindseligkeit beitragen, Schmerzen heilen und berufliche und private Beziehungen stärken. Die GFK wird weltweit in Unternehmen, Schulen, Gefängnissen und Mediationszentren vermittelt. Sie trägt außerdem zu einem Kulturwandel bei, denn Institutionen, Unternehmen und Regierungen integrieren die GFK in ihre organisatorischen Strukturen und in ihr Führungsverhalten.

Die meisten von uns sind nur zu begierig auf Fertigkeiten, mit denen wir die Qualität unserer Beziehungen verbessern können, durch die wir uns in einem tieferen Sinne zum Handeln befähigt fühlen oder ganz einfach besser kommunizieren können. Unglücklicherweise ist uns fast allen von Geburt an beigebracht worden, zu konkurrieren, zu verurteilen, zu fordern und zu analysieren; über andere Menschen in Kategorien von „richtig“ und „falsch“ zu denken. Im günstigsten Fall behindert unsere gewohnheitsmäßige Art zu denken und zu sprechen Kommunikationsprozesse und sorgt für Missverständnisse oder Frustration. Aber es kann auch schlimmer kommen, wenn nämlich Wut und Ärger entstehen und möglicherweise zu Gewalt führen. Ohne es zu wollen können selbst Menschen mit den besten Absichten unnötige Konflikte hervorrufen.

Mithilfe der GFK gelangen wir unter die Oberfläche und können dort entdecken, was in uns lebendig und für uns wesentlich ist. Und wir erkennen, dass alles was wir tun auf grundlegende menschliche Bedürfnisse zurückzuführen ist, die wir zu erfüllen versuchen. Wir entwickeln einen Gefühls- und Bedürfniswortschatz, der uns hilft, klarer auszudrücken, was im jeweiligen Moment in uns vorgeht. Wenn wir unsere Bedürfnisse verstehen und würdigen, entwickeln wir eine gemeinsame Grundlage für mehr zufriedenstellende Beziehungen. Schließen Sie sich den Tausenden von Menschen weltweit an, die ihre Beziehungen und ihr Leben mithilfe dieses einfachen und doch so revolutionären Prozesses verbessert haben.

Über das Center for Nonviolent Communication

Das Center for Nonviolent Communication (CNVC) ist eine weltweit agierende friedenstiftende Non-Profit-Organisation, deren Vision eine Welt ist, in der die Bedürfnisse aller Menschen auf friedliche Weise erfüllt werden. In diesem Sinne widmet sich das CNVC der weltweiten Verbreitung der GFK.

Das CNVC wurde 1984 von Marshall Rosenberg gegründet und hat seither zu einem umfassenden sozialen Wandel im Denken, Sprechen und Handeln beigetragen, indem Menschen erfahren haben, wie sie sich auf mitfühlende Weise verbinden können. Die GFK wird überall auf der Welt u.a. in Gemeinschaften, Schulen, Gefängnissen, Mediationszentren, Kirchengemeinden und im wirtschaftlichen Kontext vermittelt. Es gibt inzwischen mehr als 200 zertifizierte und Hunderte weiterer Trainerinnen und Trainer, die jedes Jahr in 35 Ländern ca. 250.000 Menschen unterrichten.

Das CNVC ist davon überzeugt, dass das GFK-Training ein entscheidender Schritt hin zu einer mitfühlenden, friedlichen Gesellschaft ist. Ihre Spenden, die Sie von der Steuer abziehen können, tragen dazu bei, dass wir in einigen der ärmsten und gewalttätigsten Regionen der Erde GFK-Trainings anbieten können. GFK-Trainings-Projekte können dann dort auf den Weg gebracht und aufrechterhalten werden, wo sie wirklich benötigt werden.

Wenn Sie etwas spenden oder mehr über unsere Arbeit und unsere Angebote erfahren möchten, besuchen Sie unsere Website ↗ www.cnvc.org. Dort finden Sie u. a. Informationen zu folgenden Themen:

Trainingsangebote und Zertifizierung: Trainingsmöglichkeiten in Ihrer Region oder international, Informationen über die Trainerzertifizierung, Kontaktmöglichkeiten zu regionalen GFK-Gruppen und -Trainern und mehr.
CNVC-Buchshop: Informationen, wie Sie online oder telefonisch GFK-Bücher [in englischer Sprache], Audio- oder Video-Material bestellen können.
CNVC Projekte: Sieben regionale Projekte zu spezifischen Themen bieten Unterstützung und Anleitung dafür, die GFK in bestimmten Anwendungsbereichen oder geografischen Regionen zu vermitteln.
Online-Angebote: Sie können einer der vielen themenspezifischen moderierten E-Groups beitreten oder regelmäßig Informationen abonnieren, um Ihren individuellen Lernprozess zu fördern und zur fortwährenden weltweiten Weiterverbreitung der GFK beizutragen.

Weitere Informationen erhalten Sie vom CNVC:

THE CENTER FOR NONVIOLENT COMMUNICATION

5600-A San Francisco Rd., NE,
Albuquerque, NM 87109
E-Mail: cnvc@cnvc.org
Website: ↗ www.cnvc.org